黑龙江省"十四五"职业教育规划教材

国家级职业教育教师教学创新团队课题研究项目专业领域课题成果系列教材
高等教育"十四五"规划餐饮类专业新形态一体化系列教材

总主编 ◎杨铭铎 石长波

U0745572

烹饪化学

主　编　刘树萍　黄韬睿　王标诗
副主编　姜　薇　张桂香　邓晓青　戴　瑞
编　者　（按姓氏笔画排序）
　　　　王标诗　邓晓青　刘树萍　张桂香
　　　　陈　琳　陈福玉　罗进玲　姜　薇
　　　　徐朝阳　黄韬睿　黄慧芬　梁敏华
　　　　阚茗铭　戴　瑞
秘　书　郝　宇

华中科技大学出版社
http://press.hust.edu.cn
中国·武汉

内 容 简 介

本教材为黑龙江省"十四五"职业教育规划教材、国家级职业教育教师教学创新团队课题研究项目专业领域课题成果系列教材、高等教育"十四五"规划餐饮类专业新形态一体化系列教材。

本教材共有十个项目,在系统介绍水分、糖类、脂质、蛋白质、维生素与矿物质、酶、食品色素以及食品风味的基础上,设有烹饪化学实验内容,以加强烹饪化学基础知识与烹饪加工实践的结合。

本教材适合普通高等院校烹饪与营养教育专业学生使用,也可供高职本科烹饪与餐饮管理专业学生使用,还可作为高职高专烹饪专业和餐饮行业技术人员的参考用书。

图书在版编目(CIP)数据

烹饪化学/刘树萍,黄韬睿,王标诗主编.—武汉:华中科技大学出版社,2023.7(2025.8重印)
ISBN 978-7-5680-9717-8

Ⅰ.①烹…　Ⅱ.①刘…　②黄…　③王…　Ⅲ.①烹饪-应用化学-职业教育-教材　Ⅳ.①TS972.1

中国国家版本馆 CIP 数据核字(2023)第 136110 号

烹饪化学
Pengren Huaxue

刘树萍　黄韬睿　王标诗　主编

策划编辑:汪飒婷
责任编辑:曾奇峰　丁　平
封面设计:廖亚萍
责任校对:刘　竣
责任监印:周治超
出版发行:华中科技大学出版社(中国·武汉)　电话:(027)81321913
　　　　　武汉市东湖新技术开发区华工科技园　邮编:430223
录　　排:华中科技大学惠友文印中心
印　　刷:武汉科源印刷设计有限公司
开　　本:889mm×1194mm　1/16
印　　张:14
字　　数:408千字
版　　次:2025 年 8 月第 1 版第 4 次印刷
定　　价:49.80 元

加强餐饮教材建设，提高人才培养质量

餐饮业是第三产业的重要组成部分，改革开放40多年来，随着人们生活水平的提高，作为传统服务性行业，餐饮业在刺激消费、推动经济增长方面发挥了重要作用，在扩大内需、繁荣市场、吸纳就业和提高人们生活质量等方面都做出了积极贡献。就经济贡献而言，2022年，全国餐饮收入43941亿元，占社会消费品零售总额的10.0%。全国餐饮收入增速、限额以上单位餐饮收入增速分别相较上一年下降24.9%、29.4%，较社会消费品零售总额增幅低6.1%。2022年餐饮市场经受了新冠肺炎疫情的冲击、国内经济下行等多重考验，充分展现了餐饮经济韧性强、潜力大、活力足等特点，虽面对多种不利因素，但各大餐饮企业仍然通过多种方式积极开展自救，相关政策也在支持餐饮业复苏。目前餐饮消费逐渐复苏回暖，消费市场已初现曙光。党的二十大吹响了全面建设社会主义现代化国家、全面推进中华民族伟大复兴的奋进号角，作为人民基本需求的饮食生活，餐饮业的发展与否，不仅关系到能否在扩内需、促消费、稳增长、惠民生方面发挥市场主体的重要作用，而且关系到能否满足人民对美好生活的需求。

一个产业的发展离不开人才支撑。科教兴国、人才强国是我国发展的关键战略。餐饮业的发展同样需要科教兴业、人才强业。经过60多年，特别是改革开放后40多年的发展，目前餐饮烹饪教育在办学层次上形成了中等职业学校、高等职业学校、本科（职业本科和职业技术师范本科）、硕士、博士五个办学层次，在办学类型上形成了烹饪职业技术教育、烹饪职业技术师范教育、烹饪学科教育三个办学类型，在举办学校上形成了中等职业学校、高等职业学校、高等师范院校、普通高等学校的办学格局。

我曾经在拙著《烹饪教育研究新论》后记中写道：如果说我在餐饮烹饪领域有所收获的话，有一个坚守（30多年一直坚守在餐饮烹饪教育领域）值得欣慰，有两个选择（一是选择了教师职业，二是选择了餐饮烹饪专业）值得庆幸，有三个平台（学校的平台、教育部平台、非政府组织（NGO）——行业协会平台）值得感谢。可以说，"一个坚守，两个选择，三个平台"是我在餐饮烹饪领域有所收获的基础和前提。

我从行政岗位退下来后，时间充裕了，就更加关注餐饮烹饪教育，探讨餐饮烹饪教育的内在发展规律，并关注不同层次餐饮烹饪教育的教材建设，特别感谢华中科技大学出版社给了我一个新的平台。在这个平台，一方面我出版了专著《烹饪教育研究新论》，把30多年的教学和科研经验及体会呈现给餐饮烹饪教育界；另一方面我与出版社共同承担了2018年在全国餐饮职业教育教学指导委员会立项的重点课题"基于烹饪专业人才培养目标的中高职课程体系与教材开发研究"（CYHZWZD201810）。该课题以培养目标为切入点，明晰烹饪专业人才的培养规格；以职业技能为结合点，确保烹饪人才与社会职业的有效对接；以课程体系为关键点,通过课程结构与课程标准精准实现培养目标;以教材开发为落脚点,开发教学过程与生产过程对接、中高职衔接的两套烹饪专业课程系列教材。这一课题的创新点在于研究与编写相结合,中职与高职同步,学生用教材与教师用参考书相联系。编写出的中职、高职烹饪专业系列教材,解决了烹饪专业理论课程与职业技能课程脱节,专业理论课程设置重复,烹饪技能课交叉,职业技能倒挂,中职、高职教材内容拉不开差距等问题,是国务院《国家职业教育改革实施方案》完善教育教学相关标准中"持续更新并推进专业目录、专业教学标准、课程标准、顶岗实习标准、实训条件建设标准(仪器设备配备规范)建设和在职业院校落地实施"这一要求在餐饮烹饪职业教育落实的具体举措。《烹饪教育研究新论》和重点课题均获中餐科技进步奖一等奖。基于此,时任中国烹饪协会会长、全国餐饮职业教育教学指导委员会主任委员姜俊贤先生向全国餐饮烹饪院校和餐饮行业推荐这两套烹饪专业教材。

进入新时代,我国职业教育受到了国家层面前所未有的高度重视。在习近平总书记关于职业教育的系列重要讲话指引下,国家出台了系列政策,国务院《国家职业教育改革实施方案》(简称职教 20 条),中共中央办公厅、国务院办公厅《关于推动现代职业教育高质量发展的意见》(简称职教 22 条),中共中央办公厅、国务院办公厅《关于深化现代职业教育体系建设改革的意见》(简称职教 14 条),以及新的《中华人民共和国职业教育法》颁布后,职业教育出现了大发展的良好局面。

在此背景下,餐饮烹饪职业教育也取得了令人瞩目的进展,其中从 2021 年 3 月教育部印发的《职业教育专业目录(2021 年)》到 2022 年 9 月教育部发布的《职业教育专业简介》(2022 年修订),为餐饮类专业提供了基本信息与人才培养核心要素的标准文本,对于落实立德树人的根本任务,规范餐饮烹饪职业院校教育教学、深化育人模式改革、提高人才培养质量等具有重要基础性意义,同时为餐饮烹饪职业教育的发展提供了良好的契机。

新目录、新简介、新教学标准,必然要有配套的新课程、新教材。国家在教学改革方面反复强调"三教"改革。当前,以职业教育教师、教材、教法为主的"三教"改革进入落实攻坚阶段,成为推进职业教育高质量发展的重要抓手。教材建设是其中一个重要的方面,国家对教材建设提出"制定高职教育教材标准""开发教材信息化资源"和"及时动态更新教材内容"三个核心要求。

进入新时代,适应新形势,达到高标准,我们启动新一批教材的开发工作。它包括但不限于新版专业目录下的第一批中高职教材(2018 年以来)的提档升级,新开设的职业本科烹饪与餐饮管理专业教材的编写,相关省、市、地方特色系列教材以及服务于餐饮行业和饮食文化等方面教材的编写。与第一批教材建设相同,第二批教材建设也是作为一个体系来推进的。

一是以平台为依托。教材开发的最终平台是出版机构。华中科技大学出版社(简称"华中出版")创建于1980年,是教育部直属综合性重点大学出版社,建社近40年来,秉承"超越传统出版,影响未来文化"的发展理念,打造了一支专业化的出版人才队伍和具备现代企业管理能力的职业化管理团队。在教材的出版上拥有丰富的经验,每年出版图书近3000种,服务全国3000多所大中专院校的教材建设。该社于2018年全方位启动餐饮类专业教材的策划和出版,已有中职、高职专科、本科三个层次若干种教材问世,并取得了令人瞩目的成绩。目前该社已有餐饮类"十三五"职业教育国家规划教材1种,"十四五"职业教育国家规划教材7种,"十四五"职业教育省级规划教材4种。特别令人欣慰的是,编辑团队已经不再囿于传统方式编写和推销教材,而是从国家宏观层面把握教材,到中观层面研究餐饮教育规律,最后从微观层面使教材编写与出版落地,服务于"三教"改革。

二是以团队为根本。不同层次、不同课程的教材要服务于全国餐饮相关专业,其教材开发者(编著者)应来自全国各地的院校、教学研究机构和行业企业,具有代表性;领衔者应是这一领域有影响力的专家,具有权威性;同时考虑编写队伍专业、职称、年龄、学校、行业企业、研究部门的结构,最终通过教材建设,形成跨地区、跨界的某一领域的编写团队,达到建设学术共同体的目的。

三是以项目为载体。编写工作项目化,教材建设不只是就编而编,而是应该将其与科研、教研项目有机结合起来,例如,高职本科"烹饪与餐饮管理"专业系列教材就是在哈尔滨商业大学承担的第二批国家级职业教育教师教学创新团队(烹饪与餐饮管理专业)与课题研究项目的基础上开展的。高职"餐饮智能管理"专业系列教材是基于长沙商贸旅游职业技术学院承担的第二批国家级职业教育教师教学创新团队("餐饮智能管理"专业)和上述哈尔滨商业大学课题研究项目的子课题。还有全国、各省(自治区、直辖市)成立的餐饮烹饪专业联盟、餐饮(烹饪)职教集团、共同体的立项;一些地区在教育行政部门、教育研究部门、行业协会以及学校自身等立项,达到"问题即是课题,课题解决问题"的目的。

四是以成果为目标。从需求导向、问题导向再到成果导向,这是教材开发的原则,教材开发不是孤立的,故成果是成系列的。在国家政策、方针指引下,国家层面的专业目录、专业简介框架下,形成专业教学标准、具有地方和院校特色的人才培养方案、课程标准、教学模式和方法。形成成果的内容如下:确定了中职、高职专科、本科各层次培养目标与规格;确定了教材中体现人才培养中的中职技术技能、高职专科高层次技术技能、本科高素质技术技能三个层次的形式;形成了与教材相适应的项目式、任务式、案例式、行动导向、工作过程系统化、理实一体化、实验调查式、模拟式、导学式等教学模式。成果的形式应体现教材的新形态,如工作手册式、活页式、纸数融合、融媒体,特别是要吸收 VR、AR,可视化、智能化、数字化技术。这些成果既可以作为课题的一部分,也可以作为论文、研究报告等单项独立的成果,最后都能物化到教材中。

五是以共享为机制。在华中出版的平台上,以教材开发为抓手,通过组成全国性的开发团队,在项目实施中通过对教育教学开展系列研究,把握具有特色的餐饮烹饪教育规律,形成共享机制,一方面提升教材开发团队每一位参与者的综合素质,加强团队建设;另一方面新形态一体化教材具有科学性、先进性、实用性,应用于教学能大大提高餐饮烹饪人才培养质量。做到教材开发中所形成的一系列成果被教材开发者、使用者等所有相关者共享。

党的二十大报告指出,统筹职业教育、高等教育、继续教育协同创新,推进职普融通、产教融合、科教融汇,优化职业教育类型定位。中共中央办公厅、国务院办公厅《关于深化现代职业教育体系建设改革的意见》提出了“一体、两翼、五重点”,“一体”是探索省域现代职业教育建设新模式;“两翼”是打造市域产教融合体,打造行业产教融合共同体;“五重点”包括提升职业学校关键办学能力、加强“双师型”教师队伍建设、建设开放型区域产教融合实践中心、拓宽学生成长成才通道、创新国际交流与合作机制。其中重点提出要打造“四个核心”,即打造职业教育核心课程、核心教材、核心实践项目、核心师资团队。这为我们在餐饮烹饪职业教育上发力指明了方向。

随着经济社会的快速发展,餐饮业必将迎来更加繁荣的时代。为满足日益发展的餐饮业需求,提升餐饮烹饪人才培养质量,我们期待全国餐饮烹饪教育工作者紧密合作,与餐饮企业家、行业专家共同推动餐饮业的快速发展。让我们携手,共同推动餐饮烹饪教育和餐饮业的发展,为建设一个富强、民主、文明、和谐、美丽的社会主义现代化强国贡献力量。

杨铭铎

博士,教授,博士生导师
哈尔滨商业大学中式快餐研究发展中心博士后科研基地主任
哈尔滨商业大学党委原副书记、副校长
全国餐饮职业教育教学指导委员会副主任委员
中国烹饪协会餐饮教育工作委员会主席

　　烹饪化学是高等教育烹饪专业的一门必修基础课程,主要是从化学角度研究食物的化学组成、分子结构、理化性质、营养和安全性质,以及食物在烹饪加工过程中发生的化学变化。作为烹饪科学的一个重要组成部分,烹饪化学在传统烹饪与现代食品加工技术融合、树立与践行"大食物观"理念等方面发挥了促进作用。

　　本教材在设计上遵循项目化教学模式,由项目描述、项目目标、项目导入、具体任务、项目小结、思考题六个部分组成,旨在培养学生理解和应用知识的能力。本教材具有以下四个突出特点。

　　1. 教材内容与课程思政相结合　为了适应我国高等教育事业发展的新形势和新要求,本教材增加了烹饪科学发展的新技术与新成果,尤其注重教材内容与课程思政的有机融合,强化教材在坚定理想信念、弘扬科学精神、培养家国情怀、树立文化自信、提升职业素养、增强创新意识等方面的育人功能。

　　2. 化学知识与烹饪实践相结合　烹饪化学是多学科相互渗透的一门新兴学科,与无机化学、有机化学、生物化学、物理化学、物理学、食品化学以及分子生物学等紧密相关。本教材在编写过程中引入大量的烹饪实例,加强烹饪化学基础知识与烹饪加工实践的结合,提高学生应用所学知识解决烹饪实际问题的能力。

　　3. 理论教学与烹饪实验相结合　本教材在系统介绍水分、糖类、脂质、蛋白质、维生素与矿物质、酶、食品色素以及食品风味的基础上,增设了烹饪化学实验内容。实验内容的设计力求减少化学试剂的使用、贴近烹饪实训,部分实验只需借助烹饪工艺即可完成。通过实验教学,使学生更好地掌握课堂讲授的理论知识,培养学生实验操作技能,提升学生学以致用的能力。

　　4. 传统纸质与数字资源相结合　本教材在传统纸质教材基础上,融合了数字化内容,例如,教材配有完整的PPT课件,引入二维码技术对教材内容进行补充和拓展,利用数字平台可完成在线答题。通过数字资源所承载的文本、图像、视频等,丰富了教材内容,让纸质教材更加生动,更有利于学生对知识的理解与掌握。

　　参加本教材编写的人员均是从事烹饪化学教学和科研工作多年的一线教师。本教材由哈尔滨商业大学刘树萍教授、四川旅游学院黄韬睿副教授、岭南师范学院王标诗副教授担任主编;黄山学院姜薇副教授、济南大学张桂香副教授、四川旅游学院邓晓青博士、桂林旅游学院戴瑞担任副主编。刘树萍编写项目一,并负责全书内容设计及统稿;姜薇编写项目二;邓晓青和重庆商务职业学院阚茗铭编写项目三;黄韬睿和阚茗铭编写项目四;长沙商贸旅游职业技术学院黄慧芬和吉林农业科技学院陈福玉编写项目五;广东食品药品职业学院梁敏华和普洱学院罗进玲编写项目六;王标诗编写项目七;张桂香编写项目八;青岛酒店管理职业技术学院徐朝阳和浙江商业职业技术学院陈琳编写项目九;戴瑞编写项目十。哈尔滨商业大学郝宇担任编写秘书。

　　本教材在编写过程中得到了杨铭铎教授、石长波教授的大力支持,他们对本教材的编写提供了宝贵意见,华中科技大学出版社的汪飒婷等编辑为本教材的顺利出版给予了大力支持,在此一并表示感谢。

　　本教材不仅适合普通高等院校烹饪与营养教育专业学生使用,也可供高职本科烹饪与餐饮管理专业学生使用,还可作为高职高专烹饪专业和餐饮行业技术人员的参考用书。

　　由于编写人员水平有限,书中难免有不足之处,恳请广大读者批评指正。

编　　者

认知烹饪化学

扫码看课件

项目描述

烹饪化学是烹饪类专业的一门重要基础课程,是培养烹饪与餐饮类专业人才整体知识结构和能力结构的重要组成部分,也是促进传统烹饪技术更加科学化的前提之一。本项目介绍烹饪化学相关概念及其发展史,探究烹饪化学课程的研究内容及发展趋势,归纳烹饪化学的研究方法和学习方法,以提升学生对烹饪化学课程地位的认知。

项目目标

（1）了解烹饪化学的概念、发展史及发展趋势。
（2）熟悉食物的化学组成,以及烹饪化学的研究内容。
（3）掌握烹饪化学的研究方法和学习方法。

项目导入

菠菜胶囊的制作:将菠菜洗净,加水榨汁;量取菠菜汁,先后加入乳酸钙、黄原胶,搅拌均匀;称取海藻酸钠放入烧杯中,加入蒸馏水,搅拌均匀;将菠菜汁滴入海藻酸钠中,保持一段时间,成型。菠菜胶囊的制作利用的是分子烹饪的代表技术之一——胶囊球化技术,其机制是海藻酸钠遇到钙离子迅速发生离子交换,形成多维网格结构,从而生成海藻酸钙凝胶。显然,这个看似神秘的分子烹饪可以用化学知识和理论来解释。烹饪化学的主要任务就是从化学角度和分子水平研究食物的化学组成、结构、理化性质,从而揭示烹饪加工过程的化学变化。

任务一　梳理烹饪化学的概念与发展史

任务描述

烹饪化学是多学科相互渗透的一门新兴学科。任务一介绍了烹饪、烹饪化学的概念,以及烹饪化学的发展史。

任务目标

（1）了解烹饪、烹饪化学的概念。

（2）了解烹饪化学的发展史。

知识精讲

一、烹饪的概念

对于"烹饪"一词，《辞海》中记载：烹，本作"亨"。《周易·鼎》记载：以木巽火，亨（烹）饪也。其意思是以鼎供烹饪之用。《现代汉语词典》中，"烹饪"意为做饭做菜。具体而言，烹饪是指对食物原料进行合理选择调配，加热调味，使之成为感官性状符合审美习惯的安全无害、利于吸收、益于健康的菜肴或面点，既包括调制熟食，也包括调制生食。因此，烹饪作为食品加工的手段，是人类为了满足生理需求和心理需求，把可食用原料加工成直接食用成品的活动。烹饪作为一门学科，已经为学术界所承认。

二、烹饪化学的概念

烹饪化学是用化学的理论和方法研究烹饪产品（包括菜肴、面点）的本质，主要研究食物的化学组成、分子结构、理化性质、营养和安全性质，以及食物在烹饪加工过程中的变化及其对食物品质和安全性影响的一门应用性、综合性较强的学科，是烹饪学科的重要基础。

烹饪化学与无机化学、有机化学、生物化学、物理化学、物理学、食品化学以及分子生物学等紧密相关，能为改善食物品质、开发新的烹饪产品、应用新工艺和新技术、加强食物质量控制、提高原料加工和利用水平提供理论基础。

三、烹饪化学的发展史

烹饪化学是一门年轻的学科，虽然在某种意义上，烹饪化学的起源可以追溯到远古时期，但是最重要的发现始于 18 世纪后期。早在 1780 年，瑞典著名化学家 Carl Wilhelm Scheele（1742—1786）就分离出了乳酸并研究了其特性，后面他又从柠檬汁和醋栗中分离出了柠檬酸、从苹果中分离出了苹果酸，并在 1785 年完成了 20 种常见水果中柠檬酸、苹果酸及酒石酸含量的测定。他的研究工作被认为是食品化学领域定量分析研究的起源。

1813 年，英国化学家 Sir Humphrey Davy（1778—1850）出版了第一本《农业化学原理》，该书论述了与食品化学相关的内容。1842 年，Justus von Liebig（1803—1873）将食品分为含氮的（植物蛋白、卵清蛋白、酪蛋白等）和不含氮的（脂肪、糖类和含酒精饮料）两类，并于 1847 年出版了食品化学领域的第一本著作《食品化学研究》。1860 年，德国的 W. Hanneberg 和 F. Stohmann 建立了用于常规测定食品中主要组分的重要方法。到 20 世纪上半叶，人们发现并确定了大多数必需营养素，包括维生素、矿物质、脂质以及一些氨基酸。在此期间，食品工业的不同行业创建了自身的化学基础，如粮油化学、乳品化学、水产化学、风味化学等。

1983 年，全国商业高等院校全面开展专科层次的烹饪教育，开始编写、出版相应的烹饪教材。1989 年，部分高校开始创办本科层次的烹饪教育，烹饪化学也真正开始起步。1995 年，由黑龙江科学技术出版社出版，黑龙江商学院（现哈尔滨商业大学）旅游烹饪系编著了第一本《烹饪化学》教材。2012 年，烹饪专业正式列入我国大学本科专业目录，烹饪本科教育和硕士研究生教育得到了快速发展，也推动了烹饪化学学科的发展。

中国烹饪
教育发展的
历史沿革

Note

任务二 探究烹饪化学的研究内容

任务描述

食物的基本成分有水分、糖类、脂质、蛋白质、维生素、矿物质与呈色、呈味、呈香成分等。烹饪原料经过预处理、烹饪加工等环节变成食物,这些过程都可能涉及化学变化。任务二介绍了食物的化学组成,以及烹饪化学的研究内容。

任务目标

(1) 了解食物的化学组成。
(2) 掌握烹饪化学的研究内容。

知识精讲

一、食物的化学组成

食物的成分可以分为天然成分和非天然成分。天然成分是食物自身固有的,在生长过程中形成的物质,包括人体所必需的六大营养物质(水分、矿物质、糖类、脂质、蛋白质、维生素)、决定食物良好感官性能的风味物质和色素,以及酶和具有潜在危害的有毒物质。非天然成分是为改善食物品质,人为添加的物质成分,如食品添加剂,也有食物加工和储藏过程中环境、设备等造成的不可避免的污染物质(图 1-1)。

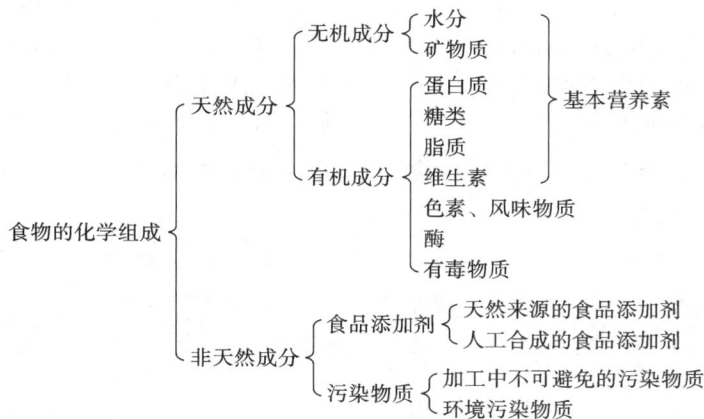

图 1-1 食物的化学组成

二、烹饪化学的研究内容

烹饪化学研究食物中营养成分和呈色、呈味、呈香成分的组成、结构、理化性质和功能特性,以及食物在预加工、烹饪加工、储藏过程中所涉及的化学变化。烹饪化学作为烹饪科学的一个非常重要的组成部分,是菜肴和面点烹饪工艺、饮食营养学和卫生学等课程的重要理论课程。目前,烹饪化学的研究内容主要包括以下几个方面。

（一）食物中的水分

水分是食物中的重要组分，各种食物都有其特定的含水量，并因此显示出它们各自的色、香、味、形等特征。烹饪原料中的水分对食物的新鲜度、风味和色泽等品质有着重要影响。在烹饪过程中，通过水分能合理控制许多物理变化和化学反应，使食物获得适宜的质地，还会改变食物的营养价值。

（二）食物中的糖类

糖类是人们饮食中重要的供能物质，在烹饪中发挥重要作用。烹饪中常用的白砂糖、绵白糖、冰糖主要成分都是蔗糖，不仅呈现出醇正的甜味，而且可用于制作挂霜菜、拔丝菜等。淀粉是烹饪中重要的辅料，烹饪过程中的勾芡、上浆、挂糊、收汁及米饭、馒头和面条熟制等，都与淀粉的糊化作用相关。糖类经过高温处理会发生焦糖化反应，产生黑褐色的焦糖色素，焦糖化反应是烹饪中炒糖色的原理，可用于红烧菜肴、焙烤食物的上色。此外，还原糖与蛋白质发生羰氨反应（即美拉德反应），生成具有特殊香味的棕色甚至黑色物质，广泛应用于烹饪和食品行业中。

（三）食物中的脂质

许多烹饪原料含有脂质，脂质包括脂肪与类脂，能够提供能量和人体必需的脂肪酸。脂肪是烹饪加工过程中重要的传热介质，可赋予食物良好的风味与口感。脂质的各种化学反应对食物品质也有一定影响。油脂轻微水解形成食物特有的风味，如面包和烤鸭的风味；油脂具有良好的润滑性和起酥性，广泛应用于面点制作中；油脂的乳化性使其与水结合形成"水包油"或"油包水"的体系，可以调整食物的口感。此外，油脂中含有的不饱和键易在光、氧、热条件下发生反应，造成油脂氧化酸败；油脂在高温下会发生氧化、分解、聚合、缩合等反应，降低油脂品质。在烹饪过程中，正确使用油脂并在适宜温度下操作是保证食物品质的关键。

（四）食物中的蛋白质

蛋白质是生物体的重要组成部分，广泛存在于烹饪原料中，如肉类、乳类、蛋类、豆类等。蛋白质在烹饪过程中有许多重要的功能特性。富含蛋白质的原料加热凝固，是蛋白质发生变性的过程；蛋白质的持水性有助于减少加工过程中的水分流失，保持食物鲜嫩的口感；蛋白质在加热过程中发生水解反应，产生氨基酸与肽，是汤汁中鲜味物质的重要来源；在豆腐、皮冻、腐竹的制作过程中，蛋白质发挥良好的胶凝作用和织构化作用；运用蛋白质的乳化性和起泡性，可以使蛋糕、面包等的品质得到很大的提升。此外，蛋白质在高温下会发生脱水、脱羧等不可逆反应，比如美拉德反应，破坏了蛋白质与氨基酸的结构，在降低食物营养价值的同时可能会产生有害物质。

（五）食物中的维生素与矿物质

维生素在体内含量很少，主要起调节作用，可分为水溶性维生素（B族维生素、维生素 C）与脂溶性维生素（维生素 A、维生素 D、维生素 E、维生素 K）。食物中的维生素对环境因素比较敏感，是烹饪加工过程中损失最大的一类物质，其中维生素 C 最易被破坏，合理的烹饪加工方式是减少维生素损失的主要途径。

食物中矿物质的种类和含量非常丰富，虽然不提供能量，但它是生物体不可缺少的重要物质。矿物质在食物中的含量在很大程度上受环境因素的影响，不同的烹饪加工方式可能会引起矿物质的损失或增加。

（六）食物中的酶

食物中酶的化学本质是蛋白质，参与食物中多种反应，对食物品质、感官特性有较大影响。酶的活性易受自身与外界条件影响，常通过控制相关因素增强或抑制酶的作用。肉类原料中的组织酶与内源钙激活酶常作用于屠宰后僵硬的肉类组织，起到嫩化作用；烹饪加工过程中的酶促褐变常对果蔬的外观与风味造成不利影响。

（七）食物的色泽

人们对食物的感官体验来自视觉、嗅觉与味觉的综合体验,食物的色泽是影响其感官品质的重要因素。烹饪加工过程中食物的色泽变化来源广泛,多糖、蛋白质、脂质都会发生相应的呈色反应,焦糖化反应、美拉德反应使食物呈现棕黄色;腌肉制品中的亚硝酸盐与血红蛋白、肌红蛋白反应使肉颜色鲜红;果蔬在受到损伤或环境异常时会发生酶促褐变,表面呈褐色。烹饪加工过程中保护原料自身的颜色,控制适当的条件,可以使食物获得适宜的色泽。

（八）食物的风味

人们对食物的要求不仅在于注重营养,还希望食物具有独特的风味。食物的风味物质主要来自两个方面:一方面是食物本身含有的,主要是酮、醛、醇、酸等小分子化合物,部分食物自有的风味会在切配时呈现;另一方面则是通过烹饪加工过程中糖类、蛋白质、脂质的分解或结合产生的。风味物质通常是食物的次生代谢产物,食物品质的优劣也可通过风味的变化反映。

食物从烹饪原料预处理、加工到储藏,每个过程都涉及一系列化学变化(表 1-1)。这些变化不仅影响食物的营养价值,还会带来独特的风味和功能性质。由于食物体系的特殊性和复杂性,每一类化学反应都受到很多因素的影响,合理控制这些化学反应是烹饪化学研究的核心内容。

表 1-1　食物烹饪加工过程中发生的一些化学反应

反应类型	反应原理	烹饪示例
焦糖化反应	糖类因加热发生脱水与降解,产生褐变	炒糖色
水解反应	糖类、蛋白质或脂质因加热受到破坏,发生分解	煲汤时的鲜味
蛋白质变性	蛋白质受外界因素影响,内部构象发生改变	蛋清凝固、醉蟹
胶凝作用	变性的蛋白质分子聚集,形成有序的网络结构	皮冻、蒸鸡蛋糕
美拉德反应	还原糖与蛋白质在加热条件下生成类黑色素	烤面包表面的棕黄色
脂肪异构化	顺式脂肪酸受环境影响,产生反式脂肪酸	植物油氢化
脂肪氧化酸败	脂肪受光、氧等因素影响生成醛、酮、酸	久置肉类产生哈喇味
酶促褐变	在有氧条件下,酚酶催化酚类物质形成醌	切开的土豆久置变色

任务三　预测烹饪化学的发展趋势

➡ 任务描述

在新时代、新变化、新趋势的背景下,中国餐饮业面临诸多困难和挑战,但随着预制菜崛起、供应链数字化、产业生态化,中国餐饮业将迎来新的发展机遇,这也促进了烹饪化学的快速发展。任务三介绍了烹饪化学的发展前景及研究方向。

➡ 任务目标

(1) 了解烹饪化学的发展前景。
(2) 熟悉烹饪化学的研究方向。

树立"大食物观"

熟制方式对裹糊猪排品质及挥发性香气成分的影响

→ **知识精讲**

一、烹饪化学的发展前景

随着人们生活水平的提高和生活节奏的加快,餐饮业得到了迅速的发展。近年来,新冠肺炎疫情对餐饮业造成极大的影响,但是随着疫情防控进入新阶段,餐饮业经历缓冲期后,必将迎来更快和更健康的发展。后疫情时代,人们对餐饮的需求更加多样化,既有对食材质量与菜品风味的生理需求、又有对营养健康与卫生安全的需求,还有对精神愉悦的审美需求。随着"大食物观"理念的树立与践行,传统烹饪与现代食品加工技术不断融合,促进了烹饪科研的重点转向高、深、新的理论和技术方向,这将为烹饪化学的发展提供良好的时机。

二、烹饪化学的研究方向

烹饪化学今后的研究方向主要有以下几个方面。

(1)继续开展不同烹饪原料和食物的化学组成、营养物质含量以及理化性质等相关研究,为烹饪食材的选择提供数据支持。

(2)研究菜肴和面点在不同烹饪加工技术,例如油炸、水煮、蒸制、烘烤等过程中,烹饪原料中蛋白质、糖类、脂质等主要成分发生的化学变化,以及这些变化对食物品质的影响。

(3)进一步围绕特色中式菜肴、面点、地方小吃等开展烹饪标准化生产,调控菜品烹制过程的营养性和安全性,建立可量化、精准化的烹饪体系。

(4)探究预制菜和调理食品在包装、储藏、运输,以及经过简单加热或烹饪处理后,食物的主要营养物质发生的变化,及其对最终产品色泽、风味的影响。

(5)多途径开发新的烹饪原料和食物来源,发现并脱除新食物资源中的有害物质,合理利用、保护有益物质的营养性和功能性。

(6)研究烹饪原料经过烹饪加工后,菜肴特征性风味物质的化学成分、组成、含量及风味贡献,揭示菜肴的风味形成机制。

(7)将现代食品加工技术(如超声、冻干、膨化等)应用到传统烹饪菜肴加工中,探究其对菜肴营养物质结构、品质及功能特性的影响。

(8)利用新技术开展复合调味品开发、生产及其在中式菜肴中的应用研究。

烹饪化学研究的领域已经延伸到烹饪加工的各个环节,其影响的范围及程度也与日俱增。虽然现在的烹饪化学学科基础还很薄弱,未来的前进道路仍不平坦,但随着科学技术、经济、社会的发展,烹饪化学必将迎来蓬勃发展的时期。

任务四 归纳烹饪化学的研究方法和学习方法

→ **任务描述**

烹饪化学研究是围绕烹饪原料的化学组成及其在烹饪加工过程中的变化与食物品质的相关性来开展的。烹饪化学的研究对象不是单一成分,而是非常复杂的混合体系,因此烹饪化学需要科学的研究方法和学习方法。任务四介绍了烹饪化学的研究方法及学习方法。

⇥ 任务目标

（1）了解烹饪化学的研究方法。
（2）掌握烹饪化学的学习方法。

⇥ 知识精讲

一、烹饪化学的研究方法

烹饪化学通过理论和实验,研究烹饪加工过程中物质的理化性质变化。烹饪是一个动态过程,在原料加工、处理、烹制、调味的过程中,各个阶段会相互影响和联系。研究内容一般分为四个方面:①烹饪原料的主要成分、营养价值及品质;②在烹饪加工过程中物质可能发生的各种物理和化学变化;③上述变化中影响食物品质、安全性的主要因素;④将研究成果应用于实际中,解释烹饪现象,指导烹饪加工过程。

食物是多种成分构成的体系,会发生许多复杂的变化,因此烹饪化学的研究方法与一般化学的研究方法有很大的不同。通常设计简化的、模拟的体系进行实验,再将所得的实验结果应用于真实的食物体系中,解释烹饪加工的现象。烹饪化学实验主要包括感官实验和理化实验。感官实验是通过人的感官来分析实验系统的色泽、风味和质构的变化;理化实验主要是对食物进行成分分析和结构测定,即分析实验系统中营养成分、有害成分、色素和风味物质等食物中主要成分的组成、结构、化学性质及在烹饪加工过程中发生的变化。

二、烹饪化学的学习方法

烹饪化学是烹饪专业中一门重要的专业基础课程,与其他专业化学有一定的相似性。烹饪化学也是在学习物质结构、性质、变化的基础上,掌握物质的功能性质。但是烹饪化学不具备基础化学的系统性,而且食物是由多种成分构成的复杂体系,所以烹饪化学的学习不仅要重视书本知识,更重要的是要学会用烹饪化学知识去解释烹饪加工过程中所发生的现象。学习烹饪化学主要应遵循以下方法。

（1）具备扎实的化学基础理论知识,了解烹饪原料中物质的主要构成情况及性状特征,掌握常见物质的化学结构和基本的化学性质。

（2）将烹饪化学理论与烹饪实践紧密联系起来,应用烹饪化学理论知识解释食物发生变化的原因和本质。

（3）重视烹饪化学实验,认真观察和思考课堂演示实验,并亲自动手设计和完成烹饪化学实验,勤于思考,善于发现和总结实验问题。

（4）学会从化学的角度思考和分析问题,掌握重要的化学反应与食物品质的关系,发现规律并进行归纳,在实际应用中举一反三。

（5）多参阅各种烹饪书籍,联系实际体会加以记忆,还可以进行专题讨论和实验,巩固知识。

项目小结

烹饪化学是一门研究食物中的化学变化与食物品质相关性的学科。烹饪化学以食物中的重要成分(水分、糖类、脂质、蛋白质、维生素、矿物质、酶、色素、风味物质)为主线,系统研究主要成分的结构和性质,以及在烹饪加工过程中物质变化的规律和对食物品质的影响。烹饪化学作为一门年轻的自然学科,涉及多门基础学科,包括化学、物理、生物、食品等,具有很强的多元性、综合性、实践性,它的基础理论和研究成果将持续助力烹饪与餐饮行业的发展。

Note

思考题

1. 如何理解烹饪与化学的关系?
2. 烹饪化学的研究内容是什么?
3. 查阅文献,简述烹饪化学的发展趋势。
4. 烹饪化学的研究方法有哪些?
5. 结合烹饪化学课程特点,总结烹饪化学的学习方法有哪些。

在线答题

Note

认知水分

扫码看课件

项目描述

水是最简单的无机化合物,是食物中最为普遍存在的一种组成成分。在烹饪时,可利用水分子的性质来改变食物的性状,通过增加水分使食物软化,增加弹性和黏性,也可除去部分或全部水分来增加食物硬度、松脆性,从而制作出具有一定特色的菜肴。

项目目标

(1)了解水分子和冰的结构及水和冰的理化性质。
(2)熟悉原料中水分的存在状态。
(3)掌握冻藏与食物稳定性的关系。
(4)掌握水分活度与食物稳定性的关系。
(5)掌握烹饪加工过程中水分的变化。

项目导入

忆往昔丝绸之路,自西汉张骞出使西域,新疆逐渐成为文化交融枢纽,饮食文明成果在这里得以传播。胡饼作为丝绸之路最受商人欢迎的干粮,是以小麦粉为主要原料,经烤制后水分蒸发制得,其水分活度降低,可抑制微生物生长,故不易变质且方便携带,《后汉书》有"灵帝好胡饼,京师皆食胡饼"的记载;唐代时期,胡饼文化发展至鼎盛;明代杰出地理学家徐霞客在旅途中亦常"出胡饼啖之"。尽管后期名称有变更,但其制作方法自汉代开始一直在发展中不断创新,带着丝绸之路的历史印记,飘香至今,制作经验留传千年。现在新疆的"馕"已有百余种产品,品牌鲜明,丰富着人们的生活,作为具有代表性的"一带一路"民族特色产品,已伴随着产业结构升级销至我国大部分省(自治区、直辖市),并积极拓展远销国外市场。

任务一 领会水分

任务描述

水是自然界中广泛存在的化合物之一,也是生命的源泉。没有水就没有生命。在日常生活及生物体中,水都有着不可替代的作用。任务一介绍了水分子和水的结构及性质,以及烹饪中水的作用等。

（1）了解水分子和冰的结构。

（2）了解水的物理性质。

（3）熟悉烹饪中水的作用。

一、单个水分子的结构

（一）水分子的结构

了解水分子的结构，有助于解释水的各种理化性质。从分子结构来看，水分子中氧的 6 个价电子参与杂化，形成 4 个 sp^3 杂化轨道，2 个氢原子接近氧的两个 sp^3 成键轨道形成两个 σ 共价键，即形成 1 个水分子，氧的 2 个定域分子轨道对称地定向在原来轨道轴的周围。因此，水分子保持近似四面体的结构（图 2-1）。

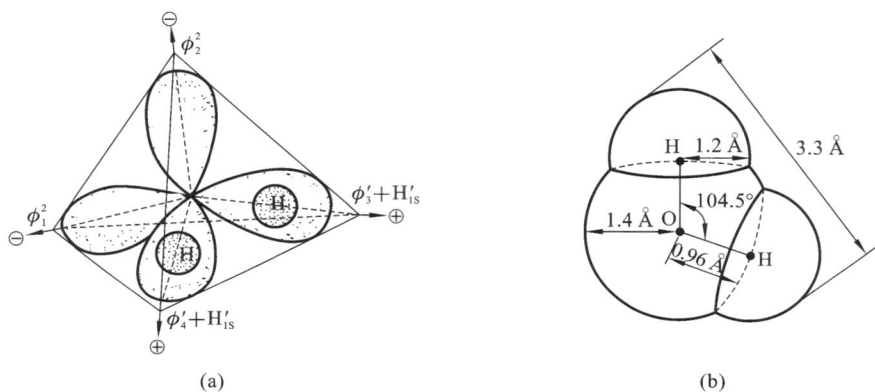

（a）

（b）

图 2-1　水分子的结构示意图

（a）sp^3 构型；（b）气态水分子的范德瓦耳斯半径（注：1 Å＝0.1 nm）

单个水分子（气态）的键角由于受到氧的未成键电子对的排斥作用，压缩为 104.5°，接近正四面体的角度（109°28′），O—H 核间距为 0.096 nm。氢和氧的范德瓦耳斯半径分别为 0.12 nm 和 0.14 nm。

在纯净的水中除普通的水分子外，还存在许多其他微量成分，实际上 H 有三种同位素 ^1H、^2H 和 ^3H，O 有三种同位素 ^{16}O、^{17}O 和 ^{18}O，所以水实际上共有 18 种水分子的同位素变体。但同位素变体仅少量存在于水中，所以在大多数情况下可以忽略不计。

（二）液态水中的氢键缔合作用

在常温下，水呈一种有结构的液态，它由若干个水分子缔合成水分子簇 $(H_2O)_n$。由于水分子 O—H 键的共用电子对强烈地偏向氧原子一方，每个氢原子带有部分正电荷且电子屏蔽最小，表现出裸质子的特征。因此，氢原子极易被另一个水分子中带有部分负电荷的氧原子上的孤对电子吸引而形成氢键。水分子中的 2 个氢原子可分别与另外 2 个水分子中的氧原子形成氢键，同时分子中氧原子上的 2 个含有孤对电子的 sp^3 轨道又可以与其他水分子的氢原子形成 2 个氢键。这样，每个水分子沿着氧原子外层的 4 个 sp^3 杂化轨道，可同时与 4 个水分子缔合形成 4 个氢键。其中的 2 个氢键，水分子提供了氢原子，是氢键供体；另外的 2 个氢键，水分子接受了氢原子，是氢键受体。由于每个水分子都有 2 个氢键供体和 2 个氢键受体部位,故水分子可以通过氢键缔合形成三维空间多重氢键(图 2-2)。每个水分子在三维空间的氢键供体数目和受体数目相等,因此,水分子间的吸引力比同样以氢键结合成分子簇的其他小分子(如 NH_3、HF)要大得多。如氨分子是由 3 个氢键供体和 1 个氢键受体构成的四面体,只能在二维空间形成氢键结构,所含的氢键数目比水分子少。氢键(键能 2～40 kJ/mol)与共价键(平均键能约 355 kJ/mol)相比较,其键能小、键较长,易发生变化,氧和氢之间的氢键离解需要 13～25 kJ/mol 能量。

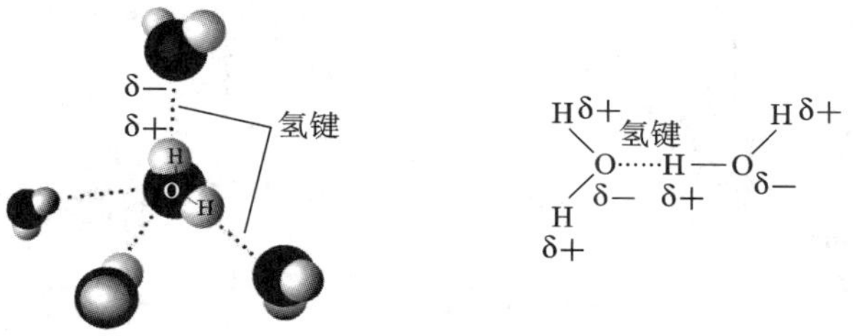

图 2-2　液态水的氢键缔合

水分子间的缔合受环境温度等因素的影响,在 0 ℃的冰中,水分子的缔合数为 4,随着温度的升高,缔合数增加,因而密度增大,例如,在 1.5 ℃和 83 ℃时,缔合数分别为 4.4 和 4.9。另外,由于温度升高,水分子的布朗运动加剧,导致水分子间的距离增加,例如,1.5 ℃和 83 ℃时水分子之间的距离分别为 0.29 nm、0.305 nm,该变化使得水的体积增大而密度降低(热膨胀效应)。一般来说,温度在 0～4 ℃时,缔合数对水的密度的影响起主导作用;随着温度的进一步升高,布朗运动起主要作用,温度越高,水的密度越低。两种因素的最终结果导致水的密度在 3.98 ℃时最大,低于或高于此温度时,水的密度均会降低。

水分子间的作用力是不断变化的。在常温下,水为一种无形的流动液体,水分子通常形成缔合数为 3～5 的圆环结构,并且处于不断的变化中,宏观上体现出水的流动性。随着温度的变化,水的缔合作用也不断变化。温度上升较大时,水分子间氢键难以形成,水分子缔合作用减弱,水分子簇减小;当温度达到沸点时,气态的水为单分子。温度下降时,水分子的缔合作用增强,多数水分子缔合在一起。水分子之间形成的三维氢键为它的许多异常物理性质提供了合乎逻辑的解释。例如,水的比热容高、熔点高、沸点高、表面张力大和相变热高,都与断开分子间氢键所需要的额外能量有关。

二、冰的结构

冰是水分子有序排列而成的巨大晶体,是水分子依靠氢键连接在一起的刚性结构。每一冰晶由 1 个水分子与周围 4 个水分子以氢键相连,呈四面体形,四面体作用力使冰晶形成一个开放的、密度低的结构。冰中最近的 O—O 核间距为 0.276 nm,O—O—O 键角约为 109°,非常接近正四面体的角度(109.28°)(图 2-3(a)),水分子(W)和邻近的四个分子(1、2、3 和 W′)缔合成四面体。当几个晶胞结合在一起组成一个晶胞群时,水分子按照一定的排列方式连接成正六方环的稳定结构,如果从三维角度观察,冰晶呈现正六方晶体结构,并表现出分层性(图 2-3(b))。

冰晶的晶型、大小、位置和取向受水中溶质种类、数量、冻结速度等因素影响。冰晶有 11 种结构,冷冻食品中常见的有正六方形、不规则树状、粗糙球状、易消失的球晶,以及中间状态冰晶。大多数冷冻食品中冰晶为有序的六方形结构,但含有较多高分子蛋白质、明胶等物质时,水分子的运动受到限制,冰晶主要为立方体和玻璃状晶体。

水在冰点温度时并不一定结冰,其原因是溶质能降低水的冰点,使水产生过冷现象。过冷现象是指由于无晶核存在,液态水冷却到冰点以下仍不结晶的现象。如果在过冷水中加入一粒冰晶,过

为什么自然界中的雪花都是六角形的?

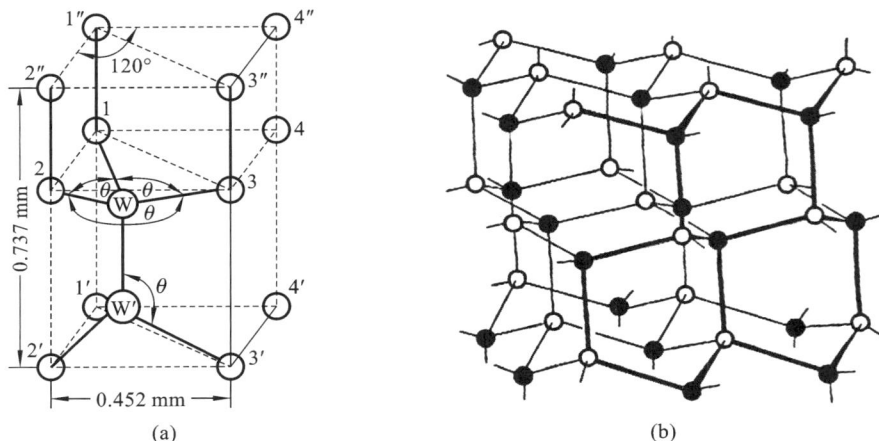

图 2-3 冰晶结构示意图
(a)冰晶四面体结构;(b)冰的正六方结构与分层性

冷现象会立即消失并在晶核周围生长成大的晶体,这种现象称为异相成核。当大量水缓慢冷却时,有足够时间在冰点发生异相成核,因而会形成粗大的冰晶。如果快速冷却液态水,则会产生过冷现象,很快形成许多晶核,晶体生长速度相对较慢,结果形成细微晶体。

面团在冷冻过程中,会经历三个阶段:预冷阶段、相变阶段和过冷阶段(图 2-4)。预冷阶段面团的温度迅速降至冰点。相变阶段的曲线近乎水平,但此刻面团内部开始大量形成晶核,部分晶核生长为冰晶。这一阶段也被称为最大冰晶生成带,可冻结水变成冰晶,在此阶段可通过提高冷冻速度和缩短冷冻时间促使小冰晶的产生。冰晶的大小会影响面点制品的口感,因此相变阶段是最关键的阶段。大量研究证明,较快的冷冻速度可以缩短相变时间,使形成的冰晶体积更小、分布更均匀,对食物造成的物理伤害更小。

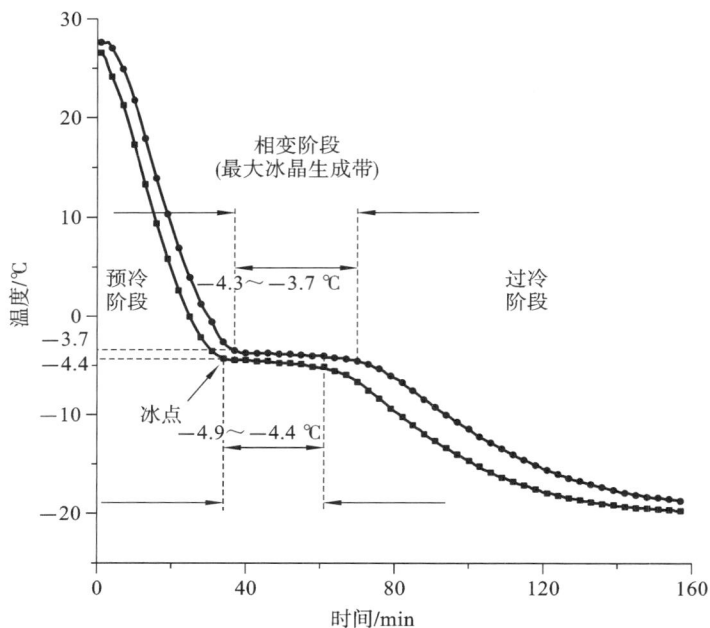

图 2-4 冷冻过程中面团中心温度曲线

三、水和冰的性质

水与元素周期表中邻近氧的某些元素的氢化物(如 CH_4、NH_3、HF、H_2S 等)的物理性质相比,除了黏度外,其他性质均有显著差异。水的熔点、沸点比这些氢化物要高得多,介电常数、表面张力、热容量和相变热(熔化热、蒸发热和升华热)等物理常数也都异常高,但密度较低。此外,水结冰时体积增大,表现出异常的膨胀特性。水的热导率大于其他液态物质,冰的热导率略大于非金属固体。0 ℃时冰的热导率约为同一温度下水的 4 倍,这说明冰的热能传导速度比生物组织中非流动的水快得多。从水和冰的热扩散系数可看出,水的固态和液态的温度变化速度相差较大,冰的热扩散系数为水的 9 倍;在一定的环境条件下,冰的温度变化速度比水快得多。水和冰无论是热导率还是热扩散系数,都存在着相当大的差异,因而可以解释在温差相等的情况下,为什么原料的冷冻速度比解冻速度更快。

水和冰的物理常数见表 2-1。

表 2-1 水和冰的物理常数

物理常数	水		冰	
	20 ℃	0 ℃	0 ℃	−20 ℃
相对分子质量	18.0153			
相变性质				
熔点(101.3 kPa)/℃	0.00			
沸点(101.3 kPa)/℃	100.00			
临界温度/℃	374.15			
临界压力/MPa	22.14(218.6 atm)			
三相点/℃、Pa	0.01 和 610.4 (4.589 mmHg)			
熔化热(0 ℃)/(kJ/mol)	6.01			
蒸发热(100 ℃)/(kJ/mol)	40.63			
升华热(0 ℃)/(kJ/mol)	50.91			
其他性质				
密度/(g/cm³)	0.99821	0.99984	0.9168	0.9193
黏度/(Pa·s)	1.002×10^{-3}	1.793×10^{-3}	—	—
表面张力(相对于空气)/(N/m)	72.75×10^{-3}	75.64×10^{-3}	—	—
蒸气压/kPa	2.3388	0.6113	0.6113	0.103
热容量/(J/(g·K))	4.1818	4.2176	2.1009	1.9544
热导率(液体)/(W/(m·K))	0.5984	0.5610	2.240	2.433
热扩散系数/(m²/s)	1.4×10^{-7}	1.3×10^{-7}	11.7×10^{-7}	11.8×10^{-7}
介电常数	80.20	87.90	约 90	约 98

水的冰点为 0 ℃,可是纯水并不会在 0 ℃就结冰,常常首先被冷却至过冷状态,只有当温度降低到开始出现稳定晶核时,或在振动的促进下才会立即向冰晶转化并放出潜热,同时促使温度回升到 0 ℃。开始出现稳定晶核时的温度称过冷温度。如果外加晶核,则不必达到过冷温度就能结冰,但此时生成的冰晶粗大,因为冰晶主要围绕有限的晶核长大。

食物中含有一定的水溶性成分,可以使食物的结冰温度(冻结点)持续下降到更低,直到低共熔点。低共熔点在 −65～−55 ℃ 之间,而我国冻藏食物的温度常为 −18 ℃,因此,冻藏食物的水分实际上并未完全凝结固化。尽管如此,在这种温度下,绝大部分水已冻结,并且是在 $-4 \sim -1$ ℃ 之间完成了大部分冰的形成过程。现代冻藏工艺提倡速冻,因为该工艺下形成的冰晶呈针状,比较细小,冻结时间缩短且微生物活动受到更大限制,因而食物品质保持得更好。

对烹饪专业的学生来说,掌握水的物理、化学性质很重要,例如以体积而言,水在约 4 ℃ 时密度最大,但水结成冰的时候,其体积却膨胀了约 9%,这就有可能造成许多生鲜类烹饪原料(包括动物肌肉和水果、蔬菜)的细胞组织在冻藏储存保鲜时,受到冰晶的挤压而被破坏,从而在解冻时不能复原,导致汁液流失、组织溃烂、滋味改变等,不利于各种烹饪操作。

四、烹饪中水的作用

中国早在几千年前就把追求"水火之济"的协调作为烹饪的目标。水在烹饪中广为应用,主要作用如下。

(一)作为烹饪的传热介质

水是液体,具有较大的流动性,传热比原料快得多,同时水的黏性小、沸点相对较低、渗透力强,是烹饪中理想的传热介质。水主要以对流的形式进行热传导。在加热时,水分子的运动很剧烈,由于上下的水温不同,形成了对流,通过水分子的运动和对原料的撞击来传递热量。煮、蒸、炖、烩等烹饪方式均以水为传热介质对食材进行烹饪,其特点在于能够准确控制烹饪温度,最大限度地保留食材自身的鲜味和鲜嫩的口感,同时也能够降低食材中营养成分的流失。以水为传热介质的烹饪方式见表 2-2。

表 2-2　以水为传热介质的烹饪方式

烹饪方式	烹饪方法	烹饪特点	代表菜肴
煮	将原料放入过量的汤汁中,用大火烧开后转为小火慢煮	菜肴口感鲜嫩,食物中的营养成分融入汤汁中,滋味浑厚	水煮肉片
蒸	以水蒸气为导热体,将经过调味的原料用旺火或中火加热,使成菜熟嫩或酥烂,常见的蒸法有干蒸、清蒸、粉蒸等	烹饪时间较短,食物口感嫩而不酥,水分得到保持,避免可溶性营养成分的流失	清蒸鲈鱼
炖	用葱、姜炝锅,冲入汤或水,烧开后下食材,大火烧开后小火慢炖	炖制菜肴口感极其软烂,适合老年人、儿童食用,烹饪温度不高,营养成分得到最大限度的保留	清炖鲫鱼
烩	用葱、姜炝锅或直接以汤烩制原料,调味后用淀粉勾芡成菜	原料品种丰富多样,可保证食物多样性;菜肴汤汁较多,既可做汤又可做菜,清淡爽口	博山烩菜

水的热容量大、导热能力也较强,用作烹饪加工过程的传热介质时,对于食物杀菌消毒、熟化加热、增进风味和促进食物的咀嚼、消化及营养成分的吸收,均起到了决定性的作用。

(二)作为溶剂

水是极性的,溶解能力极强,作为溶剂。水不仅可以溶解多种离子型化合物,如食盐、味精和多种矿物质,还可以通过氢键溶解许多非离子型化合物,如糖类、乙醇、乙酸等,更能够与蛋白质、淀粉等形成亲液。这些物质的分子往往具有一定的极性,溶于水后形成水溶液。这些物质既包括营养物质和风味物质,也包括异味物质和有害物质等,统称为水溶性物质。它们有的存在于原料的细胞内或组织间,有的是在加工储藏过程中产生的。例如,畜肉中含有低聚肽、氨基酸、低分子有机物、单糖、双糖、有机酸、维生素、矿物质等水溶性物质,烹制肉时,其细胞破裂,结构松散,水溶性成分溶出,与加热过程中产生的水溶性风味物质和调味品中的水溶性物质混合在一起,构成特有的肉香味。水在这里主要作为溶剂,起着综合风味的作用,有利于烹饪工艺操作。

（三）作为反应物或反应介质

烹饪加工过程中,发生的大部分物理、化学变化是在水溶液中进行或者在水的参与下发生的,这时水作为介质能加快反应速度。同时,水也可作为反应物质参加反应,如水解反应、美拉德反应需在有水参与下才能完成。又如,发酵面团中的酵母等微生物,需要适宜的水和温度才能使分泌的酶很好地发挥作用,将面团中的糖类氧化,产生大量二氧化碳,从而使面团变得膨松。

（四）能去除烹饪加工过程中的一些有害物质

水作为溶剂,原料中有些苦味物质和有害物质可在水中溶解除去或者被水解破坏。利用这个原理,烹饪工艺中常用浸泡、焯水等方法去除异味和有害物质。例如,核桃中鞣酸是造成苦涩味的主要成分,必须用热水浸泡以除去大部分鞣酸,才能尝不到苦味。又如,鲜黄花菜中含有对人体有害的秋水仙碱,可根据它溶于水的特点,将鲜黄花菜浸泡 2 h 以上或用热水烫后,挤去水分,漂洗干净,以去除秋水仙碱。值得说明的是,用水去除有害物质的同时,要选择合理的烹饪加工方法,否则也会使有益物质流失。一些水溶性营养物质和风味物质,如单糖和某些低聚糖、水溶性维生素、水溶性含氮化合物、某些醇类、氨基酸等也会被水溶解,如果加工方法不当,会造成流失,如大米的淘洗、蔬菜切后洗涤等操作过程。烹饪加工过程中应充分注意这些问题。

（五）作为干货原料的涨发剂

食物干货原料中的高分子物质,例如淀粉、蛋白质、果胶、琼脂等,都可以吸水发生膨润。膨润是高分子化合物干凝胶在水中浸泡而体积增大的现象。被高分子物质吸收的水,储存于它们的凝胶结构网络中,使其体积膨大;由于分子体积大,高分子物质不能形成水溶液,而是以胶凝状态存在。

涨发后的物质比其在涨发前更易受热、酸、碱和酶的作用,所以容易被人体消化、吸收,但也容易被细菌或其他不正常环境因素破坏而腐败变质,故干货原料应随发随用。

当然,在各种烹饪加工方法中,水的多种作用不是截然分开的。总的来说,水的传热作用、综合风味的作用、作为反应物或反应介质的作用等都是同时存在的。

任务二　辨析烹饪原料中的水分

任务描述

除一些调味品外,烹饪原料一般都是生物体,而水是生物体最基本的组成成分。不同原料的含水量是不一样的。任务二介绍了烹饪原料的含水量、烹饪原料中水分的存在状态,以及水分对菜肴品质的影响等。

任务目标

（1）了解烹饪原料的含水量。
（2）了解水与其他组分之间的相互作用。
（3）掌握烹饪原料中水分的存在状态。

一、烹饪原料的含水量

水是原料的主要组成成分。原料中水的含量、分布和状态对原料的结构、外观、质地、风味、新鲜程度都有极大的影响。原料中的水分是引起原料发生变质的重要原因之一,因而直接关系到原料的储藏特性。水还是烹饪加工中的重要原料之一,水质直接影响到菜肴的品质和操作工艺。因此,全面了解烹饪原料中水的特性及其对原料品质和保藏性的影响,对烹饪具有重要意义。

不同种类的原料含水量是不同的,水的分布是不均匀的。对动物来说,肌肉、脏器、血液的含水量较高(70%~80%),皮肤次之(60%~70%),骨骼的含水量最低(12%~15%);对植物来说,不同品种之间,同种植物的不同组织之间、不同成熟度之间,含水量也不相同。一般来说,叶菜类较根茎类含水量要高得多,营养器官(如植物的叶、茎、根)含水量较高(70%~90%),而繁殖器官(植物的种子)含水量较低(12%~15%)。大多数生物体的含水量为60%~80%,也有一些原料含水量达95%以上,如部分果蔬和海蜇。有些原料即使属于同一种生物体的肌肉,其含水量也因生长年龄不同而存在差异,如雏鸡肌肉的含水量比老年鸡高。各种烹饪制品也有其特征含水量,如面包含水量为35%~45%。

烹饪原料中的水和在自然界中天然存在的游离态淡水一样,实际上都是极稀的溶液。即使是刚刚从天空中落下的雨、雪,也很难例外。江河湖泊和地下水中溶有多种物质,其中以矿物质最为常见。有些天然水(特别是地下水)含有较多的钙盐和镁盐,这种水称为硬水。硬水有许多不好的性能,在加热器具和锅炉中容易结垢,生成不溶性的盐类,降低了传热性能,造成能源浪费,结垢太厚的锅炉甚至有爆炸的危险。用硬水作洗涤用水,不仅浪费洗涤剂,而且生成的沉淀易留在织物上产生斑痕,所以工业用水通常要进行软化处理。所谓水的软化,就是设法除去 Ca^{2+} 和 Mg^{2+}。经过软化处理,含有较少量 Ca^{2+}、Mg^{2+} 的水称为软水。

因此,全面了解烹饪原料中水的特性及其对原料品质和保藏性的影响,对烹饪工艺具有重要意义。一些常见食物原料的含水量见表2-3。

表 2-3　常见食物原料的含水量

原料名称	含水量/(%)
肉类	
猪肉(里脊)	约 70
牛肉(去骨)	68~78
鱼肉	65~81
鸡肉(无皮肉)	约 74
水果	
香蕉	约 75
樱桃、梨、葡萄、猕猴桃、柿子、榅桲、菠萝	80~85
苹果、桃、橘、葡萄柚、甜橙、李子、无花果	85~90
草莓、杏、椰子、西瓜	90~95
蔬菜	
青豌豆、甜玉米	74~80
甜菜、硬花甘蓝、胡萝卜、马铃薯	80~90

南水北调与
三峡工程

续表

原料名称	含水量/(%)
芦笋、青大豆、大白菜、红辣椒、花菜、莴苣、番茄	90～95
谷物	
全谷物	10～12
粗燕麦粉、粗面粉、淀粉	10～13
通心粉	约9
蔗糖、酥糖、纯巧克力	≤1
食用油	0

注：数据来自 2017 年食物营养成分表。

二、水与其他组分之间的相互作用

向水中添加各种不同的溶质，不仅会改变被添加溶质的性质，而且水本身的性质也会发生明显的变化。溶质和水混合时会同时改变这两种成分的性质。亲水性溶质会改变邻近水分子的结构和流动性，水也会改变亲水性溶质的反应性，有时甚至改变其结构。

（一）水与离子型物质的相互作用

无机离子或有机物中的离子基团通过自身的电荷可以与水分子偶极产生相互作用，通常称为水合作用。与离子或离子基团相互作用的水是食物中结合最紧密的一部分水。从实际情况来看，所有的离子对水分子的正常结构均有破坏作用，典型的特征就是水中加入盐类以后，水的冰点下降。

食盐是处理烹饪原料常用的物质，也是相对分子质量较小的离子型化合物的代表。由于水分子在食盐离解后生成的 Na^+ 和 Cl^- 周围被强烈极化，水分子的正常结构被破坏。加入的盐越多，极化作用越强烈，此时即使降温至 0 ℃以下，水也不易结冰。由于水分子具有较大的偶极矩，因此能与离子产生相互作用（图 2-5）。水分子与 Na^+ 结合形成的键的键能约为 83.68 kJ/mol，比水分子之间氢键的键能（约 20.9 kJ/mol）大 3 倍，因此离子或离子基团加入水中后会破坏水分子之间的氢键，导致水的流动性发生改变。

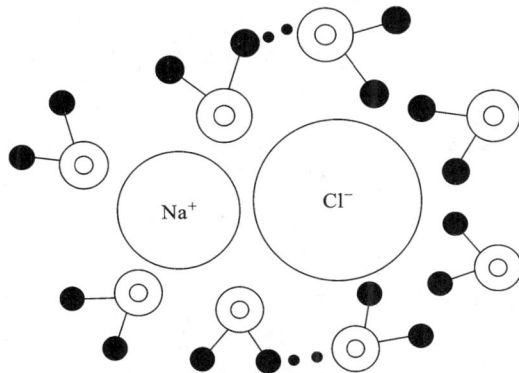

图 2-5　NaCl 邻近的水分子可能出现的排列方式
图中仅表示纸平面上的水分子

如果水中存在其他亲水性胶体物质，比如蛋白质，则因为极化作用使亲水性胶体周围的双电层厚度发生较大的变化，胶体的稳定性也会受到影响。如果双电层变厚，说明亲水性胶体的持水性加大，便产生盐溶，例如烹制肉制品时，加入适量食盐使肌肉发生盐溶作用，所得肉制品滑嫩可口。炒肉或调制肉糜、肉馅时,事先加入少量食盐,就是基于这个原理。如果双电层变薄,说明亲水性胶体的稳定性下降,容易发生沉淀,便产生盐析。烹饪原料的腌制过程都伴随着盐析作用,这是食盐用量过大造成的结果。

（二）水与非离子型亲水性物质的相互作用

水与非离子型亲水性物质的氢键键合比水与离子之间的相互作用弱。氢键作用的强度与水分子之间的氢键相近,例如蔗糖、淀粉、某些种类的蛋白质等。与非离子型亲水性物质通过氢键键合的水,按其所在的特定位置可分为化合水或邻近水（第一层水）,与自由水比较,它们的流动性极小。凡能够产生氢键键合的亲水性物质都可以强化纯水的结构,至少不会破坏这种结构。然而在某些情况下,由于氢键键合的部位和取向在几何构型上与正常水不同,因此,这些物质通常对水分子的正常结构也会产生破坏,持水性增强,使水的流动性降低。例如,烹饪过程中的勾芡、用明胶或琼脂做冻等就是基于这种作用来实现的。

当体系中添加具有氢键键合能力的溶质时,每摩尔溶液中的氢键总数不会明显改变。这可能是因为已断裂的水-水氢键被水-溶质氢键所代替,因此,这类溶质对水的网状结构几乎没有影响。

水分子还能与羟基、氨基、羧基、酰胺基和亚氨基等极性基团发生氢键键合。在生物大分子的两个部位或两个大分子之间可形成由几个水分子所构成的"水桥"。

各种有机分子的不同极性基团与水形成氢键的牢固程度有所不同。蛋白质肽链中赖氨酸和精氨酸侧链上的氨基,天冬氨酸和谷氨酸侧链上的羧基,肽链两端的羧基和氨基,以及果胶物质中未酯化的羧基,无论是在晶体还是在溶液中时,都是呈离解或离子态的基团;这些基团与水形成氢键,键能大,结合得牢固。蛋白质结构中的酰胺基,淀粉、果胶质、纤维素等分子中的羟基也能与水形成氢键,但键能较小,牢固程度差一些。

（三）水与疏水性物质的相互作用

含有疏水性结构的非极性物质在水中的行为首先表现为尽量营造非水小环境。例如,含有非极性基团（疏水基团）的烃类、脂肪酸、氨基酸以及蛋白质加入水中,由于极性的差异,体系的熵减小,在热力学上是不利的,此过程称为疏水水合。由于疏水基团与水分子产生斥力,疏水基团附近的水分子之间的氢键键合作用增强,使得疏水基团邻近的水形成特殊的结构,水分子在疏水基团外围定向排列,导致熵减小。

水对非极性物质产生的作用中,有两个方面特别值得注意:笼形水合物的形成和蛋白质中的疏水相互作用。

笼形水合物是冰状包合物,其中水为"主体"物质,通过氢键形成了笼状结构（图 2-6）,物理截留了另一种被称为"客体"的分子。笼形水合物的客体分子是低分子化合物,它的大小和形状与由 20～74 个水分子组成的主体笼相似。典型的客体包括低分子烃类及卤代烃、稀有气体、SO_2、CO_2、环氧乙烷、乙醇,及短链的伯胺、仲胺、叔胺等。水与客体之间的相互作用往往涉及弱的范德瓦耳斯力,有些情况下也为静电力。此外,相对分子质量大的客体如蛋白质、糖类、脂质和生物细胞内的其他物质,也能与水形成笼形水合物,使水合物的凝固点降低。一些笼形水合物具有较高的稳定性。

疏水相互作用是指疏水基团尽可能聚集在一起以减少它们与水的接触。疏水相互作用可以导致非极性物质分子的熵减小,从而形成热力学不稳定的状态;由于分散在水中的疏水性基团相互集聚,它们与水的接触面积减小,结果引起分子聚集,甚至沉淀;此外,疏水相互作用还包括蛋白质与脂质的疏水结合。疏水性物质间的疏水基团相互作用导致体系中自由水分子增多,所以疏水基团的作用与极性物质、离子的水合作用一样,其溶质周围的水分子都同样伴随着熵减小,然而,水分子之间的氢键键合在热力学上是一种稳定状态,从这一点上讲,疏水相互作用与极性物质的水合作用有着本质上的区别。疏水相互作用对于维持蛋白质分子的结构发挥重要的作用。也就是说,疏水相互作用在生理上的意义大于在烹饪原料加工过程中的意义。

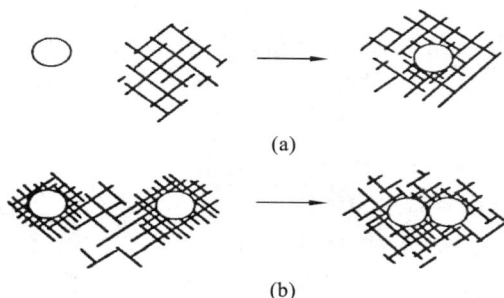

图 2-6　非极性物质的疏水相互作用

○—非极性物质　　◇—以氢键结合的水分子

(a)非极性物质加入水分子中,使疏水基团附近的水分子之间的氢键键合作用增强;

(b)非极性物质的疏水基团之间相互聚集,使它们与水的接触面积减小

三、烹饪原料中水分的存在状态

新鲜的动、植物性原料和一些固态食物中常含有大量水分,但在切开时水分并不会大量流失,这是因为水分子被截留。原料中的水分根据连接水分子的作用力形式和水分子与非水成分的远近不同,可分为结合水和自由水。

（一）结合水

结合水(或称为束缚水、固定水)通常是指存在于溶质或其他非水组分附近的、与溶质分子之间通过化学键结合的那部分水。根据被结合的牢固程度的不同,结合水也有几种不同的形式。

❶ **构成水(或化合水)**　构成水是指与原料中其他亲水性物质(或亲水基团)结合最紧密的那部分水,它与非水物质构成一个整体。

❷ **邻近水**　邻近水是指亲水性物质的强亲水基团周围缔合的单层水分子膜。邻近水处在非水组分亲水性最强的基团周围的第一层位置,主要的结合力是水-离子、水-偶极间的氢键缔合作用,其次是呈电离或离子状态的基团的中性分子与水形成的水-溶质氢键。

❸ **多层水**　多层水是指单分子水化膜外围绕亲水基团形成的另外几层水,主要靠水-水氢键和水-溶质氢键而形成。尽管多层水不像邻近水那样牢固结合,但仍然与非水组分紧密结合,其性质与纯水的性质也不相同。

综上,结合水包括构成水、邻近水以及多层水。烹饪原料中大部分结合水是与蛋白质、糖类等相结合的。虽然结合水在具体烹饪原料中所占比例不大,但对食物的质构和风味起很重要的作用,如果采取强烈手段逐出这一部分水,则食物的风味和质量将发生显著的变化。

（二）自由水

自由水(体相水)是指没有被非水物质化学结合的水。其分为滞化水、毛细管水和自由流动水三类。

❶ **滞化水**　滞化水是指被组织中的显微和亚显微结构与膜所阻留住的水,由于这些水不能自由流动,所以称为不可移动水或滞化水。例如,一块重 100 g 的肉,总含水量为 70～75 g,除去近 10 g 结合水后,还有 60～65 g 水,这部分水中极大一部分是滞化水。

❷ **毛细管水**　毛细管水指在生物组织的细胞间隙和制成的食物的结构组织中存在着的一种由毛细管力所滞留的水,在生物组织中又称为细胞间水。其物理和化学性质与滞化水相同。

滞化水和毛细管水合称截留水,即使烹饪原料组织有相当严重的机械损伤,截留水也不会从中流出。因此,烹饪原料中的水绝大部分属于截留水。截留水的含量反映了烹饪原料的持水能力,所以它对蓉泥状、胶状和水果蔬菜制品的质量有直接的影响。截留水中有相当大一部分是毛细管水,

当毛细管半径大于 $1\ \mu m$ 时,毛细管水很容易被挤压出来。生鲜状态下的烹饪原料,由于其毛细管半径大都在 $10\sim100\ \mu m$ 之间,所以在加工过程中极易造成汁液的流失。对多数菜肴来说,这种流失会影响风味效果,使原汁原味难以保持。但也有些工艺利用这一性能,例如,制蔬菜馅心时,就需要将过多的水分挤掉,也可以利用这一性能来榨取果汁和蔬菜汁。

❸ **自由流动水** 动物的血浆、淋巴液和尿液,植物的导管和细胞内液泡中的水,因为可以自由流动,所以称为自由流动水,也称游离水。

结合水和自由水之间的界限很难做截然的区分,只能根据物理、化学性质进行定性区分:①结合水的量与食物中有机大分子的极性基团的数量有比较固定的比例关系,如每 $100\ g$ 蛋白质可结合水分平均高达 $50\ g$,每 $100\ g$ 淀粉的持水能力在 $30\sim40\ g$ 之间。②结合水不易分离。结合水的蒸气压比自由水低得多,所以在一定温度($100\ ℃$)下,结合水不能从食物中分离出来。注意,与自由水相比,应考虑结合水虽然具有"被严重阻碍的流动性",但却不是"被彻底固定化的"。③结合水不易结冰(冰点约 $-40\ ℃$)。这种性质使得植物的种子和微生物的孢子(几乎没有自由水)可以在很低的温度下保持生命力,而多汁的组织(新鲜水果、蔬菜、肉等)在冷冻后细胞结构往往被自由水的冰晶所破坏,解冻后组织不同程度地崩溃,造成汁液流失,烹饪原料的持水力下降,影响菜点成品的口感和质量。④结合水不能作为溶质的溶剂。⑤自由水能被微生物利用,结合水则不能。

任务三 认知水分活度

➡ 任务描述

任务三介绍了水分活度的概念和特性,水分吸附等温线的意义,这些内容可以帮助学生更好地掌握水分活度与食物稳定性的关系。

➡ 任务目标

(1) 了解水分活度的定义。
(2) 熟悉水分吸附等温线。

➡ 知识精讲

一、水分活度

人类很早就认识到食物的易腐败性与含水量之间有着密切的关系,一段时期里,这成为人们日常生活中保藏食物的重要依据之一。烹饪加工中无论是浓缩还是脱水过程,都是为了降低原料的含水量,提高溶质的浓度,以降低食物的易腐败性。但人们同时也知道不同种类的食物即使含水量相同,其腐败变质的难易程度也存在明显的差异。这说明以含水量作为判断食物稳定性的指标是不完全可靠的。食物中各种非水组分与水发生氢键键合的能力均不相同。与非水组分牢固结合的水不可能被食物中的微生物和化学水解反应所利用。之后人们逐渐认识到食物的品质和储藏性能与水分活度有更紧密的关系。用水分活度作为食物易腐败性的指标比含水量更为恰当,而且水分活度与食物中许多降解反应的速度有良好的相关性。

(一) 水分活度的定义

水分活度也称水分活性,通常以符号 A_w 表示,是指在一定条件下,在一密闭容器中,烹饪原料或其产品的饱和水蒸气分压(p)与同样条件下纯水饱和蒸气压(p_0)的比值。水分活度可用下式表示：

$$A_w = \frac{p}{p_0} \tag{2-1}$$

式中，p 为某种食物在密闭容器中达到平衡状态时的饱和水蒸气分压；p_0 为在同一温度下纯水的饱和蒸气压。严格来说，本式仅适用于理想溶液和热力学平衡体系。然而，食物体系一般不符合上述两个条件，因此式(2-1)应被看作一个近似方程，更确切的表示是 $A_w \approx p/p_0$。

对于纯水来说，因为 $p=p_0$，故 $A_w=1$。对于溶液来说，其饱和水蒸气分压肯定低于溶剂的饱和蒸气压，即 $p<p_0$，故 $A_w<1$。溶液的浓度越大，p 越小，A_w 越小。由于食物原料中非水成分(小分子盐类及有机物)较多，其饱和水蒸气分压低于纯水饱和蒸气压，因此，食物原料的 A_w 永远小于1。

式(2-1)说明原料及其产品的水分活度与其组成有关：原料含水量越大，水分活度越大；当原料的含水量一定时，含亲水性的非水物质越多，其结合水越多，水分活度也就越小。

另外，还可以利用环境的平衡相对湿度(ERH)来计算水分活度。不过这种方法的基本前提是原料及其产品中的水分与周围环境中的饱和蒸气压平衡，则有

$$A_w = \frac{ERH}{100} \tag{2-2}$$

使用式(2-2)时需要注意，水分活度是原料或其产品的固有性质，环境的平衡相对湿度对它只是有较大的影响而已，所以在利用上式时，一定要找到平衡点。找平衡点的有效方法是降低待测样品的数量(通常控制在 1 g 以下)，而且要耗费大量的时间。如果样品量过大，根本不可能达到平衡点。水分活度与相对湿度的关系可以很好地解释梅雨季节因空气湿度过大而导致的干燥原料和食物吸湿和霉变，也可以解释在低湿度条件下，许多原料和食物干缩萎蔫的原因。

（二）水分活度与食物含水量的关系

一般情况下，食物的含水量越高，水分活度越大。在恒定温度下，以食物含水量(以 1 g 干物质中水的质量表示)对 A_w 作图，所得曲线如图 2-7 所示。

从图 2-7 中可以看出，两者之间呈曲线关系，而非直线关系。当食物的含水量低于 0.5 g 时，食物的含水量稍有增加，就会引起水分活度迅速上升(A_w 0～0.85)；当含水量高于 0.5 g 时，随着食物含水量的增加，水分活度变化较缓(A_w 0.85～1.0)，表明含水量低时，自由水较少，含水量高时，自由水增加较多。

二、水分吸附等温线

（一）水分吸湿等温线的意义

在恒定温度下，以食物含水量(以 1 g 干物质中水的质量表示)对 A_w 作图得到的曲线称为水分吸附等温线(moisture sorption isotherm, MSI)。在水分吸附等温线中低含水量范围内，含水量稍有增加就会导致水分活度的大幅度增加，把低含水量区域内的曲线放大，结果呈现反"S"形曲线。为了深入理解水分吸附等温线的含义和实际应用，根据水分活度与含水量的关系可将曲线分成三个区域(图 2-8)。干性物料因吸附作用结合的水从Ⅰ区(干燥时)向Ⅲ区(高含水区)移动时，水的理化性质发生变化。

Ⅰ区：低含水区，水分子和食物成分中的离子、极性基团以水-离子、水-偶极氢键键合，可被认为是结合最牢固或可移动性最小的水。其结合力最强，所以 A_w 也最低，一般为 0～0.25。水分子可以被简单地看作物料固体成分的一部分。在Ⅰ区末端(区间Ⅰ和区间Ⅱ的分界线)位置的这部分水可

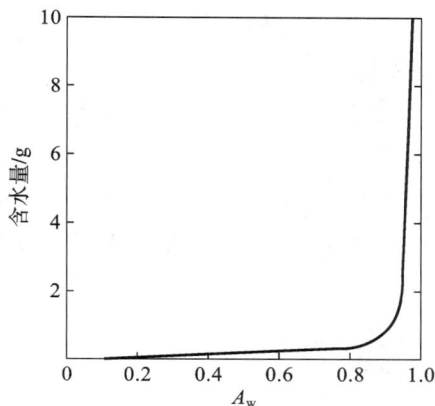

图 2-7　高含水量食物的水分吸附等温线

水分活度与温度的关系

21

看成是在干物质可接近的强极性基团周围形成一个单分子层所需水的近似量。Ⅰ区的水不能溶解溶质,对食物的固形物不产生增塑效应,微生物不能利用。因此在低湿度的环境条件下,Ⅰ区的干燥食物是比较稳定的。

Ⅱ区:水分子占据固体物表面第一层的剩余位置和亲水基团周围的另外几层位置,形成多分子层结合水,主要靠水-水和水-偶极氢键键合,此区还包括直径<0.1 μm的毛细管中的水。A_w为0.25~0.85。Ⅱ区食物中的水分稍有增加,就可以引起A_w较大的变化,此阶段曲线的斜率越大,说明对食物的固形物产生的增塑效应越明显。

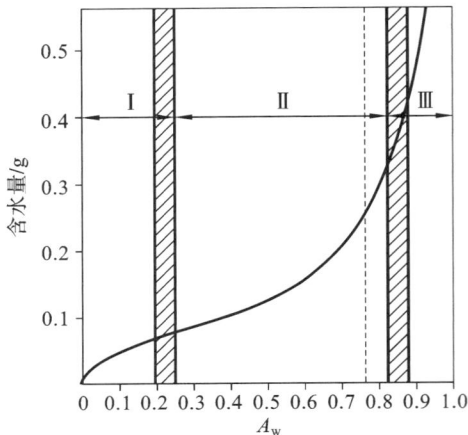

图 2-8　低含水量食物的水分吸附等温线

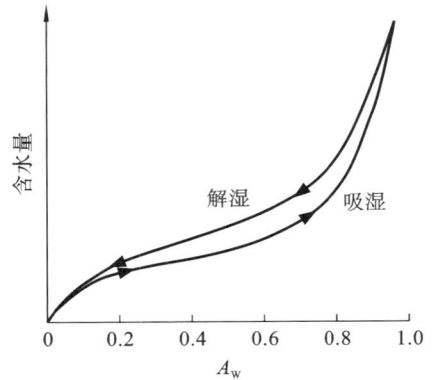

图 2-9　食物的等温吸湿-解湿曲线

Ⅲ区:包括Ⅰ区和Ⅱ区的水,再加上Ⅲ区边界内增加的水。A_w在0.85~0.99之间,物料含水量最低为0.14 g,最高为20 g。这部分水是食物中结合最不牢固和最容易移动的水。其蒸发热基本与纯水相同,既可以结冰也可作为溶剂,而且还有利于化学反应的进行和微生物的生长。

(二)滞后现象

一种食物一般有两条吸附等温线,一条是干燥食物在吸附水分(回湿)时的吸附等温线(常称为吸湿线),另一条是含水量较高的食物在干燥时水分移出的解吸等温线(常称为解湿线)。这两条曲线并不重合,这种不重合现象称为"滞后"现象(图 2-9)。通常物质在指定的水分活度下,解吸过程中样品的含水量总是大于回吸过程中样品的含水量。这种现象产生的原因是干燥时食物中水分子与非水物质基团之间的作用部分被非水物质基团之间的相互作用所代替,而吸湿时不能完全恢复这种代替作用。

→ **相关知识**

水分活度的测定方法

目前水分活度的测定方法有相对湿度传感器测定法、恒定相对湿度平衡法和冰点测定法。

1. 相对湿度传感器测定法　将已知含水量的样品置于恒温密闭的小容器中,使其达到平衡,然后通过电子测定仪或湿度测定仪测定样品和环境空气的平衡相对湿度,即可得到所测样品的水分活度。

2. 恒定相对湿度平衡法　将样品置于恒温密闭的小容器中,用一定浓度的饱和盐溶液控制密闭容器的相对湿度,定期测量样品的含水量,然后绘图求得水分活度。

3. 冰点测定法　先测定样品的冰点降低温度和含水量,然后根据公式计算水分活度。采用该方法测定水分活度时引起的误差较小。

水分吸附等温线与温度的关系

任务四　探究水分活度与食物稳定性的关系

任务描述

即使食物含水量相同,如果自由水与结合水所占比例不同,那么水与各种非水物质的缔合程度也会不同,从而导致水分活度不同,食物的稳定性也就不同。任务四介绍了水分活度与食物稳定性之间的关系,降低水分活度以提高食物稳定性的方法,掌握本任务内容后可以有效地储存烹饪原料,也能更好地运用烹饪原料。

任务目标

(1)了解水分活度与微生物生长的关系。
(2)了解水分活度与酶活性的关系。
(3)了解水分活度与化学反应的关系。
(4)了解水分活度与食物质构的关系。
(5)掌握降低水分活度以提高食物稳定性的机制。

知识精讲

一、水分活度与微生物生长的关系

就水与微生物的关系而言,食物中各种微生物的生长繁殖,是由其水分活度而不是含水量所决定的,即食物的水分活度决定了微生物在食物中萌发的时间、生长速度及死亡率。不同的微生物在食物中繁殖时对水分活度的要求不同。一般来说,细菌对低水分活度最敏感,酵母次之,霉菌的敏感性最差,见表2-4。当水分活度低于某种微生物生长所需的最低水分活度时,这种微生物就不能生长。

表2-4　微生物生长与水分活度的关系

水分活度范围	该范围内的最低水分活度一般能抑制的微生物
0.95～1.00	假单胞菌、大肠杆菌、变形杆菌、志贺菌属、克雷伯菌属、芽孢杆菌、一些酵母
0.91～0.95	沙门杆菌属、溶副血蛋白弧菌、肉毒梭状芽孢杆菌、沙雷杆菌、乳酸杆菌属、足球菌、一些霉菌、一些酵母
0.87～0.91	许多酵母、小球菌
0.80～0.87	大多数霉菌,金黄色葡萄球菌、大多数酵母属
0.75～0.80	大多数嗜盐细菌
0.65～0.75	嗜旱霉菌,二孢酵母
0.60～0.65	耐高渗透压酵母、少数毒菌

由表2-4可见,不同类群微生物生长繁殖的最低水分活度如下:大多数细菌为0.91,大多数霉菌为0.80,大多数嗜盐细菌为0.75,嗜旱霉菌为0.65,耐高渗透压酵母为0.60。水分活度低于0.60时,绝大多数微生物无法生长。水分活度在0.91以上时,微生物以细菌为主。水分活度降至0.91

以下时,就可以抑制一般细菌的生长。当在食物中加入食盐、糖后,水分活度下降,一般细菌不能生长,嗜盐细菌却能生长,也会造成食物的腐败。有效的抑制方法是在 10 ℃ 以下的低温中储藏,以抑制这种嗜盐细菌的生长。水分活度在 0.91 以下时,食物的腐败主要由酵母和霉菌所引起,其中水分活度在 0.80 以下的糖浆、蜂蜜和浓缩果汁的败坏主要由一些酵母引起。

在研究微生物与水分活度的关系时,了解食物中有害微生物生长的最低水分活度也很重要。研究表明,食物中重要的有害微生物生长的最低水分活度在 0.86～0.97 之间,所以,真空包装的水产和畜产加工原料制品,流通标准规定其水分活度在 0.94 以下。

二、水分活度与酶活性的关系

酶是各种生化反应必不可少的催化剂,用酶催化的反应大多数有水的参与,而且酶本身的稳定性也与水相关,所以多数酶促反应要求有一个合适的水分活度。当水分活度小于 0.85 时,引起食物腐败的大部分酶会失活,如多酚氧化酶、过氧化物酶、维生素 C 氧化酶、淀粉酶等。然而,即使在 0.10 以下这样的低水分活度下,脂肪氧化酶仍能保持较强活性而分解油脂,水解酶也有此现象。所以含油脂食物的长期储存比较困难。

三、水分活度与化学反应的关系

研究水分活度与化学反应的关系,不但可以预测食物的货架期,指出败坏原因,而且可以利用这些知识找出控制食物败坏的方法。

（一）水分活度对淀粉老化的影响

在含水量达 30%～60% 时,淀粉老化的速度最快;如果降低含水量,则淀粉老化速度减慢。当含水量降至 10%～15% 时,水基本以结合水的状态存在,淀粉不会发生老化。

（二）水分活度对脂肪氧化酸败的影响

从极低的水分活度开始,脂肪氧化速度随着水分活度的增加而降低。这是因为在非常干燥的样品中加入水时,这部分水能与脂肪氧化反应产生的氢过氧化物形成氢键,此氢键可以保护过氧化物的分解,从而降低过氧化物分解时的初速度,最终阻碍氧化的进行。微量的金属也可催化氧化作用的初期反应,但当这些金属水合以后,其催化活性就会降低。

（三）水分活度对蛋白质变性的影响

蛋白质变性是指蛋白质分子肽链特有的高级结构被破坏,从而使蛋白质的许多性质发生改变。因为水能使多孔蛋白质膨润,暴露出长链中可能被氧化的基团,氧就很容易转移到反应位置。因此,水分活度增大会加速蛋白质的氧化,破坏保持蛋白质高级结构的化学键,导致蛋白质变性。

（四）水分活度对褐变的影响

水分活度降低到 0.25～0.30 的范围时,就能有效地减慢或阻止酶促褐变的进行。食物的水分活度在一定的范围内时,非酶促褐变随着水分活度的增大而加速;水分活度在 0.60～0.70 之间时,褐变最为严重。随着水分活度的下降,非酶促褐变会受到抑制而减慢。当水分活度降低到 0.20 以下时,褐变就难以发生。如果水分活度大于褐变高峰的水分活度,则由于溶质的浓度下降而导致褐变速度减慢。一般情况下,浓缩的液态食物和中等湿度食物位于非酶促褐变的最适水分活度范围内。

（五）水分活度对水溶性色素分解的影响

葡萄、杏、草莓等水果的色素是水溶性花青素,花青素溶于水时是很不稳定的,经 1～2 周其特有的色泽就会消失。但花青素在这些水果的干制品中十分稳定,经过数年储藏也仅发生轻微分解。一般而言,若水分活度增大,则水溶性色素的分解速度加快。

综上所述,降低食物的水分活度可以延缓酶促褐变和非酶促褐变的进行,减少食物营养成分的破坏，防止水溶性色素的分解。但水分活度过低则会加速脂肪的氧化酸败。要使食物具有最高的稳定性，最好将水分活度保持在结合水范围内。这样既可使化学反应难以发生，又不会使食物丧失吸水性和复原性。

四、水分活度与食物质构的关系

水分活度对干燥食物的质构有较大的影响。当水分活度从 0.20～0.30 增加到 0.65 时，大多数半干或干燥食物的硬度及黏着性增加。研究表明，肉制品韧性的增加可能与交联作用及高水分活度下发生的化学反应有关，如胶凝及吸水基团水合能力的改变。水分活度为 0.40～0.50 时，肉干的硬度及耐嚼性最大。增大水分活度时，肉干的硬度及耐嚼性都降低。另外，要想保持饼干、爆玉米花及油炸土豆片的脆性，避免糖粉、乳粉以及速溶咖啡结块、变硬发黏，都需要使产品具有相当低的水分活度。所以要保持干燥食物的理想性质，水分活度不能超过 0.30。对于含水量较高的食物（蛋糕、面包等），为避免失水变硬，需要保持相当高的水分活度。有些研究认为，将一些需要有较高水分活度的食物（如火腿、牛肉、豌豆）的水分活度从 0.70 提高到 0.99 时，能获得更令人满意的食物质构。

五、降低水分活度以提高食物稳定性的机制

食物的稳定性与水分活度有直接的关系，为了提高食物的稳定性，常常需要控制水分活度。其内在机制如下。

（1）大多数化学反应必须在水溶液中进行，如果降低食物的水分活度，则食物中水的存在状态发生变化，结合水的比例增加、自由水的比例降低，而结合水不能作为反应物的溶剂，因此降低水分活度能使食物中许多可能发生的化学反应、酶促反应受到抑制。

（2）很多化学反应属于离子反应，这类反应发生的条件是反应物首先发生离子化或水化，而发生离子化或水化的条件是有足够的自由水。

（3）很多化学反应和生物化学反应必须有水分子参与才能进行（如水解反应）。若降低水分活度，则参与反应的自由水的数量减少，反应物（水）的浓度下降，化学反应的速度也就变慢。

（4）许多以酶为催化剂的酶促反应中，水除了起反应物的作用外，还能作为底物向酶的扩散输送介质，并通过水化促使酶和底物活化。当水分活度低于 0.85 时，大多数酶的活性受到抑制；若水分活度降到 0.25～0.30 的范围，则食物中的淀粉酶、多酚氧化酶和过氧化物酶会受到强烈的抑制甚至丧失活性。但对于脂肪氧化酶，水分活度在 0.30 时该酶活性最低，可使脂质氧化速度变得最小；当水分活度降低至 0.10 以下时，其活性反而增大，使脂质氧化反应迅速发生。

由此可见，食物中化学反应的最大反应速度，一般发生在具有中等含水量的食物中（水分活度为 0.70～0.90），这类反应是人们不期望的。而最小反应速度一般首先出现在水分吸附等温线的 I 区与 II 区之间的边界（水分活度为 0.20～0.30）附近；当进一步降低水分活度时，除氧化反应外，其他反应的速度全都保持在最小值，这时含水量是单层水分子含量。因此，用食物的单分子层水可以准确地预测干燥产品稳定性最大时的含水量，这具有很大的实用意义。

在食物中还存在着氧化、褐变等化学反应。在高水分活度的食物中，虽然可以采用漂烫、蒸煮等热处理可避免微生物腐败的危险，但化学腐败仍是不可忽视的问题。

需要注意的是，化学反应速度与水分活度的关系是随着样品的组成、物理状态及其结构而改变的，也随大气组成（特别是氧的浓度）、温度等因素的改变而改变。事实上，在相等的水分活度下，生物的生长也随温度的不同而不同。需要指出的是，在 0.70～0.90 的水分活度范围内，食物中的一些重要化学反应，如美拉德反应、维生素的分解反应等的速度都达到最大，这时食物变质受化学变化的影响增大。当食物的含水量进一步增大到水分活度大于 0.90 时，食物中的各种化学反应速度大都呈下降趋势。这可能是由于水是这些反应的产物，增加含水量将抑制产物的生成；也可能是由于水产生的稀释效应减慢了反应速度。这时，食物变质主要受微生物和酶作用的影响。

任务五　解析冻藏与食物稳定性的关系

任务描述

除了可以通过降低水分活度防止原料的腐败变质以外,还可以采用降低温度的办法保存原料,也就是常用的冻藏。如果采取的冻藏方法不当,也会对食物产生一定的伤害,使食物料丧失食用价值。任务五介绍了食物原料的冻藏方法,冻藏条件对原料产生的影响,及更好地延长原料的储存期的方法。

任务目标

(1)了解原料的冻藏方法。
(2)熟悉冻藏对原料稳定性的影响。
(3)了解玻璃化温度。

知识精讲

一、原料的冻藏

(一)原料的冻结

动物性原料一般采用冷藏或冻藏的方法加以保藏。通常新鲜禽畜肉的冰点为$-2.5 \sim -0.5$ ℃,结冰时肉中的水形成冰晶,当温度降低到$-10 \sim -0.5$ ℃时,组织中的水 $80\% \sim 90\%$ 已经结成冰。

所谓冻结,就是细胞间隙的水形成冰而使细胞脱水,自由水从细胞中分离出来,但不破坏细胞胶体体系。然而,如果温度继续降低,一部分结合水也会分离出来,进入细胞间隙冻结成冰,细胞胶体体系会被破坏,形成不可逆过程。

(二)原料的冻藏

一般冻藏有慢速冻结(慢冻)和快速冻结(速冻)两种方法。原料中心温度在 20 min 内通过最大冰晶生成带从-1 ℃降到-5 ℃称为速冻;如超过 20 min 则称为慢冻。慢冻的肉,由于冻结的速度缓慢,形成的冰晶数量少且比较大,冰晶膨胀作用大,破坏了肌肉纤维的组织结构,解冻后肌肉组织间隙变大,为肉中水分流失到表面提供了途径(图 2-10)。解冻时,融化后的水不能全部渗入肌肉内部,甚至由于组织结构的破坏,部分肉汁从组织内部流出,使肉的营养和风味受到影响,肉的品质也随之下降。速冻是将肉置于$-33 \sim -23$ ℃的低温环境中,肉汁中的水迅速冻结。由于冻结速度快,形成的冰晶数量多、颗粒小,在肌肉组织中分布比较均匀,又由于小冰晶的膨胀作用小,对肌肉组织的破坏很小,解冻融化后的水可以渗透到肌肉组织内部,所以基本上能保持原有的风味和营养价值。速冻的肉,解冻时一定要采取缓慢解冻的方法,使冻结肉中的冰晶逐渐融化成水,并基本上全部渗透到肌肉组织中,尽量不使肉汁流失,以保持肉的营养和风味。如果高温快速融化,则肉汁来不及向肌肉组织内部渗透而流失,导致肉的品质下降。

因冻藏是一种通过抑制微生物生长繁殖和生化反应来延长肉及肉制品保质期的常用方法,因此解冻也成为肉及肉制品加工或烹饪前的重要步骤,不适宜的解冻过程会导致冷冻肉及肉制品物理、

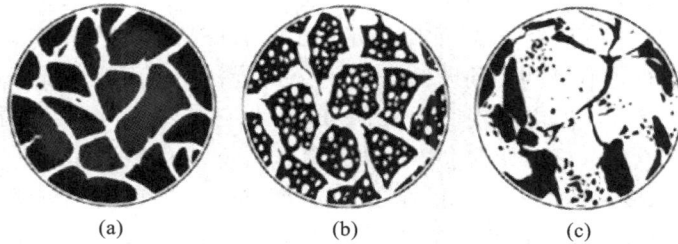

图 2-10　冻藏对肌肉细胞产生的影响
(a)尚未冷冻的肌肉细胞；(b)速冻后细胞内产生极小的冰晶；
(c)慢冻后细胞内产生较大的冰晶，对肌肉组织造成较大的破坏

化学和微生物特性的裂变。汁液流失是肉及肉制品在解冻过程中出现的主要问题。肉及肉制品中不与肌原纤维和蛋白质分子结合的水为自由水，在解冻过程中，往往和溶解于水中的水溶性蛋白质、维生素等营养物质一起流失，导致肉及肉制品解冻后出现营养物质损失。冻融过程破坏了肌原纤维结构并使蛋白质变性，导致与蛋白质紧密结合的水被释放并重新分布到肌浆和细胞外间隙，转变为自由水，进而导致肉品的持水力下降。烹饪中常用的解冻方法有空气解冻、低温解冻、低温高湿解冻、水解冻。这四种解冻方法的特点如表 2-5 所示。

表 2-5　烹饪中常见的四种解冻方法的特点

解冻方法	原理	优点	缺点
空气解冻	以环境与冻藏肉之间的温差作为动力，进行热交换	经济、便捷、适用性强	解冻耗时长、汁液流失严重
低温解冻	利用较小的温差完成缓慢解冻，且低温抑制微生物生长繁殖，减少肉质劣变	汁液流失少、适用范围广、污染程度低	解冻速度慢
低温高湿解冻	低温抑制微生物生长，高湿会在肉表面形成水膜，阻隔氧气，维持肉质	汁液流失少、解冻品质好、能耗低，适用于大规模解冻	设备成本高，解冻速度较慢
水解冻	水拥有较高的比热容，以此加快热交换速度	解冻效率提高、损失减少	可溶性营养物质随水流失，易被水中微生物污染

二、冻藏对原料稳定性的影响

冻藏可以增加原料的稳定性，延长原料的货架期，但也会给原料带来一定的负面影响。

（一）冻藏对原料产生冻害

结构比较疏松、细胞间隙比较大、外皮薄、自由水含量高的水果、蔬菜类，很容易遭受冻害。当周围的环境温度降到这些原料的冰点以下时，蔬菜、水果中细胞间的部分自由水开始在细胞间隙形成冰晶，细胞内的游离水开始向细胞外渗透，使冰晶不断长大，长大到一定程度后，冰晶膨胀（水转变成冰时体积增加 9%），对细胞起到机械破坏作用。解冻后细胞汁液外流，失去了原有品质。冻害不太严重的原料，细胞破坏程度不大，但解冻速度太快（如加热或放在热水中融化等）时，融化的水来不及向细胞内渗透而流失，也会降低其品质。

（二）冻藏使原料中成分发生变化

原料冻结后，由于溶质的冷冻浓缩效应，未冻结相的 pH、离子强度、黏度、表面张力等发生变化，

这些变化可对原料成分造成危害。如 pH 降低导致蛋白质变性及持水能力下降,使解冻后汁液流失;冻结导致自由水结冰、水分活度降低,油脂氧化速度相对提高。

在冻藏过程中冰晶的大小、数量、形状改变也会导致原料劣变,而且可能是冻藏原料品质劣变最重要的原因。由于冻藏过程中温度出现波动,温度升高时,已冻结的冰融化,温度再次降低后,原先未冻结的水或先前从小冰晶融化出来的水会扩散并附着在较大的冰晶表面,造成再结晶的冰晶体积增大,这样对组织结构的破坏性很大。所以在低温冻藏原料时,温度的控制相当重要。即使是在稳定的冻藏温度下,也会出现冰晶生长的现象,但这种变化的影响比较小。

另外,冻藏原料中仍含有一定量的未冻结水,它们可作为原料中各种劣变反应的反应介质。因此,即使是在冻藏条件下,原料仍发生着各种化学和生物化学变化。

三、玻璃化温度

近年来在低温冻藏原料中,往往以玻璃化温度作为评价其稳定性的指标。原料在低温冻藏过程中,随着温度的下降,组织中不断有水冻结成冰,未冻结的水和非水物质构成未冻结相。随着水不断结冰,未冻结相溶质的浓度不断提高,冰点不断下移,直到原料中的非水物质也开始结晶(此时的温度可称为共晶温度),形成所谓的共晶物后,冷冻浓缩也就终止。由于大多数原料的组成相当复杂,其共晶温度低于其起始冰冻温度,所以其未冻结相随温度降低可维持较长时间的黏稠液体过饱和状态,而黏度又未见显著增加,即所谓的胶化状态。这时物理、化学及生物化学反应依然存在,并导致原料腐败。继续降低温度,未冻结相的高浓度溶质的黏度开始显著增加,并限制了溶质晶核的分子移动与水分的扩散,原料体系将从未冻结的胶化状态转变成所谓的玻璃化状态(即无定形固体存在的状态)。此时的温度即玻璃转化温度,简称玻璃化温度(t_g)。例如,冷藏的水产类原料的玻璃化温度分别是鱼板 $-21\ ℃$、虾 $-33\ ℃$、鳕鱼排 $-35\ ℃$。

玻璃化状态下未冻结的水不是按前述水分子结构中的氢键方式结合的,其分子的移动性被束缚在由极高浓度溶质所产生的具有极高黏度的玻璃化状态下。这样的水不具有反应活性,故整个原料体系以不具有反应活性的非结晶性固体形式存在。因此,在玻璃化温度下,原料可维持高度的稳定状态。低温冻藏原料的稳定性可以用该原料的玻璃化温度(t_g)与冻藏温度(t)的差来决定。差值越大,原料的储藏寿命越短,稳定性越差。

▶ 相关知识

玻璃化技术在食品加工及储藏中的应用

速冻食品是当今世界发展较迅速的食品产业之一,食品速冻技术是目前国际公认的食品最佳保藏技术,食品的低温玻璃化保存则是近十年发展起来的一门新技术。冻结食品的质量下降主要是由结晶、再结晶和酶的活性引起的,如果冻结食品处于橡胶态,则基质中结晶、再结晶和酶活性等变得十分活跃,降低了储藏稳定性和食品的质量;相反,如果冻结食品处于玻璃化状态,所有受扩散控制的松弛过程将极大地被抑制,使得食品在较长的储藏时间内可以处于稳定状态,且质量很少或不发生变化。下面以冰激凌、草莓、部分水产品为例介绍玻璃化技术在食品加工及储藏中的应用。

冰激凌在凝冻、冻结、储存以及运输过程中,原有的细小冰晶会有不同程度的生长,使冰激凌变得质地粗糙,失去原有的细腻口感。当冰激凌在玻璃化状态保存时,其中的结晶、再结晶过程将变得极其缓慢,这样可以有效延长它的保存期。冰激凌的玻璃化温度为 $-43\sim-30℃$,而现在的低温保存设备的温度大多在 $-18\ ℃$,建设新的冷库投资又太高,所以可以通过加入一定的添加剂来提高冰激凌的玻璃化温度。现在常用的添加剂有 CMC、卡拉胶、黄原胶、麦芽糊精、预糊化淀粉、瓜尔豆胶等,另外,特定的乳化剂也可以提高冰激凌的玻璃化温度。

草莓的玻璃化温度为 $-43.5\ ℃$,当草莓处于玻璃化状态时,储藏期间几乎没有再结晶的发生,细胞受损伤的程度大大减小。但冷冻速度对草莓的影响很大,当将草莓直接投入液氮(降温速度达到 150 K/min 左右)中时,草莓会发生低温断裂,超快速冻结对细胞的损伤更加严重。在草莓等水果的玻璃化保存中,应该控制降温速度,以防止发生低温断裂。

水产品中存在一些特殊的营养成分与生理活性物质,导致水产品容易发生化学变化,鲜度难以保持。玻璃化技术用于水产品保存后,可以有效延长水产品的保鲜期,但是由于水产品组分的复杂性,各组分之间的相互作用使玻璃化过程变得十分复杂。研究表明,鲣鱼含水量为 15% 时,玻璃化温度为 -120 ℃,随着含水量增加,玻璃化温度下降,但是鲣鱼吸水膨胀时,含水量最高只能达到 70%,这就意味着玻璃化温度有一个下限。总之,水产品的玻璃化是一个十分复杂的过程,还有很多研究工作要做。

任务六 探寻烹饪加工中水分的变化

➡ 任务描述

水与烹饪的关系十分密切,它不仅是烹饪原料的重要成分,与菜肴的质量密切相关,而且烹饪加工过程离不开水。在烹饪加工过程中,原料中的水分会发生一系列变化,其增减以及存在状态都直接影响到烹饪制品的质感。

➡ 任务目标

(1)了解烹饪原料中水分的变化。
(2)熟悉水分对烹饪原料及其制品的影响。
(3)掌握烹饪过程中水分的控制方法。

➡ 知识精讲

一、水分对烹饪原料及其制品的影响

(一)水分对烹饪原料的影响

烹饪原料的含水量及水分的存在状态与原料的感官品质和内在质量有着密切的关系。它对于原料的新鲜度、硬度、脆度、黏度、韧度和表面的光滑度等都有很大的影响。如水果、蔬菜的含水量与其新鲜度、硬度及脆感有关,含水量充足时,细胞饱满、膨胀压力大,脆性好,食用时有脆嫩、爽口的感觉;含水量不足时,细胞膨胀压力降低,水解酶活性增强,果胶类物质分解,果蔬硬度下降、外观表现为萎蔫、口感由脆变软。肉及肉制品的含水量与其鲜嫩度、黏度及弹性都密切相关。新鲜的猪肉持水性较好,外表微干或微湿润,不黏手,用手指按压后凹陷会立即恢复;如含水量不足,水分蒸发导致肌蛋白变性收缩,肉质坚硬难吃。奶油及人造奶油中的水使其具有滑润的口感,可用来制作奶昔、蛋糕、冰激凌等。含油果仁脱水后会变得酥脆、浓香。同一种烹饪原料,含水量稍有差别,也会导致品质上有很大差异。例如,豆腐的老嫩之分就是因为含水量的不同,老豆腐含水量为 85%,嫩豆腐的含水量则为 90%。

(二)水分对菜肴质感的影响

菜肴的质感除了与原料本身的组织结构和成分有关外,水分也是影响其质感的主要因素之一。

水分是菜肴及其原料鲜嫩的重要标志。例如,蔬菜、水果一般组织结构松脆、含水量多,因此鲜嫩多汁,一旦失去一部分水分,组织细胞内的压力降低,蔬菜、水果就会萎蔫、皱缩失重、表面干瘪等,食用价值大大下降。又如鲜肉,由于蛋白质呈胶凝状,有很高的持水力和弹性,所以肉的胴体较柔软。

❶ **水分与原料嫩度的关系** 水分对原料的质量和成品的质感有很大影响,要使成品"嫩",首先应该设法保持原料的水分,并在可能的情况下使原料"吃水",这就需要根据不同原料的质地,采用不同的加工方法,使成品满足既鲜嫩又美味的要求。一般来说,老龄动物的肉含水量少,肌肉结构紧密,肉质硬实、结缔组织较多,宜用小火较长时间加热的方法,以使肉的口感酥烂。但如果采用不适当的加热方法,则会使肉的肌纤维组织被彻底破坏,使本来可以保持住而不应流失的自由水和营养成分、风味物质丧失。年幼禽畜的肉含水量高,结构较疏松,肌肉显得细嫩,如仔鸭、小牛肉等,宜采用急火短时间加热方法,使原料内部的水分少受损失,达到鲜嫩的效果。

❷ **加热处理对肉制品中水分存在状态的影响** 肉制品中水分的含量及存在状态与肉制品的嫩度有直接的关系。加工之前,由于新鲜的肉结构完整,保持了大量水分,结合水和自由水的含量都较高。热处理后,肉中的结缔组织被破坏,蛋白质开始溶解,水分结合能力下降,部分结合水转化为不易流动水,同时部分不易流动水转化为自由水而流失。继续加热处理,蛋白质开始变性,结合水和不易流动水含量下降,并伴随着汁液流失、嫩度下降。从图 2-11 中可以看出,猪肉在卤制过程中,随着时间的延长,水分损失增大,且温度越高,影响越明显。

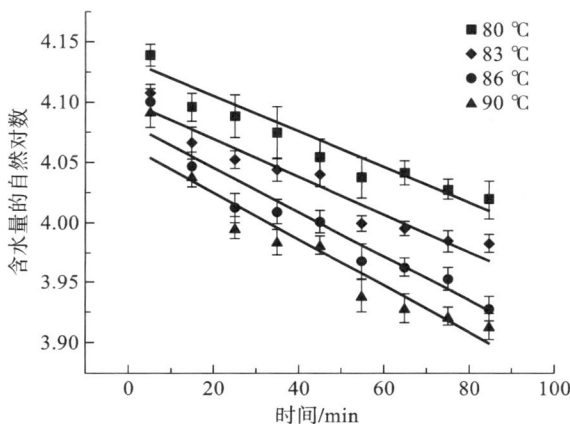

图 2-11 不同温度对酱卤猪肉水分含量变化的影响

（三）水分对菜肴色泽和风味的影响

烹饪加工过程中常利用高温烘烤、油炸、辐射加热等方法使菜肴成熟、脱水上色。例如,油炸过程中,水分一般会经过三个失水阶段。

（1）自然水挥发阶段:当原料或生坯投入油中加热时,由于原料的投入,油温下降,原料表面的温度在 100 ℃以下,这时表面的水分开始蒸发,制品内部的水分向表面渗透,原料表面的高分子化合物完成吸水膨润过程。继续加热,油温升高,由于原料中水分较多,原料表面的油温保持在 100 ℃左右,这时可见油面泛着含有水分的大气泡。原料表面的水分继续挥发,内部的水分仍向外渗透,外面的油向里扩散、渗透。当原料表面的自由水基本失去后,原料表面的高分子化合物的结构变化过程基本完成,如淀粉的糊化、蛋白质变性凝固等,原料或生坯基本定型。

（2）脱水分解阶段:原料表面的自由水基本失去后,继续加热,油温升高,这时原料表面的温度在 100 ℃以上,原料表面高分子化合物中的结合水也开始失去,进入脱水分解阶段,即淀粉和蛋白质开始水解成低分子物质。产生的低分子物质有的挥发,有的相互间发生各种反应,生成许多风味物质和中间产物,使菜肴发出香气。随着脱水过程的进行,原料表面形成干燥的硬壳。与此同时,脱水过程逐渐向原料内部延伸。

（3）脱水缩合、聚合阶段：原料表面形成干燥的硬壳后，继续升高油温，当原料表面的温度升高至170 ℃以上时，脱水反应继续进行，且发生深度的美拉德反应及焦糖化反应，使菜肴表面形成悦目的黄色色泽和硬壳。同时，由于油的导热与渗透，前面两个阶段的反应向原料内部深入，并失水产生一定的风味。

上述三个失水阶段的反应与温度高低和加热时间成正比，因此如果加热时控制好油温和时间，使失水反应和聚合反应控制得恰到好处，就可以得到既香又脆、原料内部失水不太多、仍能保持鲜嫩的成品。

在用水作为传热介质的加工方法中，虽然原料中的液汁均为水溶液，沸点比纯水的沸点（100 ℃）略有上升，但上升的温度很小。在这些加工方法中温度最高在100 ℃左右，原料周围有大量的水，所以在原料表面不会发生失水反应，更不会发生生色反应，产生的香气也没有油炸制品和烘烤制品浓郁，但可保持另一种特有的风味。

二、水分的变化及控制

（一）水分的变化

各种烹饪原料都含有水分，含水量决定了原料质地的柔软鲜嫩或干硬。保持原料的水分，或有意地让原料"吃水"，或让原料失去一部分水，是科学烹饪的重要内容。由于食物的质感与含水量具有密切的关系，所以在烹饪中必须善于控制食物的含水量，使菜肴的成品符合人们对质感的要求。

要达到控制食物含水量的目的，首先要对烹饪原料的失水原因有一个正确的认识。通常情况下，原料在烹饪过程中会由于如下几个原因，使其中的水分发生部分流失。

（1）蛋白质脱水：原料在加热过程中，由于蛋白质受热变性，破坏了原来的空间结构，持水能力下降，引起水分流失而脱水。如肉类煮熟后，体积缩小，质量减轻，这就是因为蛋白质脱水而造成的水分流失。

（2）渗透出水：原料在烹饪过程中要添加多种调味品，这些调味品溶解于汤汁中或进入原料内部。如炒菜时加盐，煮鱼时加料酒、酱油和醋等，这些调味品在原料及其周围形成了一个高渗透压的环境，其渗透压如果大于原料内部水溶液的渗透压，原料中的水分就会向外渗透而溢出，导致原料中水分流失。例如，盐腌萝卜干时，在萝卜周围会出现大量的水分；再比如菜炒好、肉炖熟后，会产生一定的汤汁，这些都是因为渗透压的作用使原料脱水，原料脱水的同时也发生体积的缩小。

（3）水分挥发：原料中的自由水在烹制加热过程中吸收了大量的热量，当吸收的热量达到水分汽化所需要的热量时，或者当自由水达到汽化温度时，原料中的自由水就会由液态逐渐变为气态而挥发出去，导致原料中含水量下降。如果热处理时间短，则汽化现象仅发生在原料的表面，而原料内部的水没有汽化，仍然保留在原料内部，这也是目前烹饪中所要追寻的理想目标之一。

（4）脱水收缩：在一定的条件下，水分子能够分散在高分子的网络结构中，例如，在调制面团时，水分子被蛋白质吸收在网络结构中，形成面筋网络结构，并使蛋白质发生体积膨胀的现象。但在一些条件下，这种高分子网络会发生结构紧缩、总体积缩小，并将滞留于网络结构中的水分挤压出来。如蛋白质凝胶（即水分子分散在蛋白质中的一种胶体状态），这种凝胶在放置过程中会逐渐渗出微小的液滴，即水分子，同时伴随凝胶体积缩小现象的发生，这种现象在化学中称为"脱水收缩"。经过脱水收缩以后，水分子脱离蛋白质网络而流失，导致原料中的含水量降低。豆腐中水会自动渗出就是其中的一个例子。

在烹饪中，有些菜肴需要原料保持原有的水分才能鲜美可口；而有些菜肴则需要将原料中的水分除去一部分以后，才能形成具有独特风味的佳肴。由此可见，控制好食物中的水分，对菜肴质量和风味有着重要的作用。

（二）水分的控制

❶ 低温烹饪　某些原料如在高温条件下进行烹饪，由于蛋白质变性、自由水剧烈汽化等原因而

使原料的持水力下降,因此针对这些原料,如富含蛋白质的原料,在基本保证卫生的前提下应该考虑采用低温的烹饪方法。因为蛋白质在高温条件下会发生变性,持水力下降,使肉质由嫩变老。如果在低温条件下进行烹饪,则既可使原料成熟,又能很好地保持原料的持水力,例如,白斩鸡的制作中采用了"卤浸"的烹饪方法,其主要目的就是让原料在 90 ℃左右的低温条件下逐渐成熟,同时保持鸡肉良好的持水性;如果温度过高,鸡肉蛋白质会随温度的上升而逐渐发生变性,鸡肉的持水力下降,导致菜肴的口感老韧,而且很粗糙。

❷ **焯水**　焯水就是把原料放在水锅中进行加热的一种预熟加工方法,其又可分为冷水锅焯水和热水锅焯水两种方法。冷水锅焯水主要针对蔬菜的根、茎和血渍重、异味强的牛肉、羊肉、狗肉、兔肉、蹄髈等原料,焯水时需要将原料与冷水一同下锅进行加热,待水沸腾以后,撇去浮沫,用冷水洗净即可;热水锅焯水主要针对鲜嫩的蔬菜和腥味较小的禽肉、鱼肉、猪肉等,焯水时要将水先煮沸,然后将原料投入锅中一同加热,待原料断生后立即捞入冷水中浸凉。不管采用哪一种焯水方法,都是把原料放在水锅中加热断生以后再捞出。其根本目的是通过水锅的预熟处理,一方面去除异味和杂质、缩短正式烹饪时间,另一方面保持原料水分。通过水锅的短时间作用,原料表面所含的蛋白质凝固,形成一层保护层,可减少原料内的水分和可溶性物质外溢,从而保持原料的鲜美风味。经过焯水的原料再经过烹饪制成的菜肴不仅色泽鲜艳,而且口感脆嫩。

❸ **上浆、挂糊**　保护原料中的水分也可以采用上浆、挂糊等着衣加工的方式,即运用蛋、粉、水等在菜肴主原料的表面裹上一层具有黏性的保护层(浆或糊)。这层保护层经过加热处理后,其中的淀粉糊化、蛋白质变性,在主原料的外层形成一层具有保护性的膜或壳,犹如为主原料穿上一层外衣,使得原料内部的水分难以外流,同时阻碍瞬时高温进入原料内部,从而使原料内部的水分不容易流失,这样烹饪出来的菜肴鲜嫩脆香。如果运用旺火热油来炒制菜肴,由于这层保护层的作用,炒制而成的菜肴具有脆嫩、滑嫩的质感;如果运用旺火热油来炸制或煎制菜肴,这层保护层在高温油的作用下形成酥脆的外壳,而里面的主原料保持鲜嫩的状态,这就是烹饪中经常说的"外脆里嫩"的状态。

❹ **勾芡**　在烹饪过程中,由于蛋白质的变性、高渗透压和蒸发等多种因素的作用导致的原料失水,在菜肴中往往以汤汁的形式体现出来,这些汤汁中含有许多水分、营养物质和风味物质,如果将其盛装在菜肴中,势必影响菜肴的感官性状,如果弃之不用,又势必影响菜肴的风味和营养。针对这种情况,烹饪中常采用勾芡的措施来解决。所谓勾芡,就是在菜肴成熟或接近成熟时,将调好的芡汁投入菜肴中,使菜肴汁液浓稠,全部或部分黏附于菜肴之上的方法。通过勾芡,一方面可以使原料在烹饪中外溢的水分充分黏附于菜肴上,既有营养,又不失风味,而且还可以解决因为汤汁而影响菜肴感官性状的问题;另一方面通过淀粉的糊化、增稠,可以为菜肴起到在短时间内保温的作用;如果在勾芡过程中再结合一点油脂,则可以增加菜肴的光泽度。勾芡在菜肴烹制中的使用极为广泛,例如,在使用爆、炒、熘、扒等烹饪方法来烹制菜肴时,一般都要用到勾芡的方法。

❺ **原料吃水**　烹饪原料的吃水或失水是常见的现象,究其原因大部分是由于渗透压。这种现象的一般规律为自由水总是向着高渗透压的一方流动。例如,新鲜的果蔬及肉类原料在常温下用水浸泡时,由于原料内部的渗透压较清水大,所以原料通常表现为吃水现象。盐腌制的萝卜干食用前放在冷开水中浸泡以后会变得饱满而脆嫩就是这个道理。

　　烹饪中最典型的吃水例子是"肉缔"的制作。肉剁碎后,其吸附水的表面积增大,通过搅拌可使蛋白质的亲水基团充分暴露,促进水分的吸收。最后加入适量的盐,可以增加蛋白质表面的电荷和渗透压,使其吸水性进一步加强。一般来说,500 g 肉剁成细蓉以后,按照上述操作可以吃到 300 g左右水。"肉缔"经过以上加工后,吸收了大量的水分,将其加工成一定的形状,如丸子、肉饼等,然后放入水锅或油锅中氽熟以后,口感特别细嫩鲜美。

❻ **旺火速成**　在烹饪加工过程中,随着温度的升高和加热时间的延长,原料中的水分流失得越来越多。这种流失首先是原料表面水分的流失,是表面水分蒸发的结果,其次是原料内部水分的流

失。随着加热的进行,原料内部水分子逐渐向外部渗透和扩散,但是扩散需要一定的时间。旺火速成的烹饪方法就是通过高温烹制菜肴,使菜肴在短时间内成熟。虽然这种瞬时高温提高了渗透和扩散的速度,加快了水分的蒸发,但是水分扩散的时间明显缩短。实践证明,相较于小火长时间加热的菜肴,旺火速成的菜肴水分的流失要少得多。因此,针对含水量较多的烹饪原料,为保持其特有的水分尽可能少地流失,大多可采用旺火速成的烹饪方法,如爆、炒、汆、涮等,使水分来不及扩散,从而保证菜肴鲜嫩可口的质感。新鲜、含水量高的蔬菜和海鲜一般适合这类烹饪方法。

项目小结

　　本项目的教学内容主要是学习食物中水的性质及水分活度与食物稳定性的关系,通过学习水分活度与食物稳定性的关系,探索烹饪加工过程中水分的变化规律,能对烹饪加工过程中因水分变化引发的现象给出合理的解释,也能更好地对烹饪加工过程中的水分进行合理控制。

思考题

1. 水分在烹饪中有何作用?
2. 氢键键合现象对水的性质有何影响?
3. 食物中的水分有几种存在状态?各有何特点?
4. 对烹饪产品起作用的是哪部分水?为什么?
5. 烹饪中水分对菜肴品质的影响有哪些?
6. 为什么降低水分活度能提高食物的稳定性?
7. 冻藏对烹饪原料有何影响?
8. 水分活度与化学反应的关系有哪几个方面?
9. 降低水分活度以维持食物稳定性的机制是什么?
10. 烹饪原料在烹饪过程中发生水分流失的原因有哪些?

在线答题

认知糖类

项目描述

糖类是人体三大产能物质之一,也是食物的主要成分之一,不仅为人们提供营养成分,还具有特殊的生理活性。本项目重点介绍常见单糖、低聚糖及多糖的结构和性质,探讨糖类的功能特性,讲述糖类在烹饪中的应用,为科学烹饪和健康烹饪的发展提供理论支撑。

项目目标

(1)熟悉低聚糖和多糖的种类、理化性质和功能特性。
(2)了解淀粉的结构、特性及应用。
(3)掌握糖类在烹饪加工过程中的变化及应用。

项目导入

当蔗糖进入棉花糖制作机后,高温使晶体蔗糖变成无定形糖浆,棉花糖制作机加热腔中有一些很小的孔,当糖浆在加热腔中高速旋转时,离心力将糖浆从小孔中喷射到周围。由于液态物质凝固的速度与其体积有关,体积越小凝固越快,因此从小孔中喷射出来的糖浆凝固成糖丝,不会粘连在一起,看上去就像一大团绵软而雪白的棉花。这种传统食品制作方法,可看作分子烹饪。分子烹饪的实质是维持烹饪原料空间构象的各种键(如氢键、疏水键、二硫键等)受特殊因素(如超低温、真空、加热、机械作用等)影响而发生变化,失去原有的空间构象,引起烹饪原料的理化性质发生改变,生成新的空间构象和形态。分子烹饪食物的创新需要物理、化学、生物化学知识的支撑,因此,未来烹饪学科的发展一定是在化学基础上发展而来的,对整个餐饮业的发展意义深远。

任务一 走进糖类

任务描述

糖是烹饪中的一种基本调味品,其应用好坏与否对菜肴的风味及品质有很大影响。本任务介绍了糖类。恰当地使用糖类,能进一步确保菜肴的质量。

任务目标

（1）掌握糖类的概念。

（2）了解糖类的分类。

知识精讲

一、糖类的概念

糖类也称碳水化合物,是自然界分布广泛、数量最多的有机化合物。自然界的物质中,糖类约占3/4。从化学结构的特点来看,糖类是多羟基醛、多羟基酮,及其缩合物和某些衍生物的总称。由于最初发现这一类化合物都由碳、氢、氧三种元素组成,而且分子中氢和氧的比例为 2∶1,都可以用通式 $C_n(H_2O)_m$ 表示,所以便将这类物质统称为碳水化合物。后来发现一些糖类如鼠李糖($C_6H_{12}O_5$)、脱氧核糖($C_5H_{10}O_4$)并不符合这个通式,而符合这个通式的某些化合物如甲醛(CH_2O)、乙酸($C_2H_4O_2$)等并不是糖类。一些纯粹糖类(单糖或多糖)的衍生物也被划入糖类的大范畴,但这类物质往往含有氮、硫、磷等成分,也不符合这个通式。显然碳水化合物的名称已经不恰当,将碳水化合物更名为糖类更为科学合理,但由于沿用已久,这个名称至今仍在使用。

植物体是含糖类最丰富的生物体。糖类大量存在于各类植物性食物中,如广泛存在于粮谷、薯类中的淀粉,大量存在于水果、蔬菜中的纤维素和半纤维素等。通常情况下,在植物性食物中,糖类占其干重的80%以上。来自植物性食物的淀粉是人类赖以生存的主要能源物质,由其提供的能量占人体总能量的60%~65%。

二、糖类的分类

自然界的糖类种类繁多,根据糖类的可被水解程度,可将糖类分为单糖、低聚糖和多糖。单糖是不能被水解的糖类,是构成复杂糖类(低聚糖和多糖)的基本结构单元。低聚糖又称为寡糖,是可以被水解的糖类,但 1 分子低聚糖完全水解后只能产生几个分子的单糖。低聚糖一般由 2~10 个单糖分子缩合而成。多糖是可以被水解的糖类,1 分子多糖完全水解后能形成若干个分子的单糖。将 1分子多糖完全水解后形成的单糖数目称为该多糖的聚合度(degree of polymerization,DP)。不同种类多糖水解的难易程度不同,纤维素、单纤维素等往往比淀粉难以水解。常见糖类种类见表 3-1。

表 3-1　常见糖类种类

名称	常见种类
单糖	葡萄糖、半乳糖、甘露糖、果糖等
低聚糖	蔗糖、麦芽糖、乳糖、棉子糖、水苏糖等
多糖	淀粉、纤维素、果胶、琼胶、魔芋甘露聚糖等

任务二　探究单糖与低聚糖

任务描述

单糖与低聚糖在烹饪和食品加工中很常见,常常利用它们的物理性质和化学性质来烹制菜肴和加工食品,熟悉单糖与低聚糖的理化性质以及掌握它们在烹饪中的应用显得很有必要。

（1）了解单糖与低聚糖的结构。

（2）熟悉单糖与低聚糖的理化性质。

（3）掌握单糖与低聚糖在烹饪中的应用。

📥 知识精讲

一、单糖与低聚糖的结构

（一）单糖的结构

单糖是不能水解的多羟基醛或多羟基酮，是糖类的基本构成单元。单糖可以根据其分子中含醛基还是酮基分为醛糖和酮糖。单糖根据所含碳原子数目分为三碳糖（丙糖）、四碳糖（丁糖）、五碳糖（戊糖）、六碳糖（己糖）、七碳糖（庚糖）。己糖的分子式都为 $C_6H_{12}O_6$，其中重要的有葡萄糖、果糖、半乳糖、甘露糖等。图 3-1 和图 3-2 分别为食物中常见的醛类单糖和酮类单糖。

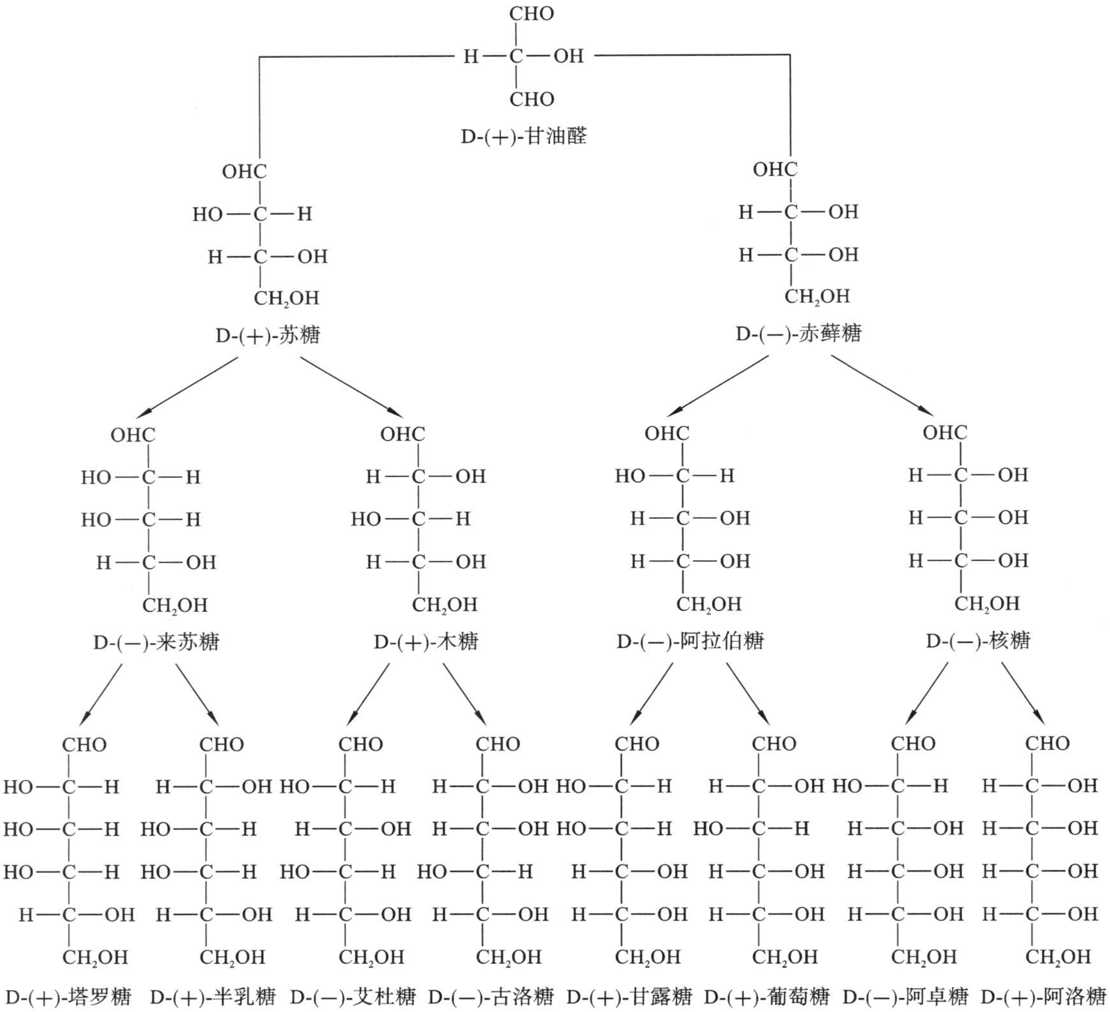

图 3-1 食物中常见的醛类单糖

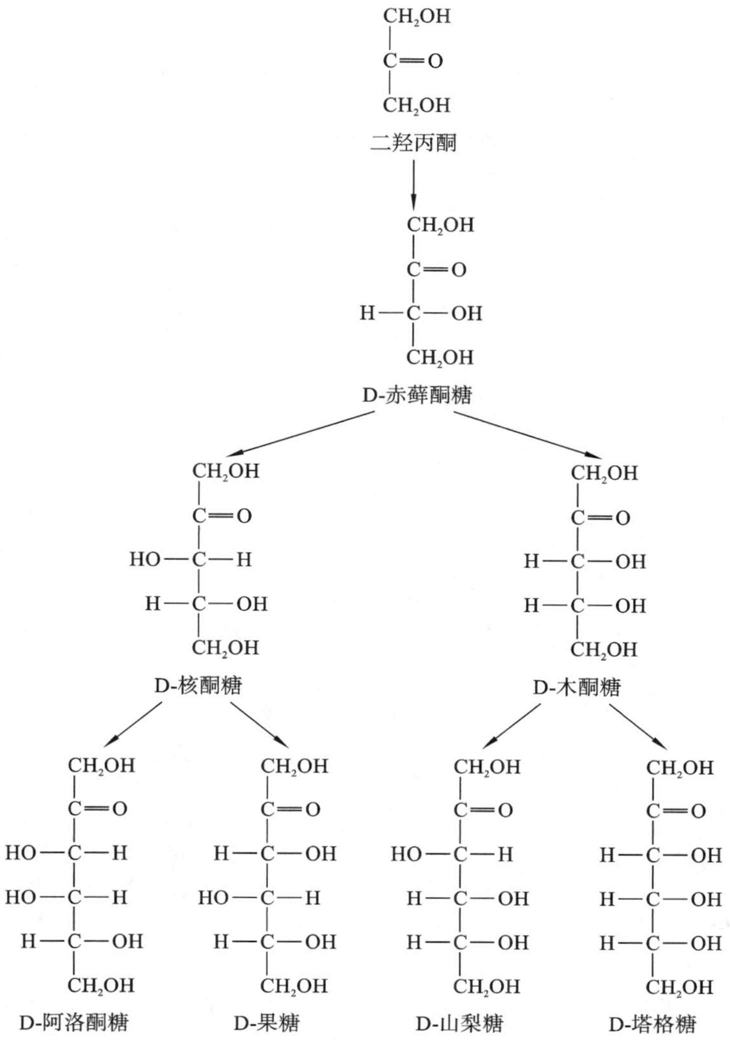

图 3-2 食物中常见的酮类单糖

（二）低聚糖的结构

低聚糖又称寡糖，是由 2～10 个单糖分子脱水缩合而成的糖，完全水解后可得相应分子数的单糖。按完全水解后生成的单糖数目的不同，低聚糖又分为二糖（双糖）、三糖、四糖等，其中二糖的分布最广，也最重要，如蔗糖、乳糖、麦芽糖等。表 3-2 所示为常见低聚糖的结构和来源。图 3-3 所示为四种重要低聚糖的分子结构。

表 3-2 常见低聚糖的结构和来源

名称	结构	来源
麦芽糖	α-葡萄糖（1→4）葡萄糖	淀粉酶水解（麦芽糖）产物
异麦芽糖	α-葡萄糖（1→6）葡萄糖	淀粉酶水解产物
槐二糖	β-葡萄糖（1→2）葡萄糖	槐树
纤维二糖	β-葡萄糖（1→4）葡萄糖	纤维素酶水解产物
昆布二糖	β-葡萄糖（1→3）葡萄糖	昆布
龙胆二糖	β-葡萄糖（1→6）葡萄糖	龙胆根

名称	结构	来源
海藻二糖	α-葡萄糖(1→1)α-葡萄糖	海藻、真菌
蔗糖	α-葡萄糖(1→2)β-果糖	甘蔗、水果
菊(粉)二糖	β-果糖(2→1)果糖	菊粉
乳糖	β-半乳糖(1→4)葡萄糖	哺乳动物乳汁
别乳糖	β-半乳糖(1→6)葡萄糖	乳糖经酵母异构化
蜜二糖	α-半乳糖(1→6)葡萄糖	棉子糖组分
芦丁糖	β-鼠李糖(1→6)葡萄糖	芦丁糖苷
樱草糖	β-木糖(1→6)葡萄糖	白珠树
异海藻糖	β-葡萄糖(1→1)β-葡萄糖	酵母、真菌孢子
新海藻糖	α-葡萄糖(1→1)β-葡萄糖	藻类、蕨类等
软骨素二糖	β-葡萄糖醛酸(1←3)半乳糖胺	软骨素组分
透明质二糖	β-葡萄糖醛酸(1←3)葡糖胺	透明质酸组分
龙胆糖	β-葡萄糖(1→6)α-葡萄糖	龙胆根
松三糖	α-葡萄糖(1→3)β-果糖(2→1)α-葡萄糖	松属植物等
棉子糖	α-半乳糖(1→6)α-葡萄糖(1→2)β-果糖	甜菜
水苏糖	α-半乳糖(1→6)α-半乳糖(1←6)α-葡萄糖(1→2)β-果糖	水苏属宝塔菜

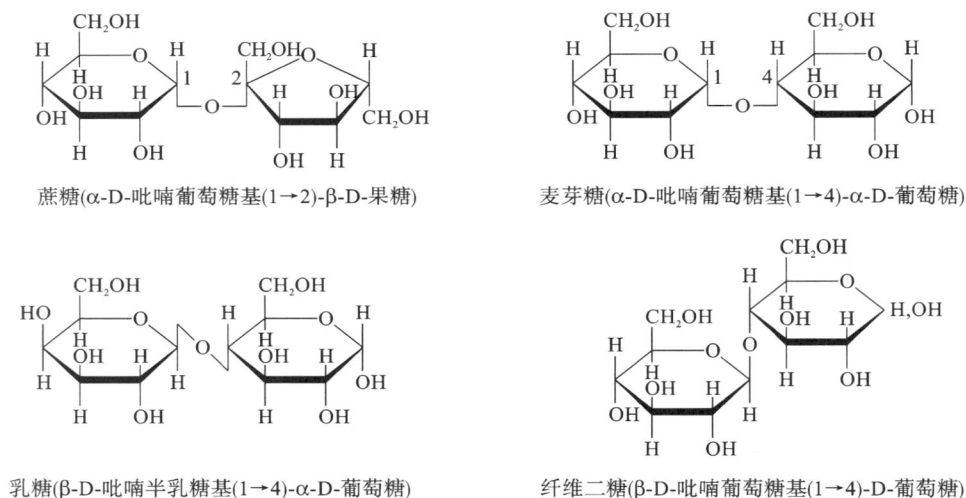

蔗糖(α-D-吡喃葡萄糖基(1→2)-β-D-果糖)

麦芽糖(α-D-吡喃葡萄糖基(1→4)-α-D-葡萄糖)

乳糖(β-D-吡喃半乳糖基(1→4)-α-D-葡萄糖)

纤维二糖(β-D-吡喃葡萄糖基(1→4)-D-葡萄糖)

图 3-3　四种重要低聚糖的分子结构

二、单糖与低聚糖的物理性质

（一）旋光性

旋光性是指某些有机物能将偏振光的振动平面旋转一定角度的特性。具有这种性质的物质称为旋光活性物质(光学活性物质)。分子结构中具有不对称手性碳原子的糖类都具有旋光性。能使偏振光振动平面向右旋转(顺时针方向)的叫右旋,用"＋"或"d"表示,如右旋葡萄糖可表达为(＋)-葡萄糖或(d)-葡萄糖;能使偏振光振动平面向左旋转(逆时针方向)的叫左旋,用"－"或"l"表示,如左旋葡萄糖可表达为(－)-葡萄糖或(l)-葡萄糖。在一定条件下,糖的旋光度为一常数,通常用比旋光度$[\alpha]_\lambda^t$表示，t为测定温度，λ为测定光源的波长。比旋光度常指将浓度为 1 g/mL 的糖溶液置于光径为 10 cm 的盛液管中，以钠光灯作为光源（波长为 589.3 nm）测出的旋光度。比旋光度为正值则测定物质为右旋，相反则为左旋。当单糖溶解在水中时，由于开链结构和环状结构的相互转化，会出现变旋现象。因此，通过测定比旋光度确定单糖种类时，一定要注意静置一段时间（24 h）。表 3-3 所示为常见单糖和低聚糖在 20 ℃（钠光）时的比旋光度。

表 3-3　常见单糖和低聚糖在 20 ℃（钠光）时的比旋光度

糖类名称	比旋光度	糖类名称	比旋光度
D-葡萄糖	+52.2°	D-阿拉伯糖	−105.0°
D-果糖	−92.4°	D-木糖	+18.8°
D-半乳糖	+80.2°	L-阿拉伯糖	−104.5°
D-甘露糖	+14.2°	L-山梨糖	+43.3°
D-半乳糖醛酸	+56.7°	D-葡糖胺	+47.5°
D-甘露糖醛酸	+23.9°	D-甘露醇	+23°～+24°
D-山梨醇	+2.0°	异麦芽酮糖	+97.2°
低聚果糖	−92.3°	麦芽糖	+136°
乳糖	+55.4°	纤维二糖	+35°
蔗糖	+66.5°		

（二）甜度

甜味是糖的重要性质。甜味的高低用甜度来表示，但甜度目前还不能用理化方法定量测定，只能采用感官比较法。通常以蔗糖为基准物，一般以 10% 或 15% 的蔗糖溶液在 20 ℃时的甜度为 1.0，其他糖的甜度为在同一条件下与其相比较而得。由于这种甜度是相对的，所以又称为比甜度。表 3-4 列出了一些常见单糖和低聚糖的比甜度。

表 3-4　常见单糖和低聚糖的比甜度

糖类名称	比甜度	糖类名称	比甜度
蔗糖	1.00	果葡糖浆（90%果糖）	1.70
55%～60%低聚果糖	0.60	麦芽三糖	0.32
95%低聚果糖	0.30	麦芽四糖	0.20
α-D-半乳糖	0.27	麦芽糖	0.50
α-D-甘露糖	0.59	麦芽糖醇	0.90
α-D-果糖	0.50	麦芽五糖	0.17
α-D-木糖	0.50	蜜二糖	0.30
α-D-葡萄糖	0.70	木糖醇	1.00
β-D-果糖	1.50	乳糖	0.40
β-D-葡萄糖	0.47	山梨糖醇	0.50
低聚木糖（50%木二糖）	0.30	纤维二糖	0.30
果葡糖浆（42%果糖）	1.00	异麦芽酮糖	0.42
果葡糖浆（55%果糖）	1.40	龙胆二糖	有温和苦味

单糖都有甜味，绝大多数低聚糖也有甜味，多糖则一般无甜味。优质糖应具备甜味醇正、甜度高低适当、甜感反应快、无不良风味等特点。一般来说，糖的浓度越高，产生的甜味也越强。蔗糖甜味

醇正而独特,与之相比,果糖的甜感反应最快,甜度较高,持续时间短;而葡萄糖的甜感反应较慢,甜度较低,但具有凉爽之感。果糖是最甜的单糖,甜感反应来得快、消失也快,可用于果汁和汽水加工,以给人一种爽口提神的清凉感。在糖类中,果糖的吸湿性最强,很容易吸收水分,可用于面包、糕点和糖果的加工。在高级糖果和巧克力加工中应用果糖可防止结晶和返砂。糖类的甜度受温度变化的影响,当温度低于 40 ℃ 时,果糖甜度高于蔗糖;而温度高于 50 ℃ 时,蔗糖甜度高于果糖。在 0 ℃ 时,果糖甜度为蔗糖的 1.4 倍,60 ℃ 时仅为蔗糖的 80%。

（三）溶解性

同一温度下,各种单糖的溶解度不同,果糖的溶解度最高,其次是葡萄糖。随温度升高,单糖的溶解度增大。在一定浓度范围内,随着浓度增加,渗透压也增大。如在 20 ℃ 时,饱和果糖溶液的浓度为 78.94%,其产生的渗透压足以抑制微生物生长,而饱和葡萄糖溶液的浓度只有 46.71%,其产生的渗透压不足以抑制微生物生长。表 3-5 列出了不同温度下常见单糖和低聚糖的溶解度(g)及相应的饱和浓度(%)。

表 3-5 不同温度下常见单糖和低聚糖的溶解度和饱和浓度

糖类	20 ℃		30 ℃		40 ℃		50 ℃	
	浓度/(%)	溶解度/g	浓度/(%)	溶解度/g	浓度/(%)	溶解度/g	浓度/(%)	溶解度/g
果糖	78.94	374.78	81.54	441.70	84.34	538.63	86.94	665.58
葡萄糖	46.71	87.67	54.84	120.46	61.89	162.38	70.91	243.76
蔗糖	66.60	199.40	68.18	214.30	70.42	238.10	72.25	260.40

（四）吸湿性、保湿性及结晶性

吸湿性是指糖类在空气湿度较高的条件下从周围环境吸收水分的能力;保湿性是指糖类在空气湿度较低的条件下保持自身水分不被蒸发到周围环境的能力。这两种性质反映了糖类和水之间的相互作用,对于保持食物的柔软性、弹性、脆性等都有重要意义。各种糖的吸湿性不同,以果糖、果葡糖浆(或转化糖)的吸湿性较强,葡萄糖、麦芽糖次之,蔗糖吸湿性最小。糖的吸湿性越强,其保湿性也越强。在生产中,要根据产品的具体性质选择使用不同吸湿性/保湿性的甜味剂,如生产面包、糕点、软糖等食品时,宜选用吸湿性强、保湿性强的果糖、果葡糖浆等,而生产硬糖、酥糖及酥性饼干时,宜选用吸湿性弱、保湿性弱的蔗糖。

糖类的特征之一是能形成晶体,但不同的糖形成晶体的难度不一样。影响糖类结晶性的因素包括糖类的种类、纯度和结晶方式等。在常见的糖类中,蔗糖最容易结晶,其次是葡萄糖,果糖或转化糖较难结晶,而淀粉不但不能结晶,还能抑制蔗糖等的结晶。通常蔗糖形成的晶粒粗大,而葡萄糖形成的晶粒细小。一般来说,糖溶液越纯越容易结晶,混合糖比单一糖难结晶。糖类的结晶性在糖果生产的原料选择上至关重要。生产硬糖要以结晶性高的糖类为主要原料,而生产软糖要以结晶性低的糖类为主要原料。但需要指出的是,在生产硬糖时也不能完全使用结晶性非常优良的蔗糖,而需要向其中加入适量吸湿性较弱的淀粉糖浆,适量的淀粉糖浆能大幅度提升糖块的韧性而赋予其良好的切割加工性,能使硬糖具有更为温和的甜度和口感。另外,单独用蔗糖生产的蜜饯容易因蔗糖的高结晶性而出现返砂现象,在糖渍液中添加适量果糖或果葡糖浆可以有效防止返砂现象,而且产品的口感更佳。

（五）黏度

糖类的溶解一般会引起水的黏度升高。糖溶液的黏度受到溶质(糖类)的浓度、相对分子质量和温度等因素的影响。通常浓度越高的糖溶液黏度越高;糖溶液的黏度随着温度的升高而下降。质量浓度相同时,单糖溶液的黏度一般比低聚糖溶液低;淀粉糖浆的黏度随转化程度增大而降低。

糖溶液的黏度特性在烹饪加工中有多种用途,例如,利用糖溶液的黏度,糖果工业通过拉条与成型,可制作棉花糖;利用糖类提升溶液的黏度,使食品体系更加稳定,如在打蛋时加入适量糖浆会使蛋白中包裹的气泡更加稳定;利用糖溶液的黏度可调节食品的温觉效应,一般黏度高的食物给人以暖和的感觉。

三、单糖与低聚糖的化学性质

食品褐变反应分为酶促褐变反应和非酶促褐变反应两种。酶促褐变反应是多酚氧化酶催化酚类和氧形成深色物质的反应,如苹果、香蕉、梨及莴苣在切开时所发生的褐变现象,这类褐变一般与糖类无关。非酶促褐变反应是食品中常见的另一类重要反应,其中与糖类关系密切的主要包括焦糖化反应和美拉德反应等。焦糖化反应又称卡拉密尔作用,是糖类尤其是单糖在没有氨基化合物存在的情况下,加热到熔点以上的高温(一般是 170 ℃以上)时因脱水、降解等过程而发生的褐变反应。美拉德反应又称羰氨反应,即含有羰基的化合物与含有氨基的化合物经缩合、聚合生成类黑色素的反应。几乎所有的食品或食品原料均含有羰基化合物(来源于糖或油脂氧化酸败产生的醛和酮)和氨基化合物(来源于蛋白质),因此都可能发生美拉德反应。故在食品加工中由美拉德反应引起食品颜色加深的现象比较普遍。

(一)美拉德反应

美拉德反应是食品生产中发生最广泛的一类非酶促褐变反应,是食品在加热和长期储存后发生褐变的主要原因。该反应于 1912 年由法国人 Maillard 发现,主要是指食品中还原糖的羰基与氨基酸、蛋白质分子中的氨基经缩合、聚合反应生成类黑色素的反应,故又称羰氨反应。一般来说,加热(如焙烤)引起的褐变常给食品品质带来好的影响,如在焙烤面包、烧饼等时,在其表面刷一层蛋液或糖蛋液,不但能促进其着色,还能产生诱人的香气。另外,烤肉的酱红色、熏肉干的棕褐色、啤酒的黄褐色、酱与酱油的棕黑色、腌鱼与腌肉在储存中的油烧色等,都与此反应有关。

❶ **美拉德反应的过程** 1953 年 John Hodge 等对美拉德反应的机制进行了归纳,该反应的历程大致可分为初始、中期、末期 3 个反应阶段。

(1)初始反应阶段:美拉德反应的初始反应阶段包括羰氨缩合和分子重排两步反应,如图 3-4 所示。从宏观现象上来看,初始反应阶段并无多大变化,没有色素产生。

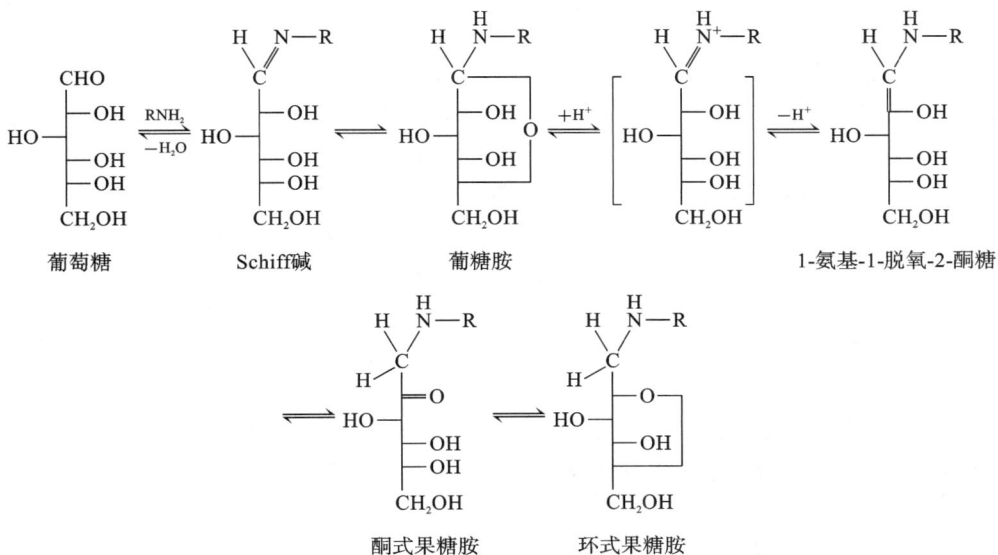

美拉德反应
在红烧肉
中的应用

图 3-4 羰氨缩合与分子重排

（2）中期反应阶段:初期反应生成的果糖胺可通过多条途径进一步发生反应,包括1,2-烯醇化途径、2,3-烯醇化途径、Strecher 降解途径,如图 3-5 和图 3-6 所示。

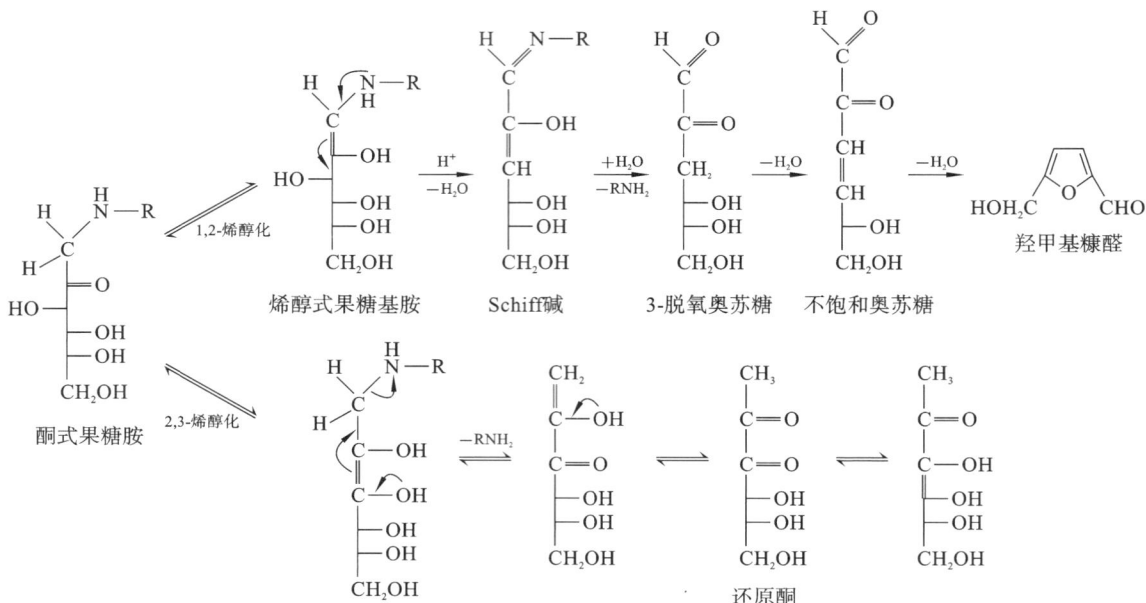

图 3-5　羟甲基糠醛和还原酮的形成过程

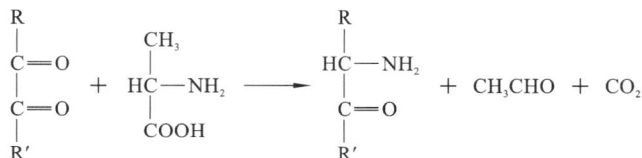

图 3-6　Strecher 降解反应

（3）末期反应阶段:中期反应生成的糠醛及其衍生物、还原酮、Strecher 降解产物等能进一步缩合、聚合,最终形成棕色的聚合物或共聚物,统称为类黑色素。它是分子结构未知的高分子物质的混合体。

❷ **影响美拉德反应的因素**　美拉德反应的机制至今未完全阐明,其机制十分复杂,影响因素也很多,不仅包括氨基和羰基的影响,还与底物浓度、温度、pH、水分、氧、离子等因素有关。控制这些因素可促进或抑制美拉德反应,这对生产中控制食品品质有实际意义。

（1）氨基底物:氨基酸、多肽、蛋白质和胺类含有游离的氨基,都能参与褐变反应。胺类反应速度最快,氨基酸、多肽和蛋白质参与反应的速度依次下降。碱性氨基酸反应活性比酸性氨基酸高;由于碱性氨基酸容易褐变,要特别注意防止食品中碱性必需氨基酸的损失。

（2）羰基底物:糖类中,五碳糖的褐变速度约为六碳糖的10倍。醛糖的反应速度高于酮糖,单糖的反应速度高于二糖。常见五碳糖和六碳糖的反应速度为核糖＞阿拉伯糖＞木糖和半乳糖＞甘露糖＞葡萄糖。

（3）温度:美拉德反应受温度的影响很大。温度越高,反应速度越快,反应随温度变化的 Q_{10} 为 3~5。食品储藏在 20 ℃ 以下时,美拉德反应速度较慢,因此,为了抑制非酶促褐变反应,食品应该储存于适当的低温条件下。

（4）pH:美拉德反应在广泛的 pH 范围内均能发生,但 pH 在 3 以上时,美拉德反应的速度与 pH 呈正相关。美拉德反应属于亲核加成反应,碱性条件有利于反应的进行,降低食品的 pH 是抑制美拉德反应的较好方法。

（5）其他：食品的含水量在 $10\%\sim15\%$ 时，美拉德反应容易进行；食品完全干燥后，美拉德反应难以发生。脂质氧化分解会产生大量的活性醛和酮，促进美拉德反应发生，因此，对于富含脂质的食品，要注意隔绝氧和避光。高价铁离子和铜离子能催化还原酮类的氧化，促进食品褐变，因此在食品加工中应该避免这些离子的混入。多酚类物质和抗坏血酸等也容易被氧化分解，使用不当也会加快美拉德反应的进行。

（二）焦糖化反应

焦糖化反应又称卡拉密尔作用，在酸性或碱性条件下均能发生，碱性条件下反应速度更快。各种糖类生成的焦糖在成分上都相似。焦糖化反应过程十分复杂，中间产物种类繁多，至今还不完全清楚。一般认为焦糖化反应生成两类物质：一类是糖脱水后的聚合产物，即焦糖或称酱色；另一类是一些热降解产物，如挥发性的醛、酮和酚类等物质，它们进一步缩合、聚合成为最终的深色物质。

❶ **焦糖的形成**　高温条件下，热的作用导致糖苷键断裂，糖环的大小发生改变，同时，脱水会向糖环中引入双键，产生不饱和的环状中间体，如呋喃环。不饱和环可发生缩合反应，产生不饱和的大分子聚合物，使食品产生色泽和风味。图 3-7 所示为焦糖化反应生成焦糖的过程。

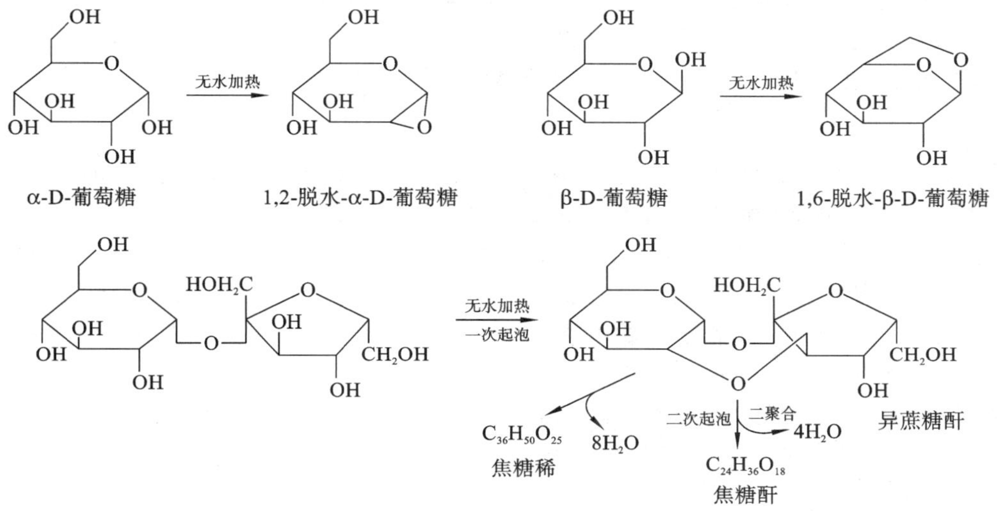

图 3-7　焦糖化反应的过程

❷ **裂解产物的形成**　强热条件下，糖类发生热裂解、脱水等反应，生成一些性质活泼的醛类物质，称为活性醛。在酸性条件下加热，醛糖或酮糖发生烯醇化，随后通过一系列的脱水步骤，形成糠醛及其衍生物。糠醛可进一步反应生成黑色素，但其反应历程还没有完全清楚。在碱性条件下加热，糖类首先发生互变异构作用，生成烯醇式结构，然后裂解生成甲醛、乙醇醛、甘油醛、丙酮醛等，活性醛再经过一系列的缩合、聚合反应或氨基-羰基反应生成黑褐色色素。

影响焦糖化反应的因素主要有糖的种类、pH、温度以及共存物等。温度偏高时，裂解反应居主导地位，焦糖香味浓烈；温度偏低时，脱水反应居主导地位。铵盐、有机酸、金属离子等均能催化焦糖化反应。

焙烤、油炸、煎炒过程中食品的颜色变化与焦糖化反应有关，给烤制品（烤鸭、烤乳猪等）表面涂糖液、烹饪中的上色等更是直接利用焦糖化反应。糖液已成为食品加工中一种安全的着色剂、风味增进剂而被广泛使用；另外，焦糖化反应还能用于改善食品质构，减少水分，增强食品抗氧化性和防腐能力。

（三）成苷反应

单糖环状结构中的半缩醛羟基也称苷羟基，能与含有羟基、巯基、亚氨基等基团的化合物脱水生成缩醛化合物，这种化合物称为糖苷，该反应称为成苷反应。其中糖的部分称为糖基，非糖部分称为

焦糖化反应的应用

配基或苷元,糖基与配基之间相连的键称为苷键。例如,葡萄糖和甲醇作用可生成 α-D-甲基葡糖苷和 β-D-甲基葡糖苷,它们分别由 α-D-葡萄糖和 β-D-葡萄糖的半缩醛羟基与甲醇的羟基脱去一分子水而生成。图 3-8 所示为 β-D-葡萄糖的成苷反应。

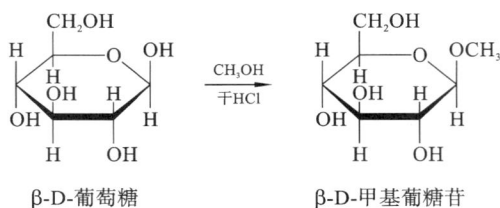

β-D-葡萄糖　　　　　　　β-D-甲基葡糖苷

图 3-8　β-D-葡萄糖的成苷反应

四、常见的单糖与低聚糖

单糖与低聚糖常存在于各类食品中,它们都具有如下特征:①可以用作甜味剂;②易溶于水形成糖浆;③水溶液被蒸发浓缩时已形成结晶;④能为人体提供能量;⑤容易被微生物发酵利用;⑥形成的饱和溶液往往具有很高的渗透压,能抑制微生物生长,防止食品腐败;⑦加热时易出现发焦变黑的现象;⑧易与蛋白质发生反应形成深色物质;⑨能赋予溶液稠度与口感。

（一）常见的单糖

单糖是食品中重要的甜味物质,其中葡萄糖和果糖主要存在于水果和蔬菜中,它们的含量一般在 10% 以内。一些特殊品种的葡萄和蜂蜜等,其单糖含量可达到 70% 甚至更高。

❶ 葡萄糖　　葡萄糖（$C_6H_{12}O_6$）是最常见的六碳糖。其为白色结晶性粉末,易溶于水,甜度为 0.70。葡萄糖在自然界分布广泛,是许多糖如蔗糖、麦芽糖、乳糖、糖原、淀粉、纤维素等的组成成分。葡萄糖主要存在于葡萄、苹果、梨等水果中,在洋葱、豆类、番茄等许多蔬菜中也有。葡萄糖因可以被人体直接吸收而可作为营养成分被直接食用。

❷ 果糖　　果糖是最常见的六酮糖,是葡萄糖的同分异构体。其为无色晶体,吸湿性很强,甜度为 1.5。果糖通常与葡萄糖共存于果实及蜂蜜中,在菊科植物中含量最丰富。其易溶于水,可溶于乙醇和乙醚。果糖为左旋糖,易于消化,适合幼儿和糖尿病患者食用。它不需要胰岛素的作用,在常温常压下食用异构化酶可使葡萄糖转化为果糖。

❸ 果葡糖浆　　果葡糖浆又称高果糖浆或异构糖浆,是以酶法糖化淀粉所得的糖化液（基本为葡萄糖）经葡萄糖异构酶作用,将其中一部分葡萄糖转化成果糖,以果糖和葡萄糖为主要成分的一种混合糖浆。根据果糖的含量,常见的果葡糖浆有果糖含量分别为 42%、55%、90% 的 3 种产品,其比甜度分别为 1.00、1.40、1.70。果葡糖浆中葡萄糖与果糖有甜度协同增效效应,具有冷甜爽口性、高溶解度、高渗透压、吸湿性、保湿性、抗结晶性、优越的发酵性与加工储藏稳定性等。且这些性质随产品中果糖含量的增加而更加突出。由于果糖在代谢中不受胰岛素影响,进入血液的速度较慢,使血糖变化范围较小,目前果葡糖浆作为蔗糖的替代品在食品加工领域中的应用日趋广泛。

（二）常见的低聚糖

低聚糖存在于多种天然食物中,如果蔬、谷物、豆类、牛乳、蜂蜜等。在食品中最常见也最重要的低聚糖是二糖,如蔗糖、麦芽糖、乳糖等。大多数低聚糖因具有显著的生理功能,属于功能性低聚糖。一部分低聚糖在机体胃肠道内不被消化吸收而直接进入大肠内优先被双歧杆菌利用,是双歧杆菌的增殖因子,如低聚果糖、低聚木糖、低聚异麦芽糖、大豆低聚糖等;也有一部分低聚糖具有防止龋齿的功能。近年来低聚糖在食品界备受重视,以其为功能因子开发的保健食品众多。

❶ 蔗糖　　蔗糖为白色晶体,熔点为 186 ℃,易溶于水,难溶于乙醇、氯仿、醚等有机溶剂。蔗糖甜度超过葡萄糖,仅次于果糖。蔗糖普遍存在于具有光合作用的植物中,广泛分布于各种植物的根、

茎、叶、花、果实、种子中,在甘蔗和甜菜中含量较高,分别为 $10\%\sim15\%$ 和 $18\%\sim20\%$。制糖工业中常用甘蔗、甜菜为原料制取蔗糖。蔗糖是食品工业中最重要的能量型甜味剂,在烹饪中起着重要的作用(表 3-6)。纯净蔗糖为无色透明晶体,加热到熔点便形成玻璃样晶体,加热到 200 ℃ 以上形成棕褐色的焦糖。

表 3-6　蔗糖在烹饪中的作用

作用	应用实例
调味剂	添加到糖醋排骨、蛋糕等菜肴、点心中
保存剂	糖制:高浓度糖可用于保存果蔬制品
赋形剂	拔丝类、挂霜类菜肴
着色剂及风味增进剂	红烧类菜肴、面包及点心的上色添香

❷ **麦芽糖**　麦芽糖又称饴糖,是由 2 分子的葡萄糖通过 α-1,4-糖苷键结合而成的还原性双糖。麦芽糖是淀粉、糖原、糊精等物质在 β-淀粉酶催化下的主要水解产物。麦芽糖存在于麦芽、花粉、花蜜、树蜜及大豆植株的叶柄、茎和根部。谷物种子发芽、面团发酵、甘薯蒸烤时就有麦芽糖生成,生产啤酒所用的麦芽汁中所含糖的主要成分就是麦芽糖。常温下,纯净麦芽糖为透明针状晶体,熔点为 102 ℃,易溶于水,微溶于乙醇,不溶于醚。麦芽糖是食品工业中使用的一种温和的甜味剂,其甜度约为蔗糖的 1/2,甜味柔和,有特殊风味。工业上将淀粉用淀粉酶糖化后加乙醇使糊精沉淀除去,再经结晶即可制得纯净麦芽糖。生活中,厨师常在烤鸭、烤乳猪等前,在原料表面涂抹一层麦芽糖,增加成品的颜色及风味。

❸ **乳糖**　乳糖是由 1 分子 β-D-半乳糖与 1 分子 D-葡萄糖以 β-1,4-糖苷键结合而成的还原性二糖。纯净乳糖为白色固体,在水中溶解度小。乳糖是哺乳动物乳汁中的主要糖类成分,牛乳含乳糖 $4.6\%\sim5.0\%$,人乳含乳糖 $5\%\sim7\%$。其在植物界十分罕见。乳糖可被乳糖酶和稀酸水解生成葡萄糖和半乳糖,不被酵母发酵。乳酸菌可使乳糖发酵变为乳酸。乳糖可以促进婴儿肠道双歧杆菌的生长,也有助于机体内钙的代谢和吸收。但对于体内缺乳糖酶的人群,它可导致乳糖不耐症。目前,主要有 2 种方法防治乳糖不耐症,一种是通过乳酸发酵除去乳制品中的乳糖(如酸乳);另一种是直接在乳制品中加入乳糖酶对乳糖进行降解(如低乳糖牛乳)。

❹ **功能性低聚糖**

(1) 低聚果糖:低聚果糖是指在蔗糖分子的果糖残基上通过 β-1,2-糖苷键连接 $1\sim3$ 个果糖基而形成的蔗果三糖、蔗果四糖及蔗果五糖组成的混合物(图 3-9)。低聚果糖多存在于天然植物中,如菊芋、芦笋、洋葱、香蕉、番茄、大蒜及某些草本植物中。目前低聚果糖多通过适度酶解菊芋粉来获得。低聚果糖比甜度为 $0.30\sim0.60$,既保持了蔗糖的醇正甜味,又比蔗糖甜味清爽。低聚果糖是具有调节肠道菌群、促进双歧杆菌增殖、促进钙的吸收、调节血脂和抗龋齿等保健功能的新型甜味剂,已广泛应用于乳制品、乳酸饮料、糖果、焙烤食品、膨化食品及冷饮食品中。

(2) 低聚木糖:低聚木糖是由 $2\sim7$ 个木糖以 β-1,4-糖苷键连接而成的低聚糖,其中以木二糖(图 3-10)为主要成分,木二糖含量越高,其产品质量越高。低聚木糖一般以玉米芯、蔗渣、棉子壳和麸皮等为原料,通过木聚糖酶、碱、酸或热的水解作用,分离精制而获得。低聚木糖的比甜度为 $0.30\sim0.50$,甜味特性类似于蔗糖,具有独特的耐酸、耐热特性。低聚木糖有显著的促双歧杆菌增殖作用,可改善肠道环境、促进机体对钙的吸收和抗龋齿。其在体内的代谢不依赖胰岛素,可作为糖尿病或肥胖症患者的甜味剂。因此,低聚木糖被认为是极具前途的功能性低聚糖之一,非常适合添加至酸奶、乳酸饮料等产品中。

(3) 棉子糖:棉子糖又称蜜三糖,为 α-D-吡喃半乳糖基(1→6)-α-D-吡喃葡萄糖基(1→2)-β-D-呋

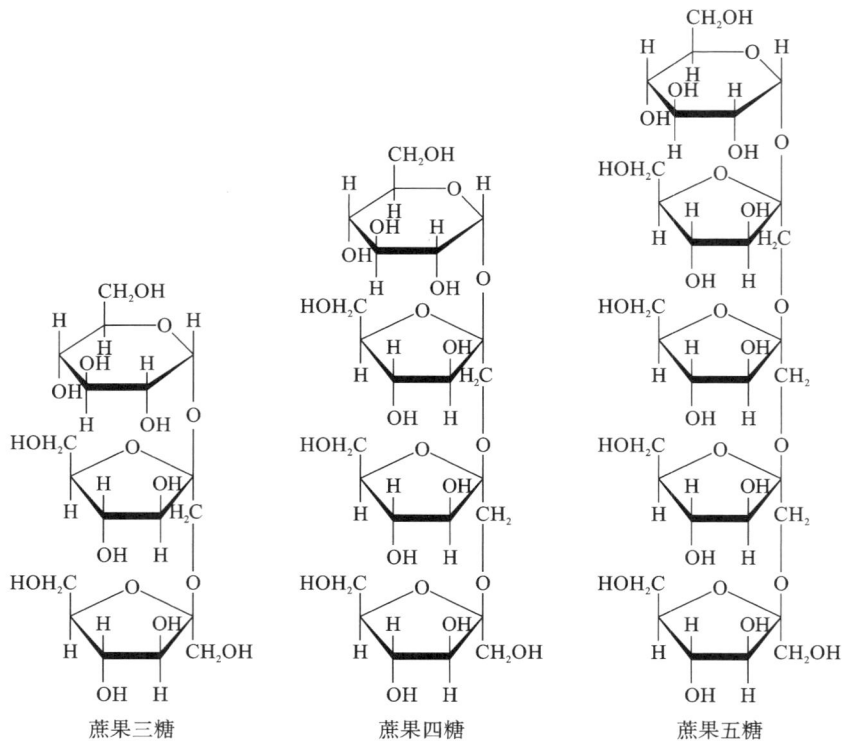

图 3-9　低聚果糖的结构图

（左：蔗果三糖　中：蔗果四糖　右：蔗果五糖）

啮果糖（图 3-11），在大部分植物中存在。纯净棉子糖为白色或淡黄色长针状晶体，结晶体一般带有 5 分子结晶水。棉子糖易溶于水，甜度为蔗糖的 20%～40%，微溶于乙醇，不溶于石油醚。其吸湿性在所有低聚糖中是最低的，即使在相对湿度为 90% 的环境中也不吸水结块。棉子糖属于非还原性低聚糖，参与美拉德反应的程度小，热稳定性和酸稳定性较好。棉子糖具有抗消化性，是人体肠道中双歧杆菌、嗜酸乳杆菌等益生菌极好的营养源和有效的增殖因子，能改善人体消化功能和增强人体免疫力。棉子糖是一种安全、无毒的功能性食品基料，可部分代替蔗糖，应用于清凉饮料、酸奶、乳酸饮料、冰激凌、面包、糕点、糖果和巧克力等食品中。

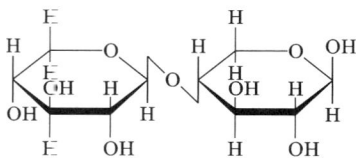

图 3-10　木二糖的结构式

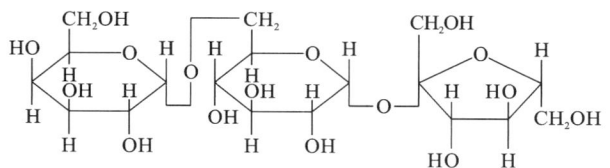

图 3-11　棉子糖的结构式

（4）环糊精：环糊精是由 α-D-葡萄糖以 α-1,4-糖苷键连接而成的环状低聚糖。聚合度分别为 6、7、8 个葡萄糖单位的环糊精分别称为 α-环糊精、β-环糊精和 γ-环糊精（图 3-12）。在食品工业中，β-环糊精的应用最广泛，效果也最佳。环糊精结构具有高度对称性，呈中空圆柱体状，可作为微胶囊的壁材，能稳定地将疏水性客体化合物如维生素、风味物质等截留在环内，从而起到保护食品营养和稳定食品香气的作用。另外，环糊精也能将一些疏水性异味物质，如柑橘汁的苦味物质和肉羊的膻味物质等包埋在环内，从而消除或降低食品的异味。

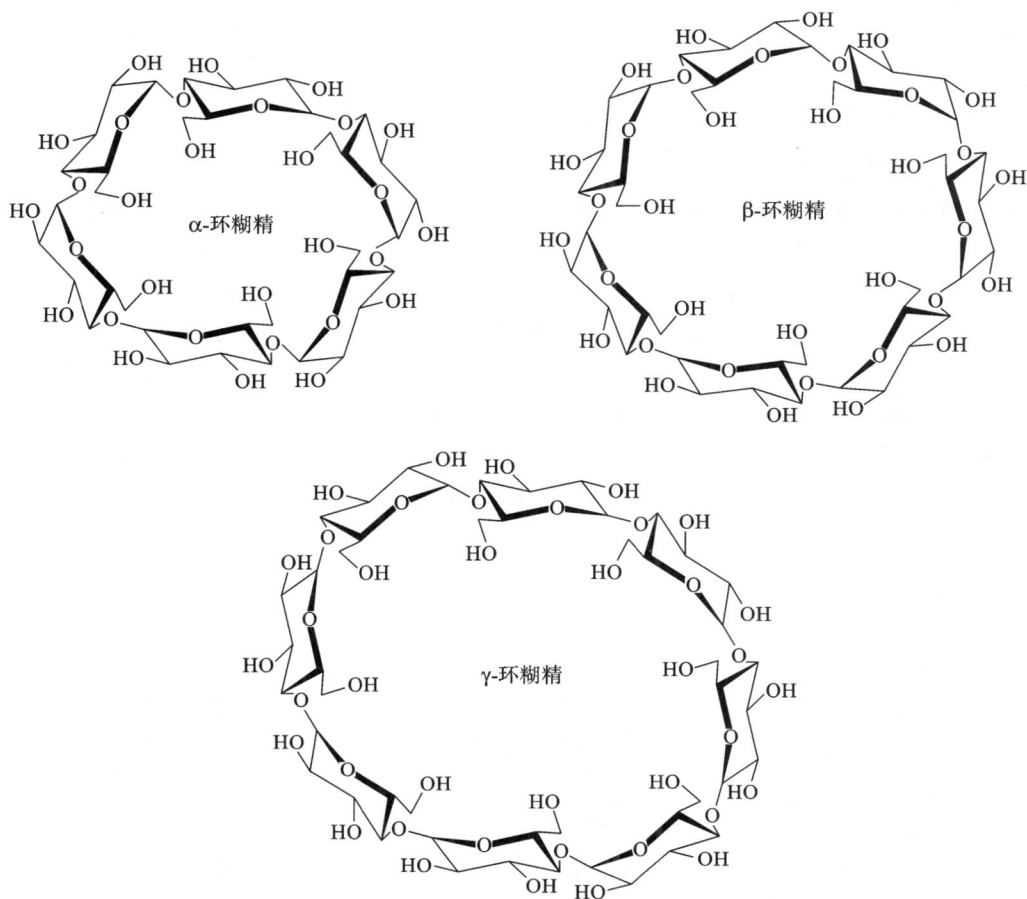

图 3-12　环糊精的结构

任务三　探究多糖

任务描述

多糖在自然界分布广泛,是构成动植物细胞壁的主要成分,也是动植物储藏的主要养分之一,具有特殊的生物活性,在人体健康及食品工艺中起着非常重要的作用。任务三介绍了多糖的种类、结构和性质,不同多糖的特性,及烹饪中常见的多糖及应用。

任务目标

(1) 掌握多糖的种类、结构和性质。
(2) 熟悉淀粉的理化性质和应用。
(3) 了解常见多糖的性质和结构。

→ 知识精讲

一、多糖的结构

多糖又称多聚糖,是由几十个或几千个单糖及其衍生物脱水缩合形成的产物。多糖有直链和支链2种结构,直链由单糖分子通过1,4-糖苷键结合形成,支链由单糖分子通过1,6-糖苷键结合形成。自然界中组成多糖的单糖分子数目大多在100以上,因此多糖属于高分子化合物,水解后可得到一系列聚合度较低的低聚糖或单糖。

根据组成的单糖种类不同,多糖可分为同多糖和杂多糖2种。同多糖指由同一种单糖组成的多糖,例如淀粉、纤维素、糖原等,而杂多糖指由2种或2种以上的单糖及其衍生物组成的多糖,如半纤维素、果胶、琼胶、黏多糖、魔芋甘露聚糖等。多糖包括结构多糖和储存多糖,其中结构多糖包括一些不溶性多糖,如植物的纤维素和动物的甲壳多糖,是构成植物和动物骨架的原料;储存多糖是指在生物体内以储存形式存在的多糖,只有在需要的时候才通过生物体内酶系统的作用分解和释放出单糖,如淀粉和糖原。

二、多糖的性质

(一)多糖的溶解性和水解性

多糖因含有大量羟基而具有较强的亲水性,除了高度有序的可以结晶的多糖不溶于水外,大部分多糖不能结晶,因此易于水合和溶解。在食品工业中,多糖的水溶性应用非常广泛,它可以通过控制水分的移动能力来影响食品的物理和功能性质。此外,多糖的相对分子质量较大,因此它不会显著降低水的冰点,从而常常作为冷冻稳定剂使用。

多糖在酶或酸存在的情况下会发生水解,同时伴随黏度的降低,其水解程度取决于酸的强度或酶的活力、时间、温度以及多糖的结构等。在食品加工和储藏过程中,多糖往往更容易发生水解,因此,需要添加一些高浓度的食用胶,以免由于多糖的水解导致体系黏度的降低。

(二)多糖的黏度

可溶性大分子多糖都可形成黏稠溶液,因此,多糖具有增稠和胶凝的功能。在食品工业中,一般使用0.25%～0.5%的多糖溶液即可产生极大的黏度甚至形成凝胶。多糖溶液的黏度与多糖分子大小、形态及其在溶剂中的构象有关。多糖溶液中的线性分子在旋转时占据很大的空间,使得分子间碰撞的频率较高,从而产生摩擦,因此具有很高的黏度。当多糖具有较多支链时,与相同相对分子质量的线性多糖溶液相比,其空间占有体积会比较小,相互碰撞频率较低,因此溶液的黏度也比较低。

(三)多糖的凝胶结构

多糖的三维网状凝胶结构是由高聚物分子通过氢键、疏水键、范德瓦耳斯力、离子桥联、缠结或共价键形成连接区,网孔中充满液相,液相是由低相对分子质量溶质和部分高聚物组成的水溶液。凝胶的结构具有双重性,即具有固体性质和液体性质,使之呈现出具有黏弹性的半固体性状,从而显示部分弹性与部分黏性。不同的多糖凝胶具有不同的用途,其选择标准主要与所期望的凝胶黏度、强度、流变性质、体系pH、加工条件、与其他配料的相互作用、质构等相关。

三、食品中的主要多糖

(一)淀粉

淀粉是常见的多糖之一,是人类主要的膳食来源,可提供70%～80%的能量。一般谷物种子是淀粉的丰富来源。

❶ 淀粉的结构

（1）分子结构：淀粉是由 D-葡萄糖通过 α-1,4-和 α-1,6-糖苷键结合而成的高聚物，包括直链淀粉和支链淀粉。在天然淀粉颗粒中，这两种淀粉同时存在，其比例因淀粉的来源不同而不同。

直链淀粉是 D-葡萄糖通过 α-1,4-糖苷键连接而形成的线状高分子化合物（图 3-13），其聚合度为 $300 \sim 1000$，相对分子质量为 $5 \times 10^4 \sim 20 \times 10^5$。天然直链淀粉分子空间结构并非完全伸展成直线形的，而是通过分子内羟基间的氢键使整个分子链卷曲成螺旋状。通过 X 射线图谱分析发现，直链淀粉取双螺旋结构时，每一螺旋中包含 3 个糖基；取单螺旋结构时，每一螺旋中包含 6 个糖基。在溶液中，直链淀粉可呈现螺旋结构、部分断开的螺旋结构和不规则的卷曲结构等。

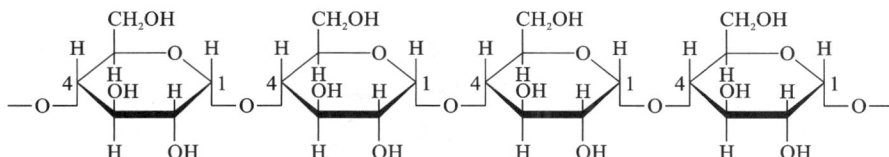

图 3-13　直链淀粉结构

支链淀粉是 D-葡萄糖通过 α-1,4-和 α-1,6-糖苷键连接起来的带分支的复杂大分子（图 3-14），即每个支链淀粉分子由 1 条主链和若干条连接在主链上的侧链组成。支链淀粉的聚合度为 $1200 \sim 3000000$，一般在 6000 以上，是最大的天然化合物。支链淀粉的结构呈树枝状，每一个分支平均含 20～30 个葡萄糖残基，各分支也可卷曲成螺旋状，但螺旋很短。

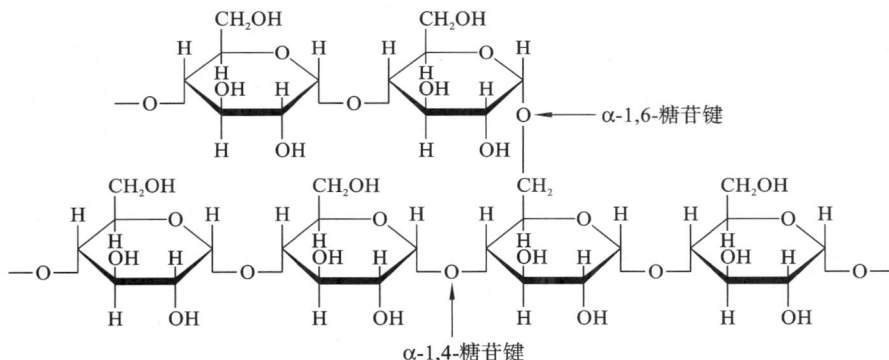

图 3-14　支链淀粉结构

（2）晶体结构：淀粉一般以颗粒状的形式存在，故称为淀粉粒。淀粉粒由直链淀粉和（或）支链淀粉分子径向排列而成，其中，支链淀粉的一部分分支以螺旋结构堆积形成许多小的结晶区，而另一部分分支和直链淀粉分子主要形成非结晶区（图 3-15）。结晶区构成淀粉粒的紧密层，非结晶区构成淀粉粒的稀疏层，这种紧密层与稀疏层交替排列的结构可以通过偏光显微镜观察到：淀粉粒被分成 4 个白色区域，中间出现一个黑色的"十"字。这种现象也是淀粉粒存在的证明。

图 3-15　淀粉的晶体结构

不同来源的淀粉粒形状、大小和构造各不相同，淀粉粒的形状大致可分为圆形、椭圆形（卵形）和多角形三种。如马铃薯淀粉粒中较大者呈卵形，较小者呈圆形；小麦淀粉粒中大的呈圆形，小的呈卵形；大米淀粉粒呈多角形；玉米淀粉粒则有圆形和多角形 2 种。不同来源淀粉粒的大小差别很大,同种淀粉粒也因生长条件、成熟度等的不同而差别很大。因此,淀粉粒的大小和形状受胚乳结构、直链淀粉与支链淀粉的相对比例等多种因素影响。

❷ 淀粉的性质

1)淀粉的溶解性 天然淀粉呈白色粉末状,在加热制熟前,不易被人体消化,这种淀粉被称为生淀粉(β-淀粉)。生淀粉以淀粉粒形式存在,具有晶体结构,在冷水中吸水性小、分散力差,主要以支链淀粉分散于冷水中,呈悬浮液状态。但加热到一定温度时,天然淀粉将发生溶胀,此时,直链淀粉从淀粉粒中向水中扩散,形成胶体溶液,支链淀粉仍保留在淀粉粒中。当温度继续升高时,支链淀粉也会吸水膨胀发生糊化,称 α-淀粉,此时晶体结构发生了变化。当胶体冷却时,淀粉发生重结晶,一般直链淀粉较容易重结晶,而支链淀粉的重结晶程度非常小。

2)淀粉的显色 淀粉遇到碘溶液可以形成有颜色的复合物,其中,直链淀粉的每一个螺旋和碘分子之间依靠范德瓦耳斯力相互连接在一起形成复合物,使碘分子原本的颜色发生变化。一般直链淀粉遇碘会呈现棕蓝色,而支链淀粉遇碘则呈现紫红色。淀粉与碘的显色反应依托于螺旋结构,一旦热、物理或化学等因素使螺旋结构消失,其显色反应也会消失。由此可见,淀粉的显色反应不是化学反应,而是一个物理过程。

3)淀粉的水解 淀粉的水解在食品工业及人体健康方面具有非常重要的应用。淀粉在酸或酶的催化下会发生水解反应,称为酸水解和酶水解,水解的最终产物为葡萄糖。

(1)酸水解:淀粉的酸水解产物因水解程度不同而异,水解产物根据分子大小分为紫色糊精、红色糊精、无色糊精、麦芽糖和葡萄糖。淀粉的酸水解受多种因素影响,淀粉来源不同,水解差异较大。一般情况下,马铃薯淀粉的水解程度大于玉米、小麦和高粱淀粉,大米淀粉的水解是最难的。淀粉的水解还会因糖苷键的位置和空间构象不同而异,通常糖苷键水解的难易顺序为 α-1,6>α-1,4>α-1,3>α-1,2。淀粉的晶体结构同样会影响其水解,结晶区比非结晶区的水解难度更大。此外,淀粉的酸水解还受温度、底物浓度和无机酸种类等影响,一般认为盐酸和硫酸在淀粉水解过程中的催化效率较高。

(2)酶水解:淀粉的酶水解在食品工业上称为糖化。水解淀粉常见的酶有 α-淀粉酶(液化酶)、β-淀粉酶和葡萄糖淀粉酶等。一般淀粉的酶水解需经过糊化、液化和糖化 3 道工序。通常情况下,α-淀粉酶主要打断直链淀粉和支链淀粉内部任意位置的 α-1,4-糖苷键,其主要的水解产物是 α-葡萄糖。β-淀粉酶只能水解淀粉尾端开始的 α-1,4-糖苷键,其水解产物主要是 β-麦芽糖和 β-极限糊精。葡萄糖淀粉酶能催化水解淀粉分子中的 α-1,3-、α-1,4-和 α-1,6-糖苷键,其水解产物全部是葡萄糖。综上,α-淀粉酶是一种内切酶,而 β-淀粉酶和葡萄糖淀粉酶都属于外切酶。

4)淀粉的糊化

(1)淀粉糊化的本质:天然淀粉在水中加热到一定温度时,会形成有黏性的糊状体(胶体),这种现象称为淀粉的糊化。糊化开始前的淀粉称为 β-淀粉或生淀粉,其分子间靠氢键结合而排列得很紧密,形成间隙很小的束状胶束,水分很难进入(图 3-16)。随着温度升高,一部分胶束被溶解而形成空隙,部分水分子进入胶束内部与余下部分淀粉分子结合,胶束逐渐被溶解,空隙逐渐扩大,淀粉粒因吸水而体积膨胀数十倍,生淀粉的胶束消失,这种现象称为膨润现象。继续加热,胶束全部崩溃,形成淀粉单分子而成为溶液状态,此时的淀粉称为 α-淀粉(图 3-16)。综上,糊化作用的本质是淀粉粒中淀粉分子之间的氢键断裂,淀粉分子分散在水中形成亲水胶体溶液。

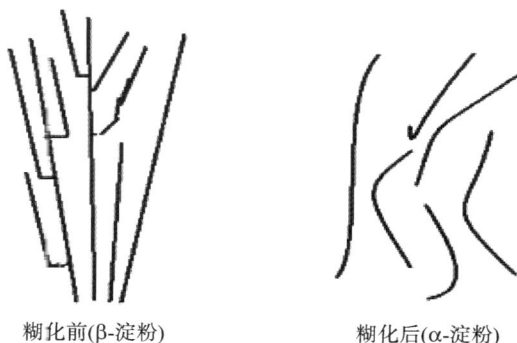

糊化前(β-淀粉)　　　糊化后(α-淀粉)

图 3-16 淀粉粒糊化前后结构变化

（2）影响淀粉糊化的因素。

①淀粉种类：淀粉来源不同，其颗粒大小、晶体结构和直链淀粉、支链淀粉的含量及比例也相差较大，因此淀粉种类是影响淀粉糊化最重要的因素。一般认为，地下淀粉和支链淀粉容易糊化，且糊化后的黏性可以很快达到最高。

②水：在常压下，含水量小于30％时，糊化是不完全的，主要是因为先糊化的淀粉因膨润作用继续吸水，导致后糊化的淀粉水分不足。淀粉的糊化属于无限溶胀，这在烹饪中具有非常重要的作用，如煮米饭时，控制好水量就能得到口感较好的米饭。

③温度：在糊化过程中，开始发生糊化时的温度为糊化温度，糊化温度因淀粉种类不同而异。常见淀粉的糊化温度见表3-7。一般认为，直链淀粉含量越高的淀粉，糊化温度越高；淀粉粒越小，糊化温度越高。

表 3-7 常见淀粉的糊化温度 单位：℃

淀粉种类	开始糊化温度	中间温度	完全糊化温度
小麦淀粉	48	61	64
大米淀粉	68	74	78
玉米淀粉	62	67	72
马铃薯淀粉	59	63	68
甘薯淀粉	58	74	83

烹饪加工中，利用油炸、烘焙等强热或干热方法加工时，淀粉原料会出现膨化现象，如爆玉米花、炸虾片。这是因为淀粉的糊化温度高于水的沸点，所以，当温度超过100 ℃但未达到其糊化温度时，大量水汽被限制在紧密组织的内部，当温度继续升高到糊化温度时，紧密组织会变松弛，在水汽的高压下出现膨胀。综上可见，淀粉糊化温度并不是固定不变的，它与淀粉含水量有关。当淀粉含水量高时，糊化温度会降低；当淀粉含水量低时，糊化温度会增高。当含水量很低，水分几乎都为结合水时，糊化温度会超过100 ℃。

④共存物：淀粉糊化、淀粉溶液黏度以及淀粉凝胶的性质不仅取决于温度，还取决于共存的其他组分的种类和数量。在许多情况下，淀粉和单糖、低聚糖、脂质、脂肪酸、盐、酸以及蛋白质等物质共存。例如，面包中的脂肪含量低，其中96％的淀粉被完全糊化；馅饼皮和烤饼是高脂肪、低水分食品，其中含有大量未糊化的淀粉。高浓度的糖能降低淀粉糊化的速度和凝胶的强度；蛋白质易发生变性而放出所持有的水分，所以对淀粉的糊化抑制作用很弱；酸可以降低淀粉的增稠能力，而碱有助于淀粉的糊化。

⑤pH：淀粉的糊化特性在不同pH环境下差异较大。当pH<4时，淀粉糊的黏度显著下降，可能是酸性环境下淀粉水解而引起的；当pH在4～7范围内时，淀粉的糊化特性变化较小；而在pH>7或更高时，淀粉的溶胀速度明显增加。

5）淀粉的老化

（1）淀粉老化的本质：糊化的淀粉在室温或低于室温下放置后，硬度会变大，体积缩小，会变得不透明，甚至凝结而沉淀，这种现象称为老化，也称凝沉作用。老化的实质是糊化后的淀粉分子自动地由无序态排列成有序态，相邻淀粉分子间的氢键又逐步恢复，排挤出其中的一些水分，失去与水的结合，从而形成致密且高度结晶化的淀粉分子束（图3-17）。在老化的过程中，如果直链淀粉分子能比较迅速地相互连接起来形成三维网状结构，将水、支链淀粉、未完全崩解的淀粉粒等包围起来，就可以形成淀粉凝胶。这种现象称为淀粉的胶凝作用。

由上可知，老化过程可看作糊化的逆过程，但是老化不能使淀粉彻底复原到生淀粉（β-淀粉）的结构状态，它比生淀粉的晶化程序低。

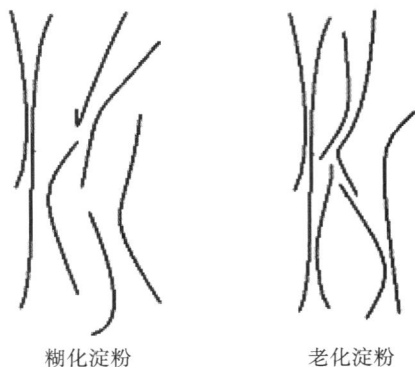

糊化淀粉　　　　　　老化淀粉

图 3-17　淀粉老化前后结构变化

（2）影响淀粉老化的因素：淀粉老化同样受淀粉种类、组成、含水量、温度、共存物等因素的影响。

①淀粉种类：淀粉老化因淀粉种类不同而不同，一般直链淀粉较支链淀粉易于老化。支链淀粉老化需要较长的时间，所以含支链淀粉多的糯米或糯米粉制作的食品，不容易发生老化现象。地上淀粉比地下淀粉容易老化。

②含水量：食品的含水量低于 15％时，淀粉基本不发生老化。例如，饼干含水量一般低于 7％，密封保存较长时间也不会发生老化，仍可保持酥脆。方便面和方便米饭的制作就利用了这个原理，即将糊化的面或米快速脱水，冷却后不易老化且可长时间保存。

食品含水量在 30％～60％时最易老化，而多数熟食含水量在这个易老化的范围内。例如，馒头含水量为 40％～55％，当其冷却后，会出现"返生"现象，使口感变硬。当含水量在 60％以上时，老化速度则变慢。例如，稀粥中的淀粉就难以老化。

③温度：老化发生的最适宜温度为 2～4 ℃，高于 60 ℃或低于−20 ℃都不发生老化，速冻米面制品的制作就是依据此原理。

→ 相关知识

抗 性 淀 粉

抗性淀粉是指不能被人体健康小肠吸收，但可被结肠内的细菌发酵成短链脂肪酸（SCFA）的淀粉和其降解产物。随着研究的深入，基于淀粉的来源和抗酶解特性，目前公认的抗性淀粉主要分为 5 类：物理包埋淀粉（RS1 型）、未经糊化淀粉粒（RS2 型）、回生淀粉（RS3 型）、化学改性淀粉（RS4 型）和淀粉-脂质复合物（RS5 型）。

抗性淀粉制备的原理主要是通过改变淀粉的颗粒结构、分子结构、晶体结构，进而改变淀粉链排列或降低部分淀粉链长度，从而调控淀粉的消化性能。到目前为止，对于抗性淀粉的具体消化降解过程还未形成明确的观点。随着研究手段多样化，抗性淀粉越来越多的健康益处被人们发现，如抗性淀粉在人体肠道中经发酵后产生的气体能够增大粪便体积且增加含水量，从而促进排便，因此能够有效预防便秘、结肠癌等肠道疾病。抗性淀粉还被证实具有降血脂、有效控制体重、促进矿物质吸收利用、增加生物有效性等功效。

（二）果胶

果胶存在于陆生植物的细胞间隙或中胶层中，通常与纤维素结合在一起，形成植物细胞结构和骨架的主要部分。植物体内的果胶物质一般有三种，即原果胶、果胶、果胶酸。未成熟的果实细胞内含有大量原果胶，随着果实成熟度的增加，原果胶水解成果胶，果实组织从而变软且有弹性。当果实过熟时，果胶发生去酯化作用而生成果胶酸。

❶ 果胶的结构　果胶是一类以聚半乳糖醛酸为主的杂多糖，其分子主链由 150～500 个 α-D-半乳糖醛酸基（相对分子质量为 30000～100000）通过 1,4-糖苷键连接而成，其中部分羧基被甲酯化（图 3-18）。果胶的羧基酯化度（DE）是一个非常重要的参数，根据 DE 可将果胶分为高酯果胶（HM）（DE≥50％）和低酯果胶（LM）（DE＜50％）2 种。果胶的 DE 通常因原料的多样性和提取工艺的不同而不同，DE 的大小和种类影响着果胶产品的溶解性、胶凝性以及乳化稳定性。

❷ 果胶的性质　果胶在酸、碱或酶的作用下可发生水解，可使酯水解（去甲酯化）或糖苷键水

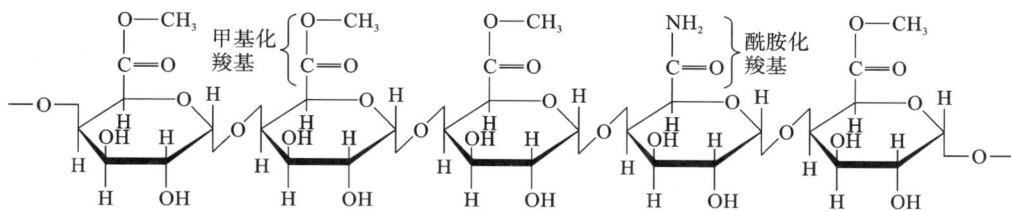

图 3-18　果胶结构

解;在高温强酸条件下,糖醛酸残基发生脱羧反应。根据果胶的溶解性可将其分为水溶性果胶和水不溶性果胶。果胶的溶解度与果胶的聚合度和其甲氧基的含量和分布有关。虽然果胶溶液的 pH、温度以及浓度对果胶的溶解度也有一定的影响,但一般来说,果胶在水中的溶解度随聚合度的增加而降低,在一定程度上还随 DE 的增大而增大。果胶溶液类似于亲水胶体,果胶颗粒是先溶胀再溶解。如果果胶颗粒分散于水中时没有很好地分离,溶胀的颗粒就会相互聚结成大块状,而此大块一旦形成就很难溶解。

果胶溶液是高黏度溶液,其黏度与链长成正比,果胶在一定条件下具有胶凝能力。凝胶是由果胶分子形成的三维网状结构,同时水和溶质固定在网孔中。一般来说,HM 溶液在足够的糖和酸存在的条件下才能发生胶凝作用。当果胶溶液在高酸性环境中时,羧酸盐基团转化为羧酸基团,使分子不带电荷,引起分子间斥力下降,水合程度降低,分子间缔合形成凝胶;当糖的浓度增高(55%～65%)时,糖与果胶分子链竞争结合水,致使分子链的溶剂化程度大大下降,有利于分子链间相互作用。LM 在二价阳离子(如 Ca^{2+})存在的情况下才能形成凝胶。胶凝的机制是不同分子链的均匀(均一的半乳糖醛酸)区间形成分子间接合区,胶凝能力随 DE 的减小而增强。胶凝度是衡量果胶质量的主要指标之一,指在一定条件下,每份果胶能与多少份固形物(通常为蔗糖和葡萄糖)形成具有一定硬度和质量的凝胶的能力,即衡量果胶形成凝胶的能力大小。胶凝度是工业上判断果胶品质好坏的一个重要参数,主要采用 US-SAG 法和压力破碎法测定果胶胶凝度。

(三)纤维素和半纤维素

纤维素是植物细胞壁的主要结构成分,通常与半纤维素、果胶和木质素结合在一起,其结合方式和程度对植物源食品的质地影响很大。半纤维素同样是构成植物细胞壁的主要成分。人体消化道内不存在纤维素酶,纤维素和半纤维素是重要的膳食纤维,是自然界中分布最广、含量最多的多糖。

纤维素是 D-葡萄糖通过 β-1,4-糖苷键连接而成的直链状的多糖(图 3-19)。纤维素聚合度为1000～14000,相对分子质量为 1.62×10^5～2.27×10^6。纤维素由于相对分子质量大且具有晶体结构,不溶于水,而且溶胀性和吸水性都小,对稀酸和稀碱特别稳定,只有用高浓度的酸(60%～70%硫酸或41%盐酸)或稀酸在高温下处理才能分解,分解的最终产物是葡萄糖。可通过控制反应条件,生产出许多不同的纤维素衍生物。商品化的纤维素主要有羧甲基纤维素钠(CMC-Na)、甲基纤维素(MC)、乙基纤维素(EC)、甲乙基纤维素(MEC)、羟乙基纤维素(HEC)、羟丙基纤维素(HPC)、羟乙基甲基纤维素(HEMC)、羟乙基乙基纤维素(HEEC)、羟丙基甲基纤维素(HPMC)、微晶纤维素(MCC)等。半纤维素以 β-D-(1→4)吡喃半乳糖基组成的木聚糖为骨架,构成半纤维素的单体有木糖、果糖、葡萄糖、半乳糖、阿拉伯糖、甘露糖及糖醛酸等,木聚糖是半纤维素物质中含量较丰富的一种。

纤维素和半纤维素均为膳食纤维,它们不能被人体消化,也不能提供营养和能量,但具有重要的功能。研究认为,膳食纤维对肠蠕动、粪便量和粪便通过时间可产生有益生理效应,对促使胆汁酸的消除和降低血液中的胆固醇含量也会产生有益的影响。纯化的纤维素常作为配料添加到面包等食品中,增加食品的持水力,延长货架期。

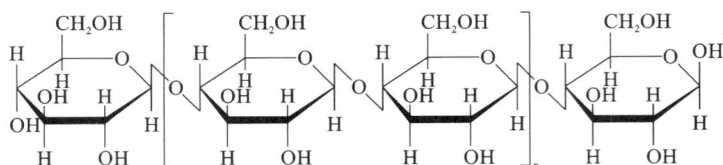

图 3-19　纤维素的结构

（四）糖原

糖原是一种动物淀粉，又称肝淀粉，是由葡萄糖结合而成的支链多糖，其糖苷链为 α 型，是动物的储备多糖。哺乳动物体内，糖原主要存在于骨骼肌（约占所有糖原的 2/3）和肝脏（约占 1/3）中，其他组织如心肌、肾脏、脑等，也含有少量糖原。低等动物和某些微生物（如真菌）中，也含有糖原或糖原类似物。糖原结构与支链淀粉相似。

❶ 糖原的结构　糖原主要由 D-葡萄糖通过 α-1,4-糖苷键连接组成糖链，并通过 α-1,6-糖苷键连接产生支链。糖原分子呈球形，相对分子质量在 $2.7 \times 10^5 \sim 3.5 \times 10^6$ 之间。糖原分子中分支比支链淀粉更多，平均每间隔 12 个 α-1,4-糖苷键连接的葡萄糖就有一个分支点（支链淀粉分子中平均间隔为 20～25 个葡萄糖）。

❷ 糖原的性质　糖原是白色无定形粉末，还原性极弱，易溶于水而产生乳白色胶体溶液，遇碘呈红色，最大吸收波长在 430～490 nm。糖原在醇中溶解度小，可用乙醇沉淀，在碱性溶液中稳定。稀酸能将糖原分解为糊精、麦芽糖和葡萄糖，酶能使它分解为麦芽糖和葡萄糖。糖原的生理功能很强，肝糖原可分解为葡萄糖进入血液，供组织利用；肌糖原为肌肉收缩所需能量的来源。

（五）琼胶

琼胶也是通常所说的琼脂。《中华人民共和国药典》（2020 版）记载，琼脂系自石花菜 *Gelidium amansii* Lamx 或其他属种红藻类植物中浸出并经脱水干燥的黏液质。一般认为，琼脂包含两种组分：一种可以形成结实而强力的凝胶，称为琼脂糖（agarose）；另一种是不会发生胶凝的组分，称为琼脂胶（agaropectin）。

❶ 琼胶的结构　琼脂糖由 β-D-吡喃半乳糖和 3,6-内醚-L-吡喃半乳糖通过 β-(1→4) 和 α-(1→3) 糖苷键交替连接的长链组成。

❷ 琼胶的性质　琼胶无色、无味，不溶于冷水而只在冷水中溶胀成胶块或胶条，但能溶于沸水或接近沸腾的热水。当琼胶溶液浓度达到 1.5% 时仍是清澈透明的，而当冷却至 32～39 ℃ 时，则能发生胶凝而形成结实而有弹性的凝胶，这种凝胶在低于 85 ℃ 时仍然保持凝胶化状态，只有加热到 85 ℃ 以上时才能重新成为溶胶状态。

琼胶由于具有优良的亲水性、胶凝性、稳定性等，已被广泛应用于食品工业、临床医学等领域。在果汁饮料中琼胶是良好的悬浮剂和稳定剂；在面包的制作中，琼胶可作为膨松剂使用。琼胶含有大量水溶性纤维，可促进人体小肠蠕动，并且没有刺激性，甚至可以起到润肠的功效，因此可以用于预防和治疗便秘。

（六）海藻胶

❶ 海藻胶的结构　海藻胶大多以海藻酸的钠盐形式存在，主要从褐藻中提取得到。海藻酸是由 β-D-1,4-甘露糖醛酸（M）和 α-L-1,4-古洛糖醛酸（G）组成的线性高聚物，其组成方式有以下几种。

（1）甘露糖醛酸块：-M-M-M-M-M-M-。

（2）古洛糖醛酸块：-G-G-G-G-G-G-。

（3）交替块：-M-G-M-G-M-G-。

商品海藻酸盐的聚合度为 100～1000。

②海藻胶的性质　海藻酸盐能与 Ca^{2+} 结合形成凝胶,且是热不可逆凝胶。凝胶强度与海藻酸盐分子中 G 的含量以及 Ca^{2+} 浓度有关。海藻胶具有热稳定性,脱水收缩较少,因此可用于制造甜食凝胶。此外,海藻胶在增稠性、稳定性、胶凝性、保形性、薄膜成形性等方面具有显著的优点,而且具有独特的保健功能,常作为护肤美妆产品的主要原料。

(七)黄原胶

①黄原胶的结构　黄原胶是一种微生物多糖,是应用较广的食品胶。它由纤维素主链和三糖侧链构成,分子结构中的重复单位是五糖,其中三糖侧链由两个甘露糖与一个葡萄糖醛酸组成。黄原胶的相对分子质量约为 $2×10^6$ 。黄原胶溶液中三糖侧链与主链平行,通过分子内缔合以螺旋形式存在,并通过缠结形成网状结构,该分子结构特别稳定。黄原胶稳定的螺旋结构使其具有极强的抗氧化和抗酶解能力,许多酶类如蛋白酶、淀粉酶、纤维素酶和半纤维素酶等都不能使黄原胶降解。

②黄原胶的性质　黄原胶溶液对酸、碱十分稳定,在水(包括冷水)中能快速溶解。由于它有极强的亲水性,如果直接加入水而搅拌不充分,外层吸水膨胀成胶团,会阻止水分进入内层,从而影响作用的发挥。黄原胶溶液具有低浓度、高黏度的特性(1%溶液的黏度相当于明胶的 100 倍),是一种高效的增稠剂。黄原胶溶液的黏度不会随温度的变化而发生很大的变化,如 1%黄原胶溶液(含 1%氯化钾)从 25 ℃加热到 120 ℃,其黏度仅降低 3%。

黄原胶的高度假塑性、剪切变稀和黏度瞬时恢复的特性与其分子结构密切相关。黄原胶溶液在静态或低的剪切作用下具有高黏度,在高剪切作用下表现为黏度急剧下降,但分子结构不变。当剪切作用消除后,则立即恢复原有的黏度。剪切作用和黏度的关系是完全可塑的。黄原胶假塑性非常突出,这种假塑性对稳定悬浮液、乳浊液极为有效。

(八)壳聚糖

壳聚糖又称几丁质、甲壳质、甲壳素,是一类由 N-乙酰-D-氨基葡萄糖或 D-氨基葡萄糖以 β-1,4-糖苷键连接成的低聚合度水溶性氨基多糖。其主要存在于甲壳类(虾、蟹)等动物的外骨骼中,基本结构单位是壳二糖(图 3-20)。

壳聚糖因分子中带有游离氨基,在酸性溶液中易成盐,呈阳离子性质。壳聚糖作为功能性低聚糖,能降低胆固醇含量、提高机体免疫力、增强机体的抗病抗感染能力,尤其有较强

图 3-20　壳二糖的结构式

的抗肿瘤作用。在食品工业中壳聚糖常用作黏结剂、保湿剂、澄清剂、填充剂、乳化剂、上光剂及增稠稳定剂,尤其是改性壳聚糖如羧甲基化壳聚糖,常被用作纯化水的试剂或用于水果保鲜。

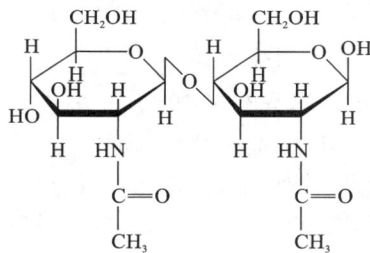

任务四　解析糖类在烹饪中的应用

任务描述

糖类在烹饪中有广泛的应用,在菜肴的色、香、味、形方面起着非常重要的作用。任务四介绍了低分子糖类和多糖在烹饪中的作用。

任务目标

(1)掌握低分子糖类和多糖在烹饪中的作用。
(2)解释常见烹饪现象的理论基础。

→ 知识精讲

一、低分子糖类在烹饪中的作用

低分子糖类(即相对分子质量不超过 10000 的单糖和低聚糖)在烹饪中的作用主要表现为着色、保存、调质、调味、挂霜和拔丝等。

(一)着色作用

在烹饪过程中,焦糖化反应和美拉德反应的发生,可以使菜肴或食品着色或调色。如在烤熟的菜肴上抹些麦芽糖,可使菜肴增甜增光;鸡、鸭、猪头肉等有皮的原料,煮熟后抹上糖水经烤或炸后,成品色泽转变成红色。在烹饪中将炒糖以及在炒至枣红色的糖液中加入热水熬匀的过程称为炒糖色。白糖被炒成糖色后甜度降低、色枣红、香气浓郁,可以使菜品着色、增香,是一种原始、天然的调味着色手法。

(二)保存作用

糖溶液浓度很高时,在糖渍食品中会形成较高的渗透压,使微生物细胞壁脱水产生质壁分离现象,从而防止微生物生长。固体糖的吸湿性也有助于降低密实食品组织的自由水含量,对食品的保存具有重要作用。

(三)调质作用

糖类因具有亲水性,常用于面团结构的改良。如麦芽糖具有较强的吸湿性,常用于面包、糕点等食物的加工,对糕点的柔软性具有重要作用。再如在面团中加入糖浆,因为糖的吸湿作用而产生反渗透现象,从而限制面团中面筋的形成,使弹性减弱。以上这些都是糖在调质方面的应用。

(四)调味作用

甜味是低分子糖类的重要性质,但甜味的根本在于这些糖具有的高溶解度。糖醋味型菜肴的烹制离不开糖,通过糖和醋的混合,可产生一种类似水果的酸甜味,如糖醋里脊、糖醋鱼片等。在制作面点、菜肴时,加入适量的糖,能使食品增加甜味。在面点制作时,糖类也有改善面点品质的功效,还能增强菜肴的鲜味,调和诸味、增香、解腻、使复合味增浓等。

(五)挂霜作用

挂霜利用的是白糖的重结晶原理,即白糖溶于水后,随着小火加热,水分不断蒸发,糖液饱和度逐渐升高,当浓度超过临界值时,白糖重新以晶体的形式析出,覆盖在食材表面,烹饪化学中称这种现象为翻砂或返砂。一般情况下原料改刀成片、块后,挂糊或不挂糊,热油炸熟,进行挂霜。一是炸熟后滚一层白糖,此法霜易脱落;二是加白糖及少量油或者水熬化,约水分熬尽到挂霜火候时,投入主料,翻勺粘匀原料,冷却后外层凝结成霜。如挂霜丸子、酥白肉等。

(六)拔丝作用

糖类随着温度的上升会融化,并且由稠变稀,伴随气泡由大变小,此时若将处理过的烹饪原料投入融化的糖液中快速翻炒,就会出现常见的拔丝现象。此时糖液全部包裹原料,如拔丝香蕉、拔丝莲子、拔丝肉等,该过程是常见的赋形作用的体现。

二、多糖在烹饪中的作用

多糖在烹饪中应用最多的是淀粉,常见的有澄粉、塔塔粉、吉士粉等,其主要作用是上浆、挂糊和勾芡处理。

(一)上浆和挂糊

上浆是把淀粉、鸡蛋及一些调味品依次直接放入原料中进行搅拌,无须事先制浆;挂糊则先用淀

糖类在北京烧鸭中的应用

Note

粉、鸡蛋、水、油和发酵粉等制成糊,再把烹饪原料放进去。通过上浆和挂糊处理,淀粉在烹制过程中迅速糊化,将原料包裹在内部,减少营养损失,保持水分和鲜味,并使原料不改变形状。一般情况下,浆较稀,适用于炒、爆;糊较稠,多用于炸、熘等。

（二）勾芡

勾芡是根据烹饪要求将芡汁浇淋在菜肴上的一种技法,是烹饪中常用的处理手段之一。在运用炒、爆、熘等烹调方法时,由于原料受热时间短暂,各种液体调味品和汤汁难以渗透主料,一经勾芡,汤汁裹覆在主料上,可增加菜肴的风味。

➡ 相关知识

芡　汁

芡汁是把水淀粉和调味品兑在一起的混合物。根据勾芡要求的不同,芡汁主要有以下四种。①抱汁芡:芡汁能裹在原料表面,菜肴吃完后盘底只见油质不见汁液,一般用于汤汁较少的炒、爆类菜肴,如宫保鸡丁、爆双脆等。②流芡:芡汁的浓度能使汤汁和原料融合在一起,使菜肴口感柔软滑嫩,一般用于汤汁较多的烧、烩类菜肴,如黄鱼羹、烩什锦等。③琉璃芡:要求芡汁一部分粘在菜肴表面,另一部分在菜盆中呈琉璃状态,因光洁透明而得名,如鸡油菜芯、白汁鳜鱼等。④米汤芡:又名奶汤芡,要求芡汁稀而透明,一般用于汤汁较多的菜肴。

勾芡有时在菜肴将熟时,有时在菜肴装盘后。常见的方法有拌、淋、浇三种。①拌:一种是在原料接近成熟时将兑好的“碗芡”倒入锅里,快速拌炒原料,使芡汁裹覆在原料上;另一种是把炸好的原料捞出,锅内留少量油底,下入兑好的芡汁,推炒至芡汁黏稠时,再下入炸好的原料拌炒,使芡汁裹覆在原料上。②淋:也叫跑马芡,即原料将熟时,左手持锅(勺)摇晃,右手拿手勺将芡汁缓缓淋入锅(勺)内,待汤汁变浓时即成。③浇:将已熟的原料盛入盘内,另起锅勾芡,将芡汁浇在菜上即成。

项目小结

本项目的教学内容主要是单糖、低聚糖和多糖的结构及性质。通过糖类性质的学习,了解其在烹饪过程中的变化;学习常见多糖特别是功能性多糖的性质,为科学烹饪方法的应用及烹饪现象的解释提供指导。

思考题

1. 什么是糖类?有哪些种类?常见的糖类有哪些?
2. 什么是美拉德反应?它对食品风味的形成有什么作用?
3. 什么是焦糖化反应?反应生成哪些物质?在烹饪中有何应用?
4. 食品中重要的低聚糖包括哪些?功能性低聚糖的生理活性有哪些?举例说明。
5. 试述糖类的种类及其在烹饪中的应用。
6. 分析粥类、米饭、油煎类食品、烘焙类食品的淀粉糊化程度的差异,以及提高糊化程度的方法。
7. 解释油炸、烘焙等干热加工时,淀粉原料出现膨化现象的原因。
8. 淀粉老化和糊化的关系是什么?
9. 影响淀粉糊化和老化的因素有哪些?谈谈防止淀粉老化的措施。
10. 试述膳食纤维及其在食品中的应用。

烹饪中富含淀粉的原辅料

在线答题

认知脂质

项目描述

　　脂肪不仅是食品中重要的三大宏量营养素之一,而且与其他两大宏量营养素相比,脂肪的化学性质最活泼,最容易引发食品品质变化,例如脂肪氧化可通过自动氧化、光敏氧化及酶促氧化等多种途径引起含油脂食品的品质劣变,甚至产生致癌、致突变的有害产物。只有系统学习其结构、氧化机制及其影响因素,才能在生产实际中对脂质进行合理的控制或利用,同时规避有毒有害物质的产生,保证食品品质和安全。同理,对脂质的其他理化性质的应用都有赖于对其科学原理的理解和掌握。对不同结构和不同类型脂肪酸与人体健康关系的学习也有利于优化膳食脂肪的类型,合理选择膳食脂肪比例,保护机体健康。

项目目标

　　(1)了解并掌握脂质的定义及其功能,掌握脂质的分类方法及其类型。
　　(2)熟悉脂肪的组成和结构,了解脂肪的命名。
　　(3)掌握油脂的主要理化性质及其在烹饪中的应用。
　　(4)理解并掌握油脂酸败的概念及其产生原因。
　　(5)熟悉油脂在烹饪加工过程中的热分解反应、热聚合反应和热缩合反应的变化及其影响因素。
　　(6)理解各类食用油脂与人体健康的关系。

项目导入

　　近年来,由于能量摄入过多或不均衡引发的肥胖和代谢紊乱已成为当今全球普遍的健康问题之一,因此很多人会"谈脂色变"。然而,脂肪是人体不可或缺的营养素之一,除提供能量外,还提供必需脂肪酸,维持人体正常的新陈代谢和生长发育。因此,摄入合适类型和合理比例的膳食脂肪对维持机体健康至关重要。此外,利用脂质的诸多重要理化性质,可以生产出各类诱人的食物。例如:香甜可口、口感细腻的蛋糕和巧克力就利用了脂质的结晶性和同质多晶性质;在油炸过程中油脂发生的一系列化学反应可赋予油炸食品诱人的色泽和香气;此外,脂质与水互不相溶,乳状液的稳定以及稳态化技术对于维持含油脂食品的稳定性十分重要。同时,不当的加工条件和方式也会使脂质及含油脂食品产生自由基、脂质过氧化物和反式脂肪酸等有毒有害产物,严重影响机体健康。

　　在日常生活中,为什么脂肪含量高的食品易变质?为什么油在高温下长时间加热,会变得黏稠、泡沫增多,品质下降?为什么巧克力表面常出现"白霜"?为什么牛乳中水和脂不会分层?我们在享用面包、曲奇饼、冰激凌、奶茶、炸薯条、炸鸡块等美食时是否想到了患心血管疾病的风险？欧洲人的膳食中脂肪摄入量较高,故心血管疾病患者和肥胖者较多,殊不知意大利人摄入脂肪量同样较高,但心血管疾病发生率却明显低于欧洲其他国家。因此,如何提供具有油脂风味和口感而没有健康风险的油脂替代物,将习近平总书记的"没有全民健康,就没有全面小康"的讲话落在实处,是食品从业者共同的任务。如何合理地摄入脂质、保持健康,并利用脂质的性质制作出各色美食,又如何在加工和储藏过程中规避潜在的风险,这其中蕴含的科学原理和方法可以从本章的学习中找到答案。

任务一　走进脂质

任务描述

在饮食、食品安全及营养健康中,脂质都占据很重要的位置。任务一介绍了脂质的定义、特点及功能,脂质的分类及各类脂质的主要成分,以帮助学生更好地在烹饪加工中运用脂质。

任务目标

(1) 熟悉脂质的定义。
(2) 掌握脂质的功能。
(3) 了解脂质的分类。

知识精讲

一、脂质的定义及功能

脂质是生物体内不溶于水而溶于大部分有机溶剂的一大类疏水性物质的总称。其中99%左右是脂肪酸甘油酯,即甘油三酯,也就是我们俗称的脂肪。习惯上将在室温下呈固态的脂肪称为脂,呈液态的脂肪称为油。但脂质的固态与液态随温度变化而变化,因此脂和油这两个名词通常是可以互换使用的,统称为油脂。

脂质中还包括少量的非甘油酯化合物,如磷脂、固醇、糖脂、类胡萝卜素等。脂质化合物种类繁多、结构各异,故很难用一句话来对其下定义,但脂质化合物通常具有以下共同特征:不溶于水,溶于乙醚、石油醚、氯仿、丙酮等有机溶剂;大多数具有酯的结构,并以脂肪酸形成的酯最多;均由生物体产生,且能被生物体利用(与矿物油不同)。

在被称为脂质的物质中,也有不完全符合上述定义的物质,如卵磷脂微溶于水而不溶于丙酮,属于复合脂质的鞘磷脂和脑苷脂不溶于乙醚。

脂肪是食品中重要的组成成分和人类不可缺少的营养素。与同样质量的蛋白质和糖类相比,脂肪所含的能量更高,每克脂肪能提供39.58 kJ 的能量,并提供必需脂肪酸,是脂溶性维生素的载体,赋予食品滑润的口感、光润的外观和良好的风味。塑性脂肪还具有造型功能。脂质具有很好的加工特性,如塑性、起酥性、酪化性等,对很多含油脂食品的加工至关重要。在烹饪加工中,脂质还是一种传热介质。此外,脂质也是生物体细胞膜的主要组成成分之一,对维持细胞结构和功能至关重要。同时,脂质在生物体内具有润滑、保护、保温、储能等作用,是组成生物细胞不可缺少的物质。

二、脂质的分类

脂质按其结构和组分的不同可分为简单脂质、复合脂质和衍生脂质，见表 4-1。

表 4-1　脂质的分类

主类	亚类	组成
简单脂质	甘油酯	甘油＋脂肪酸（占天然脂质的 99％左右）
	蜡	长链脂肪醇＋长链脂肪酸
复合脂质	磷酸酰基甘油	甘油＋脂肪酸＋磷酸盐＋含氮基团
	鞘磷脂类	鞘氨醇＋脂肪酸＋磷酸盐＋胆碱
	脑苷脂类	鞘氨醇＋脂肪酸＋糖
	神经节苷脂类	鞘氨醇＋脂肪酸＋糖
衍生脂质	—	类胡萝卜素、固醇、脂溶性维生素等

任务二　领会脂肪的结构与命名

任务描述

油脂在烹饪中使用广泛，是制作菜肴和面点不可缺少的重要原料。任务二介绍了脂肪酸和脂肪的定义、分类、结构、命名等。

任务目标

（1）熟悉脂肪的组成和结构。
（2）掌握脂肪酸和脂肪的命名方法。

知识精讲

一、脂肪酸

（一）脂肪酸的定义与分类

脂肪酸是指分子一端带有一个羧基的长脂肪族碳链的有机化合物。天然食物的脂肪酸基本为偶数碳链，常见的为含 14、16、18 和 20 个碳原子脂肪酸。根据脂肪酸的饱和程度可将其分为饱和脂肪酸、单不饱和脂肪酸和多不饱和脂肪酸。根据不饱和脂肪酸中双键的构型可将不饱和脂肪酸分为顺式脂肪酸和反式脂肪酸。食物中的天然脂肪酸多以顺式结构存在。根据脂肪酸碳链的长度可将其分为短链脂肪酸（碳原子数＜6）、中链脂肪酸（碳原子数 6～12）和长链脂肪酸（碳原子数＞12）。根据脂肪酸在食物中的状态可将其分为游离脂肪酸和酯化脂肪酸。在营养学上，常根据脂肪酸能否自身合成分为必需脂肪酸和非必需脂肪酸。亚麻酸、亚油酸和花生四烯酸为必需脂肪酸。天然食物中常见的脂肪酸约有 20 种，见表 4-2。

表 4-2 天然食物中常见的脂肪酸

数字命名	系统名称	俗名（英文名称）	英文缩写
4:0	丁酸	酪酸（butyric acid）	B
6:0	己酸	羊油酸（caproic acid）	H
8:0	辛酸	羊脂酸（caprylic acid）	Oc
10:0	癸酸	羊蜡酸（capric acid）	D
12:0	十二烷酸	月桂酸（lauric acid）	La
14:0	十四烷酸	肉豆蔻酸（myristic acid）	M
16:0	十六烷酸	棕榈酸（palmitic acid）	P
16:1	9-十六碳一烯酸	棕榈油酸（palmitoleic acid）	Po
18:0	十八烷酸	硬脂酸（stearic acid）	St
18:1ω9	9-十八碳一烯酸	油酸（oleic acid）	O
18:2ω6	9,12-十八碳二烯酸	亚油酸（linoleic acid）	L
18:3ω3	9,12,15-十八碳三烯酸	α-亚麻酸（linolenic acid）	α-Ln
20:0	二十烷酸	花生酸（arachidic acid）	Ad
20:4ω6	5,8,11,14-二十碳四烯酸	花生四烯酸（arachidonic acid）	An
20:5ω3	5,8,11,14,17-二十碳五烯酸	EPA（eicosapentaenoic acid）	EPA
22:1ω9	13-二十二碳一烯酸	芥酸（erucic acid）	E
22:6ω3	4,7,10,13,16,19-二十二碳六烯酸	脑黄金（docosahexaenoic acid）	DHA

不同食物中油脂的脂肪酸组成差异很大。脂肪酸组成是衡量食物油脂营养价值高低的重要指标之一。表 4-3 所示为常见食物油脂的脂肪酸组成情况。

表 4-3 常见食物油脂的脂肪酸组成

油脂	脂肪酸含量/（g/100 g 脂肪酸）			
	饱和脂肪酸	单不饱和脂肪酸	n-3 脂肪酸	n-6 脂肪酸
青鱼油	20～25	55～60	15	5
鲑鱼油	30	40	20～25	5～10
沙丁鱼油	30～35	30～35	25～30	5～10
鸡油	30～35	45～50	≤3	15～20
蛋黄油	35～40	50～55	≤5	10
猪油	40	50	≤3	<10
牛油	40～50	45～55	≤5	5
羊油	50～60	30～40	5	5
奶油	60～70	23～25	≤2	≤5
菜籽油	10	60	10	20
核桃油	10～15	15	10～15	60
葵花籽油	10～15	20	0	65～70
玉米油	15～20	30	≤1	50～55
大豆油	15～20	25～30	10	45

油脂	脂肪酸含量/(g/100 g 脂肪酸)			
	饱和脂肪酸	单不饱和脂肪酸	n-3 脂肪酸	n-6 脂肪酸
橄榄油	15	80	$\leqslant 1$	$\leqslant 4$
花生油	20～25	35	0	40～45
可可油	60～70	25～35	$\leqslant 1$	$\leqslant 4$

（二）脂肪酸的命名

❶ **系统命名法** 系统命名法是由国际纯粹与应用化学联合会(International Union of Pure and Applied Chemists，IUPAC)提出的。其命名方法包含以下几点：①选择含羧基的最长碳链为主链，按照与其相同碳原子数的烃命名为某酸(将烃中的甲基以—COOH 代替)，对于含有两个羧基的脂肪酸，选择同时含两个羧基的最长碳链为主链。②主链的碳原子数及编号从羧基碳原子开始，顺次编为 1、2、3、……（也可以用甲、乙、丙、丁……表示）。③主链碳原子编号除以上方法外，也常用希腊字母 α、β、γ……表示碳原子的位置。对于不饱和脂肪酸，则选择同时含最多羧基（第一选择因子）和最多双键（第二选择因子）的最长碳链为主链，命名为某烯酸，并用 Δ 表示双键位置，写在某烯酸前面。脂肪酸分子双键的顺式和反式构型通常用 cis 和 trans 表示，习惯上缩写为 c 和 t，并将其直接标在双键碳原子数之后。如结构式为 $CH_3(CH_2)_7CH=CH(CH_2)_7COOH$ 的顺式脂肪酸可命名为 Δ^{9c}-十八碳一烯酸或直接写为 9(cis)-十八碳一烯酸。

❷ **俗名法** 许多脂肪酸最初是从某种植物或动物中发现的，因此通常根据其来源进行命名。如来自肉豆蔻的十四烷酸的俗名就为肉豆蔻酸，类似的还有花生酸、棕榈酸、月桂酸等。

❸ **数字命名法** 数字命名法又称为 $n:m$ 命名法，以碳原子数(n)和双键数(m)对脂肪酸进行命名。如 18:1 指十八碳一烯酸。但对不饱和脂肪酸来说，这个命名缺乏有关双键位置和几何构型的信息。为此可将双键位置信息(碳原子编号)和几何构型信息(c 或 t)以前缀形式加在数字命名前面。如对于亚油酸(十八碳二烯酸，18:2)可以命名为 $9c,12c$-18:2。

使用数字命名法命名多不饱和脂肪酸时，双键数目越多，命名就越长。为了克服这一缺点，引入了速记法。天然食物中的多不饱和脂肪酸的双键一般以 1,4-cis,cis-戊二烯(五碳双烯)的结构单元形式存在。因此，给出其中一个最靠头端的双键的位置就可以确定其他双键的位置。速记法中通常从脂肪酸分子甲基端开始编号，并将第一个双键的位置记为 ω 数字或 n-数字。如 9-十八碳一烯酸就可命名为 18:1ω9 或 18:1(n-9)。但此法仅用于顺式双键结构和五碳双烯结构，即具有非共轭双键结构、其他结构的脂肪酸不能用 ω 或 n 表示。

二、脂肪

（一）脂肪的结构

脂肪主要是由甘油和脂肪酸形成的三酯，即甘油三酯(triacylglycerol，TG)。

$$\begin{array}{c} CH_2—OH \\ | \\ HO—C—H \\ | \\ CH_2—OH \end{array} + 3\,R_iCOOH \longrightarrow \begin{array}{c} CH_2OCOR_1 \\ | \\ R_2OCOCH \\ | \\ CH_2OCOR_3 \end{array}$$

如果 $R_1=R_2=R_3$，则称为单酰甘油，如橄榄油中含有 70% 以上的三油酸甘油酯；当 R_i 不完全相同时，则称为混合甘油酯，天然油脂多为混合甘油酯。当 R_1 和 R_3 不同时，C_2 原子具有手性，天然油脂多为 L 型。天然甘油三酯中的脂肪酸，无论是否饱和，其碳原子数多为偶数，且多为直链脂肪酸，奇数碳原子、支链及环状结构的脂肪酸较为少见。

关于中性脂肪的介绍

（二）脂肪的命名

脂肪的命名有赫尔斯曼（Hirschmann）提出的立体有择位次编排命名法（stereospecific numbering，Sn）和卡恩（Cahn）提出的 R/S 系统命名法，由于后者应用有限（不适用于甘油 C_1、C_3 位上脂肪酸相同的情况），故此处仅介绍立体有择位次编排命名法。此法规定了甘油的写法：碳原子编号自上而下为 1、2、3，C_2 位上的羟基在左边，脂肪的命名以下式为例。

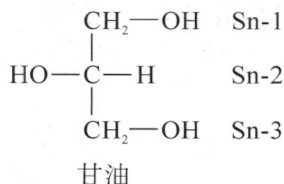

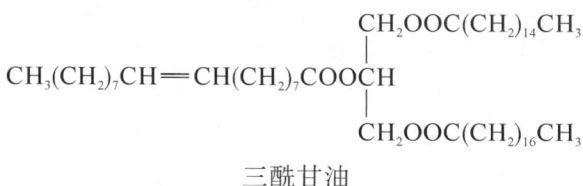

$$CH_2{-}OH \quad Sn\text{-}1 \qquad\qquad\qquad CH_2OOC(CH_2)_{14}CH_3$$
$$HO{-}C{-}H \quad Sn\text{-}2 \qquad CH_3(CH_2)_7CH{=}CH(CH_2)_7COOCH$$
$$CH_2{-}OH \quad Sn\text{-}3 \qquad\qquad\qquad CH_2OOC(CH_2)_{16}CH_3$$

　　　甘油　　　　　　　　　　　　三酰甘油

数字命名：Sn-16:0～18:1～18:0。

英文缩写命名：Sn-POSt。

中文命名：Sn-甘油-1-棕榈酸酯-2-油酸酯-3-硬脂酸酯或 1-棕榈酰-2-油酰-3-硬脂酰-Sn-甘油。

有时也将 C_1 位和 C_3 位称为 α 位，C_2 位称为 β 位。

任务三　探究油脂的物理性质及其在烹饪中的应用

▶ 任务描述

任务三介绍了油脂的赋香作用、溶解性、乳化等物理性质，及这些性质在烹饪中的应用。

▶ 任务目标

（1）掌握油脂的主要物理性质。

（2）掌握油脂的物理性质在烹饪中的应用。

▶ 知识精讲

一、色泽

正常情况下，单纯的脂肪及脂肪酸是无色的。天然油脂色泽是由其中所含的呈色物质带来的，例如，类胡萝卜素的存在使油脂呈绿色或红色，棕榈油中含有 0.05%～0.2% 的类胡萝卜素；叶绿素的存在使大豆油、菜籽油和橄榄油等呈绿色；棉子酚能使棉籽油呈黄色。加工过程中油脂的褐变主要是其中多糖、蛋白质或食物残渣等非脂成分发焦变黑的结果。

二、气味

纯净的油脂大多数是无味的，具有滑润的口感，少数食用油脂略带异味或臭味。油脂的气味大多由非脂成分引起，如芝麻油的香气是由乙酰吡嗪引起的，椰子油的香气是由壬基甲酮引起的，而菜籽油受热时产生的刺激性气味则是由其中的黑芥子苷分解所致。黏度小、相对密度小的液态油脂有"轻"的油脂味，一般不使人产生油腻感；黏度大、相对密度大的液态油脂，容易使人产生油腻感。未经精制或脱臭不足的油脂可能常有各种各样的气味，好闻的气味有温和味、清香味、浓香味、坚果味、奶油味等。加工过程中原料及油脂在高温等作用下某些成分发生降解或转化而形成的脂溶性化合物，是市售油脂风味的主要来源。此外,油脂经过氧化后的降解产物也能赋予油脂特殊的气味。

三、熔点与沸点

与非同质多晶类晶体具有的熔点不一样,天然固态油脂由于具有同质多晶性,其熔化不是在某一温度点完成的,而是在一个温度区间完成的,因此固态油脂没有明确的熔点。一般来说,天然固态油脂的熔点最高为 40～55 ℃,这与其脂肪酸碳链长度、饱和度、双键构型有关。液态油脂冷却后会转变成固态油脂,但油脂的凝固点一般比其熔点低 1～5 ℃。通常来讲,油脂的熔点越高,人对油脂的消化吸收速度则越慢。对甘油酯而言,脂肪酸碳链越长、饱和度越高,其熔点就越高;在脂肪酸链长与饱和度相同的情况下,含共轭双键脂肪酸的油脂的熔点比含非共轭双键的高;含反式脂肪酸的油脂的熔点比含顺式的高。含有较多饱和脂肪酸的可可脂和动物油脂在室温下呈固态,而含较多不饱和脂肪酸的植物油脂在室温下多呈液态。一般油脂的熔点低于 37 ℃时,其消化率在 96% 以上;熔点高于 37 ℃时,熔点越高,越不易消化。几种常用食用油脂的熔点与消化率见表 4-4。

表 4-4　几种常用食用油脂的熔点与消化率

油脂	熔点/℃	消化率/(%)
大豆油	−18～−8	97.5
花生油	0～3	98.3
向日葵油	−16～19	96.5
棉籽油	3～4	98
奶油	28～36	98
猪油	36～50	94
牛油	42～50	89
羊油	44～55	81
人造黄油	—	87

天然油脂作为混合体系,其沸点是一个温度范围,一般为 180～220 ℃。组成油脂的脂肪酸碳链越长,其沸点越高;脂肪酸碳链长度相同时,饱和程度对沸点的影响不大。但油脂的沸点随其游离脂肪酸含量的增加而降低。在储藏和使用过程中,随着脂肪酸的增多,油脂变得容易冒烟。

四、烟点、闪点和燃点

(一)烟点

油脂的烟点是指在不通风条件下,加热油脂观察到冒烟时的温度。不同油脂因组成的脂肪酸不同,烟点也不同。以含饱和脂肪酸为主的动物油脂的烟点较低,含不饱和脂肪酸的植物油脂的烟点较高。油脂的烟点越低,说明其工艺质量越差。长时间加热油脂会发生分解,产生一些低分子的醛、酮、酸等物质,导致烟点下降。在实际烹饪过程中,同一种油脂随着加热次数的增加,其烟点会越来越低。烹饪时如果锅中加入的油脂用量少、升温快,其烟点也容易下降。

各种油脂的烟点差异不大,精炼后的油脂烟点为 240 ℃左右。未精炼的油脂,特别是游离脂肪酸含量高的油脂,其烟点低。如玉米油的烟点为 240 ℃,但当它的游离脂肪酸含量为 100% 时,烟点下降为 100 ℃。

❶ 影响烟点的因素　油脂中存在不同含量的游离脂肪酸,游离脂肪酸比甘油三酯容易挥发,因此油脂烟点主要取决于游离脂肪酸的含量。游离脂肪酸含量越低,烟点越高。所以控制油脂中游离脂肪酸含量可以提高油脂烟点。

影响油脂烟点的外因

❷ 烟雾的主要成分　当油脂加热到烟点以上时,油脂表面逸出的青白色烟雾会刺激人的眼睛、鼻腔黏膜及咽喉。时间久了会使人的眼睛红肿、流泪,咽喉胀痛,严重时人体会有头痛、呼吸不畅、血压升高、周身不适等感觉。这是烟雾中一种刺激性较强的物质丙烯醛所致。它由脂肪分子在高温下经分解变化而来。

丙烯醛的产生途径如图 4-1 所示。

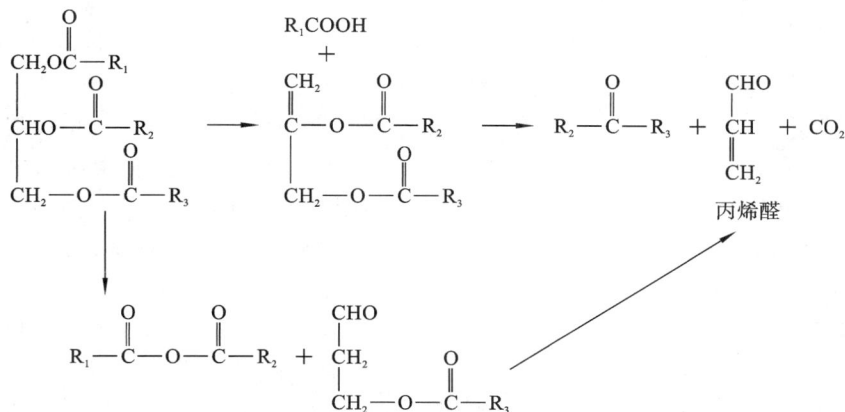

图 4-1　丙烯醛的产生途径

（二）闪点和燃点

油脂的闪点是指其释放的挥发性物质可能点燃,但不能持续燃烧的温度,即油脂的挥发物与明火瞬时发生火花,但又熄灭时的最低温度。油脂的燃点是指油脂挥发物能被点燃,并能维持燃烧不短于 5 s 的温度。多数纯油脂的闪点比其烟点高 60～70 ℃,燃点又比其闪点高 50～70 ℃。常见纯油脂的闪点为 250～300 ℃、燃点为 310～360 ℃。精炼油脂的烟点、闪点和燃点明显高于原始油脂。

油脂的烟点、闪点和燃点随其中游离脂肪酸含量的增高而降低。一些油脂的烟点、闪点和燃点见表 4-5。

表 4-5　一些油脂的烟点、闪点和燃点　　　　　　　　　　　　　　　　　　单位:℃

油脂	烟点	闪点	燃点
大豆油	195～230	282	323
橄榄油	167～175	225	310
菜籽油	186～227	263	315
芝麻油	172～184	—	—
玉米油	222～232	275	343
棉籽油	216～229	262	340
黄油	208	—	—
猪油	190	242	335

五、油脂的塑性

油脂的塑性通常指在外力作用下表观固体脂肪应变的能力。室温下呈现为固体的脂肪实际上是由液态油和固态脂两部分构成的。这种油脂既可以在自主情况下维持自身的形状,也可以在受到外力作用时发生形变,即具有可塑性,称为塑性脂肪;其中具有较好塑性的脂肪称为起酥油。

塑性脂肪具有良好的涂抹性、起酥性和可塑性。在涂抹性黄油中的塑性脂肪赋予了产品良好的涂抹性；而在焙烤食品中使用的塑性脂肪具有良好的起酥性，如在饼干、糕点、面包生产中使用的起酥油，具有在 40 ℃不变软、在低温下不太硬、不易氧化的特性。在面团调制过程中加入塑性脂肪，可形成较大面积的薄膜和细条，使面团的延展性增强；油膜的隔离作用使面筋粒彼此不能黏合而呈大块面筋，降低了面团的弹性和韧性，同时降低了面团的吸水率，使面团起酥。此外，塑性脂肪的晶体形成可使其包含一定数量的气泡，使面团体积增大。

六、油脂的乳化

很多天然或加工的食物部分或全部以乳状液的形态存在。牛乳是以乳状液存在的天然食物中的典型代表，而蛋黄酱、人造黄油、沙拉酱等则是以乳状液存在的加工食品的典型代表。乳状液是指互不相溶的两种液体中，一种以直径 $0.1 \sim 50~\mu m$ 的微小液滴分散在另一种中所形成的热力学不稳定体系。前者称为分散相或内相，后者称为连续相或外相。食品中这两相常见的分别是水和油脂。乳状液分为水包油型（O/W，水为连续相）、油包水型（W/O，油为连续相）和多层（W/O/W，O/W/O）乳状液。

要使乳状液在较长时间内保持稳定，在制备乳状液时需要加入乳化剂。乳化剂是一类具有表面活性的物质，它们能吸附在乳状液制备时新形成的油-水界面上，在分散相表面形成一层保护膜，从而防止分散液滴相互靠近甚至聚集。从结构上看，乳化剂属于两亲性化合物，食品加工中常用的乳化剂主要包括脂肪基乳化剂（蔗糖酯、磷脂等）和两亲性生物大分子（蛋白质、多糖等）两大类。烹饪加工中，加入蛋白质、磷脂等后，由于发生了乳化作用，油脂可以形成乳状液而分散于水中，行业上称"奶汤"或"白汤"，就是典型的水包油型乳状液。例如，豆腐鲫鱼汤，水的热力涌动使油脂产生激烈的冲击，从而形成微小的脂肪颗粒与水混合均匀，同时鱼中含有磷脂，起到乳化作用，使得鱼汤呈现稳定的奶白色。

相关知识

常见油脂的特性参数

油脂的结晶性

常见脂肪是由多种晶型的油脂晶体组成的。习惯上，将物质能通过不同的分子组装方式形成具有不同结构特征晶胞的能力称为同质多晶性（polymorphism），即化学组成相同的物质具有不同的晶体结构。按照油脂分子在晶胞的结构特征，将油脂划分为 α、β、β' 和 γ 四种晶型，如图 4-2 所示。其中 β 型具有三斜型（triclinic，$T_{//}$）亚晶胞（subcell）结构，具有平行的脂肪酸碳链平面；β' 型具有正交型（orthorhombic，$O_{\perp}$）亚晶胞结构，脂肪酸碳链呈正交（perpendicular）排列；α 型具有六方堆积型（hexagonal，H）亚晶胞结构，脂肪酸碳链没有特定的排列构型；γ 型甘油三酯分子排列的秩序性很差，很多时候不能被认定为晶体。在 α、β 和 β' 三种晶型中，α 型的稳定性最差，密度最小，吉布斯自由能最高，硬度最小，熔点最低；β 型稳定性最高，密度最大，硬度最大，熔点最高；β' 型介于二者之间。在一定温度下，油脂能从稳定性差的晶型向稳定性好的晶型转变，对应的温度称为相转变温度（phase transition temperature）。

不同来源的天然油脂结晶晶型倾向性不一。大豆油、花生油、玉米油、橄榄油、椰子油、红花油、可可脂和猪油易结晶成 β 型结晶；棉籽油、棕榈油、菜籽油、乳脂、牛脂和改性猪油易形成稳定的 β' 型结晶。具备 β' 型晶型的油脂适合制备起酥油、人造奶油，可用于焙烤食品中，因为它们有助于大量小空气泡的掺和，使产品产生更好的可塑性和奶油化性质。

此外，熔融状态的油脂冷却时的温度和降温速度会对油脂的晶型产生显著的影响。以可可脂为例，当液态油脂快速冷却（降温速度大于 2 ℃/min）时，能形成 γ 型油脂；中速冷却（降温速度 $0.25 \sim 2$ ℃/min）时，能形成 α 型油脂；而缓慢冷却（降温速度小于 0.25 ℃/min）时，则形成 β' 型油脂。可可脂不同晶型之间的转变如图 4-3 所示。

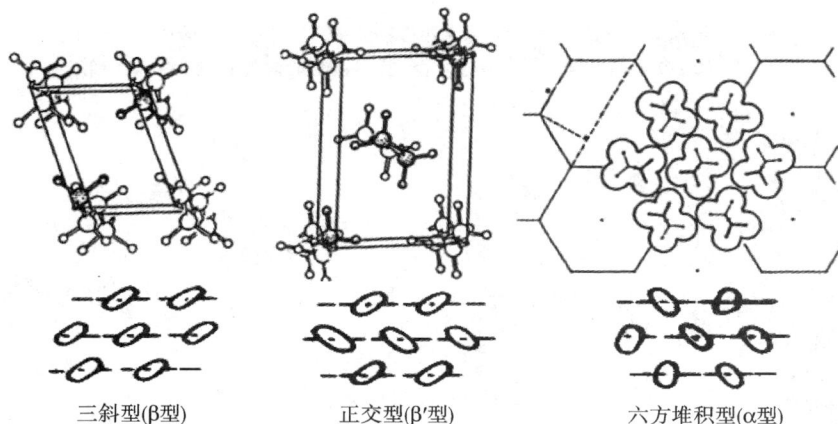

图 4-2 不同晶型油脂亚晶胞堆积规律示意图

三斜型(β型)　　　正交型(β′型)　　　六方堆积型(α型)

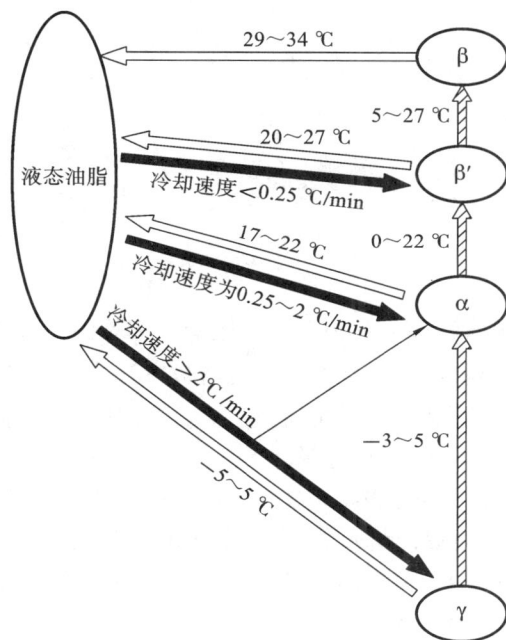

图 4-3 可可脂不同晶型之间的转变

由于固态脂肪的晶型直接决定着油脂产品的性能和口感,因此,常用调温(tempering)的手段获得具有特定晶型的油脂。所谓调温是指通过控制液态油脂的结晶温度、结晶时间和结晶速度来选择性获得不同晶型固态油脂的方法。例如,可可脂可能形成六种同质多晶体:Ⅰ型(亚α型)、Ⅱ型(α型)、Ⅲ型(β′型)、Ⅳ型(β′型)、Ⅴ型(β型)和Ⅵ型(β型),它们的熔点分别为 17.3 ℃、23.3 ℃、25.5 ℃、27.3 ℃、33.8 ℃和36.3 ℃。其中Ⅴ型是巧克力品质所需要的结构,因为它能使巧克力涂层外观明亮光滑。在巧克力成型之前,通过加温使部分物料在 33 ℃左右保持一段时间,然后迅速冷却并在 16 ℃左右储存,即可形成Ⅴ型结晶。调温处理不适当的巧克力产品(Ⅳ型)在室温下储存时,其晶型会迅速从Ⅳ型向Ⅴ型转化,结果引起巧克力表面起霜,即表面出现白色小斑点。除此之外,经过合理调温处理的巧克力产品(Ⅴ型)在高温(23 ℃以上)下储存或经历多次热冷循环,可使其中的油脂从Ⅴ型向Ⅵ型转化,出现较为轻微的起霜。

任务四 解析油脂的化学性质及其在烹饪中的应用

任务描述

学习油脂的化学性质及其在烹饪中的应用,有助于更好地发挥油脂的价值。任务四介绍了油脂的化学反应及其发生条件,防止油脂酸败的措施,在烹饪加工中合理利用油脂在高温下的化学反应的方法,以及油脂质量的评价方法。

任务目标

（1）掌握油脂的化学性质及其在烹饪中的应用。
（2）掌握油脂氧化及其影响因素。
（3）掌握油脂酸败的概念及其产生原因。
（4）熟悉油脂在烹饪加工过程中的变化及其影响因素。
（5）熟悉油脂质量的评价方法。

知识精讲

一、油脂的水解

油脂在有水存在以及在热、酸、碱和脂肪酶的作用下,可发生水解反应。水解反应是分步进行的,依次生成甘油二酯、甘油一酯,最后水解生成甘油和脂肪酸。油脂在碱性条件下的水解称为皂化反应,水解生成的脂肪酸盐即为肥皂的主要成分。在工业上,常利用油脂的皂化反应来制造肥皂。

活体动物的脂肪组织中不存在游离脂肪酸(free fat acid,FFA),但动物死亡后,在体内脂肪酶的作用下,将产生 FFA。FFA 具有酸的口感,且对氧比甘油酯更敏感,所以会导致油脂更快发生酸败,因此动物油脂要尽快熬炼,因为高温熬炼可使脂肪酶失活。植物油料种子中也存在脂肪酶,在制油前也会使油脂水解而生成 FFA。动物油脂中 FFA 的含量相对于未精炼的植物油来说较少;在植物油的精炼过程中,FFA 是通过加碱中和脱去的。

在油炸过程中,食物中的水分进入油脂中,油脂水解释放出 FFA,导致油脂的烟点降低,并且随着 FFA 含量的增高,油脂的烟点不断降低,见表 4-6。可见,水解导致油脂品质降低,风味变差。牛乳中存在的脂肪酶能水解乳脂,生成具有酸败味的短中链脂肪酸($C_4 \sim C_{12}$)。但在有些食品的加工中,轻度的水解是有利的,如干酪及酸奶的生产。

表 4-6 油脂中 FFA 含量与烟点的关系

FFA 含量/(%)	0.05	0.10	0.50	0.60
烟点/℃	226.6	218.6	176.6	148.8~160.4

二、油脂的氧化

油脂氧化是油脂及含油脂食品败坏的主要原因之一。在储藏期间,因空气中的氧气、光照、微生物、酶等的作用,油脂产生哈喇味,即一种令人不愉快的气味和苦涩味,同时产生一些有毒的化合物,这些统称为油脂的酸败。在食品加工和储藏中油脂的酸败是负面的,但有时油脂的适度氧化对于油炸食品香气的形成却又是必需的。

油脂氧化的初级产物是氢过氧化物（hydroperoxide，ROOH），ROOH 的形成途径有自动氧化、光敏氧化和酶促氧化 3 种。ROOH 不稳定、易分解，分解产物还可进一步聚合，生成非自由基化合物。

（一）油脂的自动氧化

油脂自动氧化是活化的含烯底物（如游离或酯化的不饱和脂肪酸）与基态氧发生的自由基反应，包括链引发、链传递和链终止 3 个阶段。在链引发阶段，不饱和脂肪酸及其甘油酯（RH）在金属催化或光、热作用下，与双键相邻的 α-亚甲基易脱氢，生成烷基自由基（R·），因为 α-亚甲基氢受到双键的活化易脱去；在链传递阶段，R· 与空气中的氧结合形成过氧自由基（ROO·），ROO· 又夺取另一分子 RH 中的 α-亚甲基氢，生成氢过氧化物（ROOH），同时产生新的 R·，如此循环下去。链终止阶段，自由基之间反应形成非自由基化合物。

（1）链引发（诱导期）：通常产生自由基的活化能较高，故这一步反应较慢。

$$RH \xrightarrow{\text{引发剂}} R\cdot + \cdot H$$

（2）链传递：链传递的活化能较低，故此步骤进行得很快，并且反应可循环进行，产生大量 ROOH。

$$R\cdot + O_2 \longrightarrow ROO\cdot$$
$$ROO\cdot + RH \longrightarrow ROOH + R\cdot$$

（3）链终止：链传递反应中的氧是能量较低的基态氧，即所谓的三线态氧（$^3O_2$）。油脂直接与 $^3O_2$ 反应生成 ROOH 是很难的，因为该反应的活化能达 $146\sim273$ kJ/mol。所以自动氧化反应中最初自由基的产生需引发剂的帮助。$^3O_2$ 受到激发（如光照）时，变成激发态氧，又称为单线态氧（singlet oxygen，$^1O_2$）。$^1O_2$ 反应活性高，可参与光敏氧化，生成 ROOH 并产生自动氧化链反应中的自由基。此外，过渡金属离子、某些酶或加热等也可催化产生自动氧化链反应中的自由基。

$$R\cdot + R\cdot \longrightarrow R-R$$
$$R\cdot + ROO\cdot \longrightarrow R-O-O-R$$
$$ROO\cdot + ROO\cdot \longrightarrow R-O-O-R + O_2$$

（二）油脂的光敏氧化

光敏氧化是不饱和双键与 $^1O_2$ 直接发生的氧化反应。食品中存在的某些天然色素如叶绿素、血红蛋白是光敏化剂，它受到光照后可将 $^3O_2$ 转变为 $^1O_2$。高亲电性的 $^1O_2$ 可直接进攻高电子云密度的双键处的任一碳原子，形成六元环过渡态，然后双键位移形成反式构型的 ROOH。生成的 ROOH 种类数为 2×双键数。以亚油酸酯为例，其反应机制如图 4-4 所示。

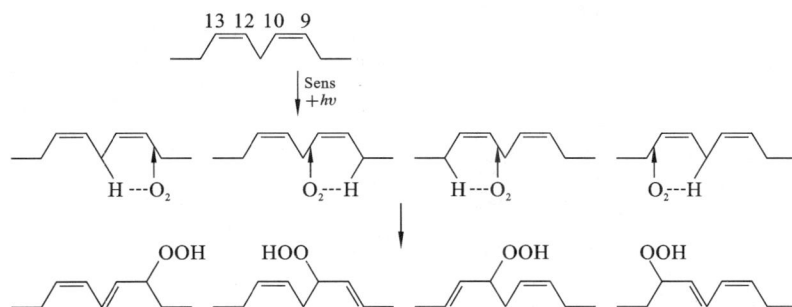

ROOH 的形成

图 4-4　亚油酸酯光敏氧化反应机制

由于 $^1O_2$ 的能量高、反应活性大，光敏氧化反应的速度比自动氧化反应的速度快约 1500 倍；油酸酯、亚油酸酯和亚麻酸酯的光敏氧化速度之比为 1.0：1.7：2.3，而其自动氧化的速度之比一般为 1：12：25。光敏氧化反应产生的 ROOH 再裂解，可引发自动氧化历程的自由基链反应。

（三）油脂的酶促氧化

油脂在酶参与下所发生的氧化反应,称为酶促氧化。氧化油脂的酶有两种,一种是脂肪氧化酶,另一种是脂肪酸过氧化物酶。脂肪氧化酶专一性地作用于具有 1,4-顺,顺-戊二烯结构的多不饱和脂肪酸(如 18:2,18:3)。1,4-戊二烯的中心亚甲基(即 ω-8 位)脱氢形成自由基,然后异构化使双键位置转移,同时转变成反式构型,形成具有共轭双键的 ω-6 和 ω-10 氢过氧化物。其反应机制如图4-5所示。

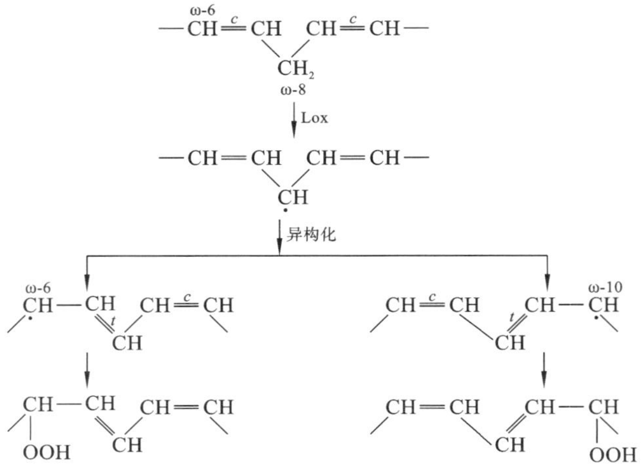

图 4-5　脂肪氧化酶催化油脂发生氧化时的作用机制

此外,我们通常所称的酮型酸败也属于酶促氧化,是由某些微生物繁殖时所产生的酶(如脱氢酶、脱羧酶、水合酶)的作用引起的。该种酶促氧化需要脱氢酶、水合酶和脱羧酶的参加,多发生在饱和脂肪酸的 α-碳位和 β-碳位之间,因而也称为 β-氧化作用。氧化产生的最终产物酮酸和甲基酮具有令人不愉快的气味,故称为酮型酸败。其反应机制如图 4-6 所示。

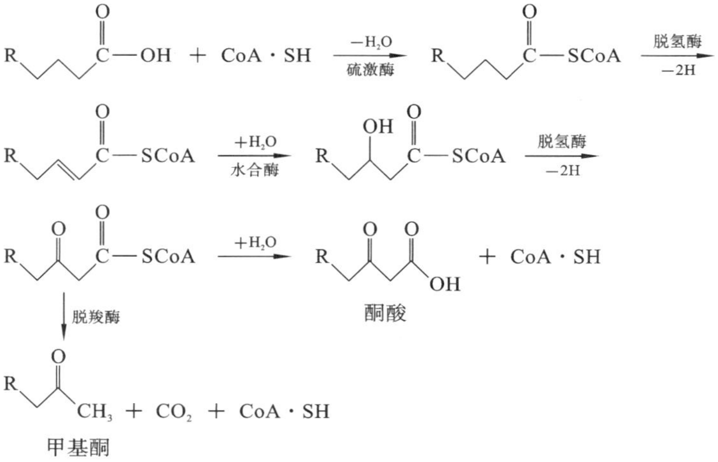

图 4-6　油脂发生酮型酸败时的机制

（四）油脂酸败的影响因素

❶ 脂肪酸及甘油酯的组成　油脂氧化速度与脂肪酸的不饱和度、双键位置、顺反构型有关。室温下饱和脂肪酸的链引发反应较难发生,当不饱和脂肪酸已开始酸败时,饱和脂肪酸仍可保持原状。在不饱和脂肪酸中,双键增多,氧化速度加快(表 4-7);顺式构型比反式构型易氧化;共轭双键结构比非共轭双键结构易氧化。游离脂肪酸比甘油酯中结合型脂肪酸的氧化速度略快,当油脂中游离脂肪

酸的含量大于0.5%时,自动氧化速度会明显加快;而甘油酯中脂肪酸的无规则分布有利于降低氧化速度。

表 4-7　脂肪酸在 25 ℃时的诱导期和相对氧化速度

脂肪酸	双键数	诱导期/h	相对氧化速度
18:0	0	—	1
18:1(9)	1	82	100
18:2(9,12)	2	19	1200
18:3(9,12,15)	3	1.34	2500

❷ **氧**　$^1O_2$ 的氧化速度约为 $^3O_2$ 的 1500 倍。当氧浓度较低时,氧化速度与氧浓度近似成正比;当氧浓度很高时,氧化速度与氧浓度无关。同时,氧化速度与油脂暴露于空气中的表面积成正比,如膨松食品(方便面)中的油比纯净的油易氧化。因而可采取排出氧气、采用真空或充氮包装和使用透气性低的包装材料来防止含油脂食物的氧化变质。

❸ **温度**　一般来说,温度上升,氧化速度加快,温度每上升 10~16 ℃,氧化速度约增加 1 倍。但温度上升时,氧的溶解度会有所下降。因此在高温和高氧条件下,氧化速度随温度的变化会有一个最高点。饱和脂肪酸在室温下稳定,但在高温下也会发生显著的氧化。例如,猪油中饱和脂肪酸含量通常比植物油高,但猪油的货架期常比植物油短,这是因为猪油一般经过熬炼而得,同时还含有光敏化剂血红蛋白和金属离子,并经历了高温阶段,生成了自由基;而植物油常在不太高的温度下用有机溶剂萃取而得,故稳定性比猪油高。

❹ **水分**　油脂氧化速度与水分活度的关系如图 4-7 所示。在水分活度为 0.33 时,氧化速度最低;水分活度为 0~0.33 时,随着水分活度的增大,氧化速度降低,这是因为在十分干燥的样品中添加少量水时,其既能与催化氧化的金属离子水合,使催化效率明显降低,又能与 ROOH 结合并阻止其分解;水分活度为 0.33~0.73 时,随着水分活度的增大,催化剂的流动性提高,水中溶解的氧增多,分子溶胀,暴露出更多催化点位,故氧化速度提高;当水分活度大于 0.73 时,含水量增加,催化剂被稀释,氧化速度降低。

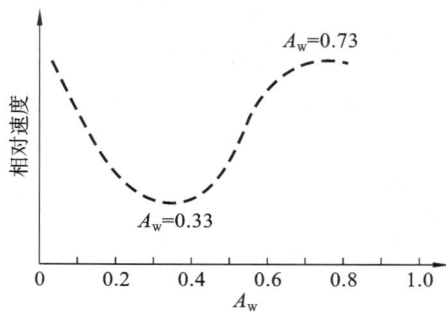

图 4-7　油脂氧化速度与水分活度的关系

❺ **表面积**　一般来说,油脂与空气接触的表面积与油脂氧化速度成正比。故食品加工中常采用真空或充氮包装,防止含油脂食品的氧化变质。

❻ **助氧化剂**　一些具有合适氧化还原电位的二价或多价金属离子是有效的助氧化剂,即使浓度低至 0.1 mg/kg,仍能缩短链引发期,使氧化速度加快。其催化机制可能如下所示。

(1) 促进 ROOH 分解。

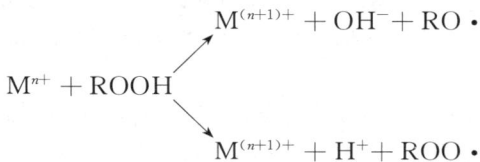

$$M^{n+} + ROOH \nearrow \begin{matrix} M^{(n+1)+} + OH^- + RO\cdot \\ M^{(n+1)+} + H^+ + ROO\cdot \end{matrix}$$

(2) 直接与未氧化的底物作用。

$$M^{n+} + RH \longrightarrow M^{(n-1)+} + H^+ + R\cdot$$

(3) 使氧分子活化产生 $^1O_2$ 和 ROO·。

$$M^{n+} + {}^3O_2 \longrightarrow M^{(n+1)+} + O_2^- \begin{cases} \xrightarrow{-e} {}^1O_2 \\ \xrightarrow{+H^+} HO_2\cdot \end{cases}$$

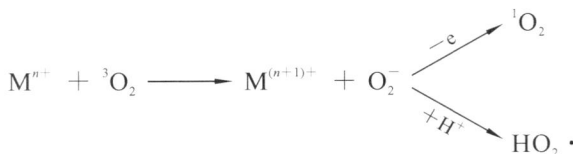

金属离子来源于种植油料作物的土壤、加工储藏设备以及食物原料本身。不同金属催化能力的强弱排序如下：铅＞铜＞黄铜＞锡＞锌＞铁＞铝＞不锈钢＞银。此外，血红素因含铁，也是油脂氧化的催化剂。熬炼猪油时，若血红素未完全去除，则猪油酸败速度快。可以说，参与酶促氧化的酶均为氧化反应的助氧化剂。

❼ 光和射线 光和射线不仅能促使 ROOH 分解，还能产生自由基。可见光、紫外线和高能射线均能促进氧化，尤其是紫外线和 γ 射线，所以油脂的储存宜用遮光容器。

❽ 抗氧化剂 加入抗氧化剂能减慢油脂氧化速度。

油脂氧化理论知识的实际运用

三、油脂在烹饪加工过程中的化学反应

油脂在高温下烹饪时，会发生各种化学反应，如热分解、热聚合、热氧化聚合、热缩合、水解、氧化反应等。油脂经长时间加热，其品质降低，如黏度增大、碘值降低、酸价升高、烟点降低、泡沫量增多。如果继续用此油煎炸食品，显然是不安全的，故应尽量不使用此油煎炸食品，要有良好的食品安全意识和饮食习惯。当然，油炸类食品不是不能吃，而是要合理用油。

（一）油脂的热分解反应

含饱和脂肪酸和不饱和脂肪酸的油脂在高温下都会发生热分解反应。热分解反应根据有、无氧参与反应，又可分为热分解和热氧化分解。金属离子（如 Fe^{2+}）的存在，可催化热分解反应。含饱和脂肪酸的油脂的热分解反应如图 4-8 所示。

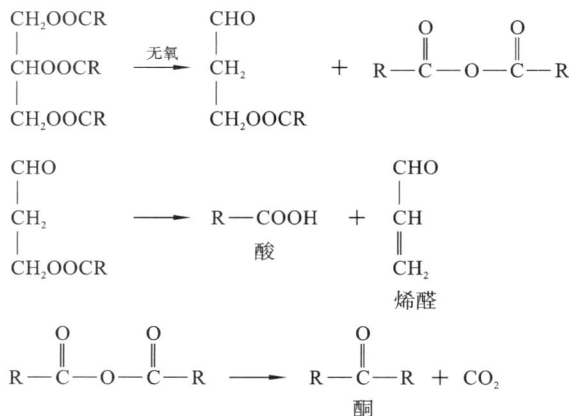

图 4-8 含饱和脂肪酸的油脂的热分解反应

含饱和脂肪酸的油脂在常温下较稳定，但在高温（150 ℃以上）时将发生热氧化分解，首先在羧基或酯基的 α-、β-或 γ-碳上形成 ROOH，然后 ROOH 进一步分解成烃、醛、酮等化合物。例如，当氧进攻 β-碳时，其反应如图 4-9 所示。

含不饱和脂肪酸的油脂在隔氧条件下加热，主要生成二聚体，此外还生成一些低分子物质。含不饱和脂肪酸的油脂的热氧化分解反应与低温下的自动氧化反应的主要途径是相同的，根据双键的位置可以预示 ROOH 的生成与分解，但高温下 ROOH 的分解速度更快。

（二）油脂的热聚合反应和热氧化聚合反应

油脂在高温条件下可发生热聚合反应和热氧化聚合反应。热聚合反应将导致油脂黏度增大、泡沫增多。隔氧条件下的热聚合反应是多烯化合物之间发生 Diels-Alder 反应，生成环烯烃。该聚合

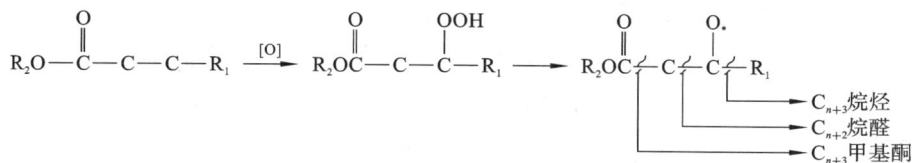

图 4-9 含饱和脂肪酸的油脂的热氧化分解反应

反应可以发生在不同甘油三酯的分子间(图 4-10),也可发生在同一个甘油三酯的分子内(图 4-11)。

图 4-10 分子间的 Diels-Alder 反应

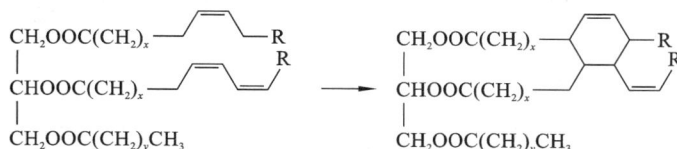

图 4-11 分子内的 Diels-Alder 反应

热氧化聚合反应是在 200~230 ℃ 条件下,甘油三酯分子双键的 α-碳均裂产生自由基,自由基之间再结合成二聚物的反应,其中有些二聚物有毒性。这种物质在体内被吸收后,能与酶结合使酶失活,从而引起生理异常。如油炸鱼虾时出现的细泡沫经分析发现为一种二聚物。油脂发生热氧化聚合反应生成的二聚物如图 4-12 所示。

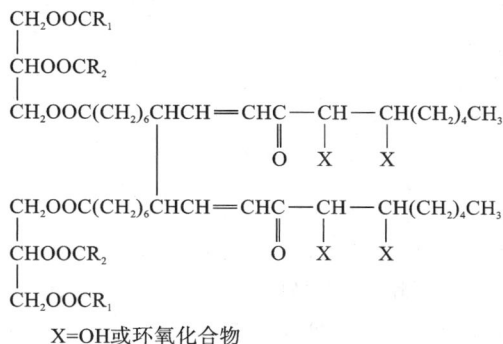

X=OH或环氧化合物

图 4-12 油脂发生热氧化聚合反应生成的二聚物

(三)油脂的热缩合反应

在高温下,特别是在油炸条件下,食物中的水进入油中,将油脂中的挥发性氧化物赶走,同时使油脂发生部分水解,导致油脂酸价增高,烟点降低。水解产物再缩合成相对分子质量较大的环氧化合物。反应机制如图 4-13 所示。

油脂在高温下发生的化学反应,并不一定都是负面的。油炸食品中香气的形成与油脂在高温条件下的某些反应产物有关,通常油炸食品香气的主要成分是羰基化合物(烯醛类)。例如,将三亚油酸甘油酯加热到 185 ℃,每 30 min 通 2 min 水蒸气,共加热 72 h,从其挥发物中发现有 5 种直链 2,4-二烯醛和内酯呈现油炸物特有的香气。然而,油脂在高温下过度反应,对于油的品质、营养价值均是十分不利的。在食品加工工艺中,一般宜将油脂的加热温度控制在 150 ℃ 以下。

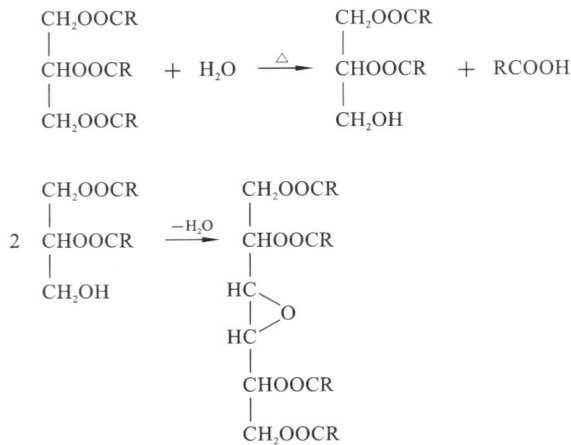

图 4-13　油脂发生热缩合反应生成环氧化合物的机制

四、油脂的质量评价

各种来源的油脂的组成、特征值及稳定性均有差异。油脂在加工和储藏过程中,其品质会因各种化学反应逐渐降低。其中,氧化反应是引起油脂酸败的重要因素。此外,水解、辐解等反应也会导致油脂品质的降低。

（一）过氧化值

过氧化值(peroxide value,POV)是指 1 kg 油脂中所含 ROOH 的量(mmol)。

ROOH 是油脂氧化的主要初级产物。在油脂氧化初期,POV 随氧化程度加深而增高,而当油脂深度氧化时,ROOH 的分解速度超过了其生成速度,这时 POV 会有所降低,所以 POV 宜用于衡量油脂氧化初期的氧化程度。POV 常用碘量法测定。

$$ROOH + 2KI \longrightarrow ROH + I_2 + K_2O$$

生成的碘再用 $Na_2S_2O_3$ 溶液滴定,即可定量确定 ROOH 的含量。

$$I_2 + 2Na_2S_2O_3 \longrightarrow 2NaI + Na_2S_4O_6$$

（二）硫代巴比妥酸法

不饱和脂肪酸的氧化产物醛类可与硫代巴比妥酸(thiobarbituric acid,TBA)反应生成有色物,如图 4-14 所示。丙二醛(malondialdehyde,MDA)与 TBA 生成的有色物在 530 nm 处有最大吸收,而其他的醛与 TBA 生成的有色物的最大吸收波长在 450 nm 处,故需要在两个波长处测定有色物的吸光度,以此来衡量油脂的氧化程度。此法的不足是并非所有的脂类氧化体系都有 MDA 产生,且有些非氧化产物也可与 TBA 反应显色,如 TBA 可与食品中共存的蛋白质反应。故此法不便于评价不同体系的氧化情况,但仍可用于比较单一物质在不同氧化阶段的氧化程度。

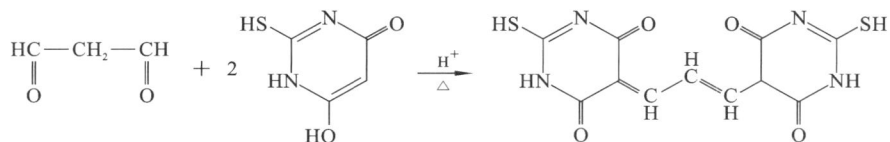

图 4-14　不饱和脂肪酸的氧化产物醛类与硫代巴比妥酸反应的机制

（三）活性氧法

活性氧法（active oxygen method，AOM）是在 97.8 ℃下，以 2.33 mL/s 的速度连续通入空气，测定 POV 达到 100（植物油脂）或 20（动物油脂）所需时间的方法。该法可用于比较不同抗氧化剂的抗氧化性能，但它与油脂的实际货架期并不完全对应。

（四）羰基价

ROOH 分解时产生的羰基化合物（醛、酮类化合物）的总量即为羰基价（carbonyl group value，CGV）。CGV 的国标检验方法为 2,4-二硝基苯肼比色法。其测定原理及方法：羰基化合物与 2,4-二硝基苯肼作用生成苯腙，在碱性条件下生成褐红色或酒红色的醌离子，测定其在 440 nm 处的吸光度，并与标准进行比较定量。我国规定食用植物油煎炸过程中 CGV≤50 mEq/kg。

→ 相关知识

油脂与人体健康

1. 食用脂肪与人体健康 食用脂肪除了有改善食品的味道、质地、口味等功能外，在生物体内还发挥着供能、提供必需脂肪酸、促进脂溶性维生素的消化和吸收、充当多种激素的前体等不可或缺的重要作用。由于过量摄入脂肪会导致肥胖，引起心脑血管疾病、代谢综合征等一系列疾病，因此，2005 年的美国膳食指南建议每人每日摄入来自脂肪的能量不宜超过 30%，饱和脂肪酸不宜超过 10%。

2. 饱和脂肪酸与人体健康 研究表明，不同种类的膳食脂肪酸对于人体健康具有不同的效应。以往一般认为饱和脂肪酸可提高人体血液胆固醇浓度，从而增加心血管疾病的发生风险。值得注意的是，饱和脂肪酸对血清胆固醇的影响取决于其碳链长度。膳食中含量较高的饱和脂肪酸有月桂酸（12∶0）、肉豆蔻酸（14∶0）、棕榈酸（16∶0）和硬脂酸（18∶0）。不同种类的饱和脂肪酸并不是等效地升高血清胆固醇的浓度，比如硬脂酸和 12 个碳原子以下的饱和脂肪酸对于提高血清胆固醇浓度的作用甚微，是健康的中性脂肪。而月桂酸、肉豆蔻酸和棕榈酸具有显著提升血清胆固醇浓度的能力，且三者作用大小顺序为肉豆蔻酸＞棕榈酸＞月桂酸。

3. 不饱和脂肪酸与人体健康 研究显示，橄榄油中的单不饱和脂肪酸——油酸能够促进心血管系统中保护因子高密度脂蛋白水平升高。包括亚油酸、α-亚麻酸、二十碳五烯酸（EPA）和二十二碳六烯酸（DHA）等在内的多不饱和脂肪酸（PUFA）对维持机体功能不可缺少，但机体不能合成，必须由食物提供，这类脂肪酸称为必需脂肪酸（essential fatty acid，EFA）。此外，越来越多的研究证实，不饱和脂肪酸特别是 ω3 和 ω6 的多不饱和脂肪酸（如 EPA 和 DHA 等）具有降低血清甘油三酯浓度、血压和心血管疾病的发生率以及减轻炎症等多种功效。目前关于饮食中饱和脂肪酸是否应该被不饱和脂肪酸取代仍不清楚，且存在较大的争议。但是，需要注意的是，由于多不饱和脂肪酸极易氧化，摄入多不饱和脂肪酸时若抗氧化剂摄入不足，患动脉粥样硬化的风险会更大。同时，胆固醇对维持人体正常的新陈代谢不可或缺，但过量的胆固醇会引发高胆固醇血症，且胆固醇氧化物是引起动脉粥样硬化的首要因素。因此，对于膳食脂肪引发心脑血管疾病的风险应有正确的观念，不可因噎废食。

4. 反式脂肪酸与人体健康 反式脂肪酸进入人体后，在体内代谢、转化，可以干扰必需脂肪酸（EFA）和其他脂质的正常代谢，对人体健康产生不利影响。在食品加工中产生的反式脂肪酸对健康的危害是不容忽视的，如增加心脑血管疾病的患病风险、扰乱脂肪酸在人体内的正常代谢等。反式脂肪酸导致心血管疾病发生的概率是饱和脂肪酸的 3～5 倍。反式脂肪酸还会增高人体血液的黏度，导致血栓形成。此外，反式脂肪酸还会诱发肿瘤、哮喘、糖尿病、过敏等病症。反式脂肪酸对生长发育期的婴幼儿和成长中的青少年也有不良的影响。反式脂肪酸主要存在于奶油类、煎炸类、烘烤类和速溶类等食品中，如炸薯条、炸猪排、烤面包、西式奶油糕点及饼干等食品。

任务五　认知类脂

任务描述

任务五介绍了磷脂、甾醇的主要性质及作用,烹饪加工时利用这些物质的方法,及磷脂、甾醇与人体健康的关系。

任务目标

(1) 了解磷脂以及甾醇的主要性质及作用。
(2) 了解各类食用油脂与人体健康的关系。
(3) 掌握卵磷脂、脑磷脂、胆固醇和植物甾醇的性质。

知识精讲

脂质中常含有少量类脂,这是一类在某些物理、化学性质上与脂肪极为相似的化合物,也是食物中比较重要的成分。类脂包括磷脂和甾醇两类。磷脂是构成人体细胞膜的主要成分,对人体的生长发育非常重要;甾醇则是体内合成激素的重要物质。本任务主要讨论与食物有关的磷脂和甾醇。

一、磷脂

磷脂是指含有磷酸的脂类,主要包括甘油磷脂(phosphoglyceride)和鞘磷脂(sphingomyelin)。甘油磷脂以甘油为骨架,甘油的 1 位和 2 位上的羟基分别与两个脂肪酸生成酯,3 位上的羟基与磷酸生成酯,称为磷脂酸。磷脂酸中的磷酸基团又可与其他醇进一步酯化,生成多种磷脂,如卵磷脂(磷脂酰胆碱)、脑磷脂(磷脂酰乙醇胺)、磷脂酰丝氨酸、磷脂酰肌醇。磷脂结构通式如下:

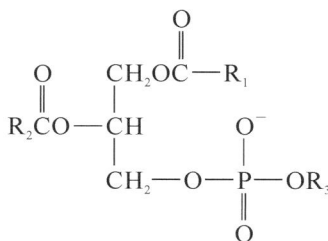

$$
\begin{array}{c}
\quad\quad\quad\quad\quad\quad O \\
\quad\quad CH_2OC{-}R_1 \\
O \quad\quad | \\
\| \quad\quad | \\
R_2CO{-}CH \quad\quad O^- \\
\quad\quad | \quad\quad | \\
\quad\quad CH_2{-}O{-}P{-}OR_3 \\
\quad\quad\quad\quad\quad\quad \| \\
\quad\quad\quad\quad\quad\quad O
\end{array}
$$

R_1、R_2 为脂肪酸,通常 R_1 为饱和脂肪酸,R_2 为不饱和脂肪酸。

R_3 为 H 时,即磷脂酸;R_3 为 $CH_2CH_2N^+(CH_3)_3$ 时,即卵磷脂;R_3 为 $CH_2CH_2NH_2$ 时,即脑磷脂;

R_3 为 $CH_2CH(NH_2)COOH$ 时,即磷脂酰丝氨酸;R_3 为 　　　　　时,即磷脂酰肌醇;R_3 为甘油

时,即磷脂酰甘油。

几乎所有的机体细胞都含有磷脂。磷脂主要存在于人体和动物体脑、肾及肝等重要器官以及植物的种子中,在蛋黄中含量丰富(8%～10%)。动物来源的磷脂主要见于蛋黄、乳及大脑,见表 4-8。商品化的磷脂主要来源于大豆。大豆磷脂(或称大豆卵磷脂)是油脂加工过程中的副产物,是磷脂酸

衍生物的脂质混合物。其主要组成见表 4-9。

表 4-8　几种动物来源的磷脂的主要组成　　　　单位：%

磷脂	鸡蛋	人乳	牛乳	牛脑
卵磷脂	68～72	27.7	26.0	18.0
脑磷脂	12～16	20.1	31.5	36.0
磷脂酰肌醇	0～2	7.0	4.9	2.0
磷脂酸	—	—	—	2.0
磷脂酰丝氨酸	0～10	10.0	8.8	18.0
鞘磷脂	2～4	34.9	23.8	15.0

表 4-9　大豆磷脂的主要组成　　　　单位：%

组分	组成范围		
	低	中	高
卵磷脂	12.0～21.0	29.0～39.0	41.0～46.0
脑磷脂	8.0～9.5	20.0～26.3	31.0～34.0
磷脂酰肌醇	1.7～7.0	13.0～17.5	19.0～21.0
磷脂酸	0.2～1.5	5.0～9.0	14.0
磷脂酰丝氨酸	0.2	5.9～6.3	

大豆磷脂的三种主要成分分别为卵磷脂、脑磷脂和磷脂酰肌醇，其结构如图 4-15 所示。

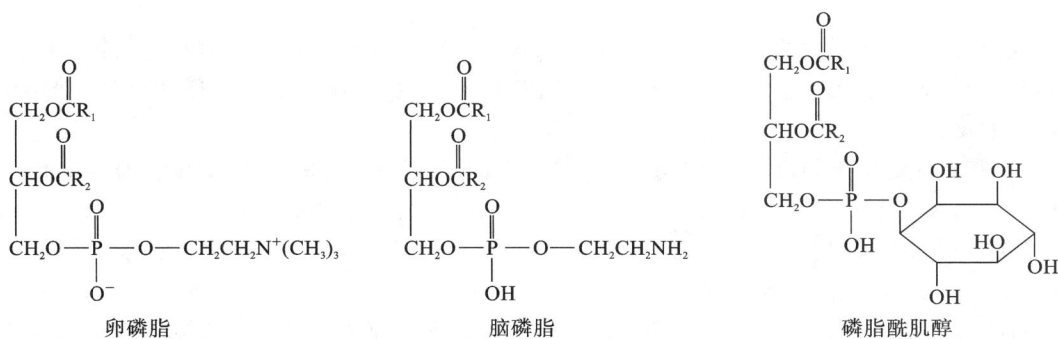

图 4-15　大豆磷脂的三种主要成分（R_1 与 R_2 为 C_{15}～C_{17} 碳链）

烹饪中所用的各种油脂一般都含有极少量的磷脂。几种常见油脂中磷脂的含量如表 4-10 所示。

表 4-10　几种常见油脂中磷脂的含量

油脂名称	含量	油脂名称	含量
大豆油	1.1%～3.2%	牛油	0.07%以下
米糠油	0.5%	猪油	0.05%以下
芝麻油	0.1%	羊油	0.01%
菜籽油	0.1%		

与食物有密切关系的磷脂主要有两种:卵磷脂和脑磷脂。在磷脂的分子结构中,甘油的两个羟基与脂肪酸残基相连,脂肪酸残基具有疏水性。而甘油的另一个羟基连接的是磷酸和胆碱,具有亲水性。因此磷脂分子同时具有疏水性和亲水性,是一种表面活性分子,可用作乳化剂。

❶ **卵磷脂** 卵磷脂的化学名称为磷脂酰胆碱或胆碱磷酸甘油酯。它是动植物组织中最常见的磷酸甘油酯。

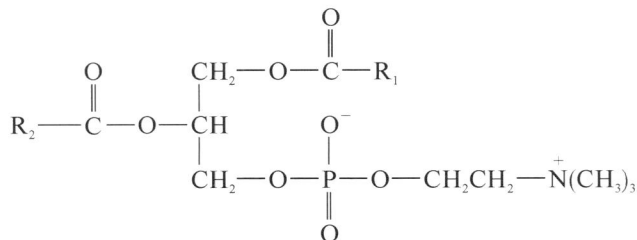

在化学结构上,油酸、亚油酸、亚麻酸、花生四烯酸等不同的脂肪酸与甘油相连,将生成不同种类的卵磷脂。所以卵磷脂不是指一种化合物,而是一类化合物的总称。

纯净的卵磷脂是白色的蜡状物质。它极易吸水,水解后可得到胆碱、脂肪酸和甘油磷酸。与空气接触后,白色即可转变为黄色,稍久则呈褐色。这种颜色的变化是由不饱和脂肪酸氧化所致。卵磷脂若与少量油脂共存,则不易发生这种颜色的变化。卵磷脂的胆碱残基具有亲水性,脂肪酸残基具有疏水性,因此它可以作为一种表面活性剂,是水包油型或油包水型两者兼用的良好乳化剂。另外,由于卵磷脂中含有不饱和脂肪酸,极易被氧化,所以它也可作为一种抗氧化剂。

卵磷脂在食品工业中常用作乳化剂、抗氧化剂,用于乳品和速溶食品的制作中,可提高其速溶性能;用于冰激凌的生产中,可提高其乳化性,防止冰晶生成;用于巧克力制品的制作中,具有降低黏度、抗氧化、抗出油和防止同质多晶体间的非需转变等功能;用于烘焙食品中,具有提高产品保水性的作用。卵磷脂还具有增加蛋糕糖霜质地及伸展性、改善面团品质、抗老化、延长食品保鲜期等作用。

卵磷脂是构成生物膜的重要成分,承担了生命现象中的多种功能,参与体内脂肪的代谢,能降低血中胆固醇含量,具有预防冠状动脉粥样硬化、脂肪肝等作用,可用于治疗急慢性肝炎、肝硬化等疾病,且具有健脑和增强记忆力的作用。

在卵磷脂胆固醇酰基转移酶的作用下,卵磷脂中的不饱和脂肪酸可转移到胆固醇的羟基位置上,酯化后的胆固醇不易在血管壁沉积,所以卵磷脂有软化血管、防止冠心病的作用。乙酰胆碱是神经系统传递信息的必需化合物,人的记忆力减退与乙酰胆碱不足有一定关系,人脑能直接从血液中摄取卵磷脂,并很快转化为乙酰胆碱。

❷ **脑磷脂** 脑磷脂的化学名称为磷脂酰乙醇胺或乙醇胺磷酸甘油酯,其结构和性质与卵磷脂很相似,只是碱基部分有所不同。

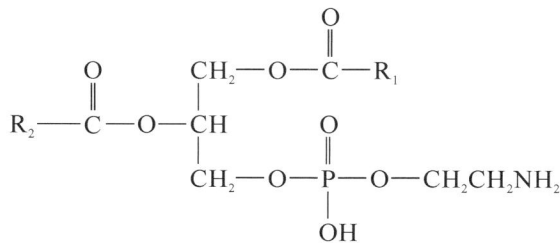

脑磷脂中所含的脂肪酸通常为软脂酸、硬脂酸、油酸及少量二十四碳四烯酸,水解后可得到氨基乙醇、脂肪酸和甘油磷酸。纯净的脑磷脂很不稳定,容易吸水。它可以作为一种表面活性剂,有乳化功能。由于分子中含有不饱和脂肪酸,其在空气中易被氧化,颜色可变为棕黑色。

二、甾醇

生物体内有一大类以环戊烷多氢菲为骨架的物质,称为甾醇,在脂质中属于不皂化物。甾醇因呈固态,又称固醇,依其来源不同可分为动物甾(固)醇和植物甾(固)醇。动物甾醇主要是胆固醇,植物甾醇主要是谷甾醇、豆甾醇、菜油甾醇等。脊椎动物可在体内合成胆固醇,而大多数无脊椎动物缺乏合成甾醇的酶,必须从食物中获取甾醇。下面主要学习胆固醇。

早在 18 世纪,人们就从胆石中发现了胆固醇,1816 年化学家本歇尔将这种具有脂类性质的物质命名为胆固醇。胆固醇是动物组织细胞中不可缺少的重要物质,可参与形成细胞膜,同时是合成胆汁酸、维生素 D 以及甾体激素的原料,也是生物体形成胆酸的原料。胆固醇经代谢后能转化为胆汁酸、类固醇激素、7-脱氢胆固醇,并且 7-脱氢胆固醇经紫外线照射后会转变为维生素 D_3,所以胆固醇并非是对人体有害的物质。胆汁酸具有乳化脂肪的能力,对脂肪的消化吸收起着重要的作用。少量胆固醇对人体健康是必不可少的,在营养不良的人群中,胆固醇含量过低与非血管硬化造成的死亡率高有极大的相关性。但过量胆固醇会在胆道中形成胆石,在血管壁上沉积引起动脉粥样硬化。胆固醇广泛存在于动物体内,尤其在脑及神经组织中极为丰富,在肾、皮肤、肝和胆汁中含量也较高。胆固醇需与脂蛋白结合才能被运送到身体各部分。运送胆固醇的脂蛋白有 2 种,即低密度脂蛋白(LDL)和高密度脂蛋白(HDL)。低密度脂蛋白胆固醇(LDL-C)有着极强的黏附力,可黏附在血管壁上,被认为是血管栓塞的罪魁祸首,是"不良"的胆固醇,而高密度脂蛋白胆固醇(HDL-C)能将血管内"不良"的胆固醇运送回肝,避免血管阻塞,所以被认为是"良性"胆固醇。

膳食胆固醇摄入过多容易诱发心脑血管疾病,因此要正确认识食物胆固醇的作用,既不能过分忌食这类食物,引起营养失衡,导致贫血和其他疾病的发生,也不能过多摄入,导致高胆固醇血症、动脉粥样硬化和血栓等的形成。胆固醇含量高的食物有蛋黄、动物脑、动物肝肾、墨斗鱼(乌贼)、蟹黄、蟹膏等。部分食物中的胆固醇含量见表 4-11。

表 4-11　部分食物中的胆固醇含量　　　　单位:mg/100 g

食物	含量
小牛腩	2000
蛋黄	1010
猪肾	410
猪肝	340
黄油	240
猪肉(瘦)	70
牛肉(瘦)	60
鱼(比目鱼)	50

相关知识

脂肪替代品与脂肪模拟品

脂肪替代品是一类物理、化学性质与天然脂肪类似的物质,一般利用酶法对天然脂肪进行改性得到或通过化学合成得到,也可采用脂肪的重构技术制造脂肪替代品。由于这些替代品通常难以被人体消化酶消化,所以不提供能量或提供的能量很低。脂肪替代品主要有以下两类:用合适的多元醇或糖替换甘油三酯中的部分甘油;改变脂肪酸和甘油的酯键,将部分甘油的酯键转变为醚键。目前,美国、日本以及欧洲国家等已经开发出了一些商品化的脂肪替代品。如以脂质和合成脂肪酸酯

植物甾醇

为基质的替代品蔗糖脂肪酸聚酯(蔗糖与 6～8 个脂肪酸通过酯基转移或交酯化形成的蔗糖酯的混合物,商品名为 Olestra)、山梨醇聚酯(山梨醇与脂肪酸形成的三酯、四酯及五酯)。采用脂肪重构技术在甘油分子 β-位上连接长链脂肪酸、α-位上连接短链或中链脂肪酸,可得重构脂肪。重构脂肪能量较低的原因在于单位质量短链脂肪酸的能量低于长链脂肪酸,且脂肪酸的位置可影响其在人体中的吸收。另外,中链脂肪酸代谢迅速,不会在人体内以脂肪的形式储存。

脂肪模拟品通常是以蛋白质(鸡蛋、牛乳、大豆蛋白、乳清蛋白等)和多糖(三仙胶、红藻胶、果胶、葡聚糖、淀粉等)为基质,经过微粒化、高速剪切等处理,得到的具有类似脂肪口感和组织特性的脂肪模拟物。例如商品化的 Simplesse 是由乳清蛋白浓缩物经过湿热、微粒化等一系列处理制成的具有脂肪口感的脂肪模拟物。类似的产品还有 Dairy-Lo、Traiblazer、LITA、Finesse 等。其以植物胶如黄原胶、卡拉胶、果胶等以及纤维素、改性淀粉、葡聚糖等为基质,通过形成凝胶状的基质稳定相当数量的水,使产品具有与脂肪类似的润滑性、流动性,同时黏度和体积增加,也可以提供类似脂肪的口感及组织特性。脂肪模拟品可部分代替脂肪用于冰激凌、乳制品、色拉调味品以及焙烤食品中,可以保证口感,并降低能量。

项目小结

本项目的教学内容主要是油脂的理化性质及其在烹饪中的应用;油脂的自动氧化、光敏氧化和酶促氧化的概念、机制、区别及影响因素;油脂酸败的概念及其产生原因;油脂在烹饪加工过程中的热分解反应、热聚合反应和热缩合反应等的变化及影响因素。通过对脂质的学习和了解,使学生在烹饪中避免因油脂的理化反应导致变质和有害物质的产生,更加科学合理且健康地运用油脂。

在线答题

思考题

1. 在烹饪实践中可采取哪些措施防止油脂酸败?
2. 阐述油脂酸败的原因、类型及影响。
3. 论述不饱和脂肪酸发生自动氧化和光敏氧化的异同。
4. 简述脂肪氧化速度与水分活度之间的关系。
5. 在制作酥性面点时常加入油脂,简述油脂起酥性的作用。
6. 食用油经过反复高温使用后,品质会发生什么变化?
7. 试分析含油量高的食品中加入茶多酚和抗坏血酸的作用。
8. 简述巧克力储存时起白霜的原因。

认知蛋白质

项目描述

　　蛋白质是生物体细胞的重要组成成分,在细胞的结构和功能中起着重要的作用。蛋白质也是重要的营养物质,为生物体生长或维持新陈代谢提供必需氨基酸。蛋白质还是重要的食物成分,在决定食物的质构、风味和加工性状方面也起到了重要作用。项目五介绍了蛋白质的结构和性质,在食品加工中蛋白质功能性质的各种变化,以及对食品中的蛋白质进行合理利用与控制的方法。

项目目标

　　(1) 了解氨基酸的结构及理化性质。
　　(2) 掌握蛋白质的结构、分类及理化性质。
　　(3) 了解维持蛋白质结构的主要作用力。
　　(4) 掌握蛋白质的性质及其在烹饪中的应用。
　　(5) 了解食品中蛋白质储存方法和烹饪加工中的变化及控制方法。

项目导入

　　鸡肉营养丰富,蛋白质含量较高,而不同烹饪方式的鸡肉风味不同,以白斩鸡和炖鸡汤为例。白斩鸡由于其食用目的是吃鸡肉,在烹制时,原料一定要微沸水下锅,其目的是促使原料表面蛋白质尽快在短时间内发生热变性而凝固,这样相当于在原料表面形成了一层保护膜。这一层保护膜的存在,避免了原料内部的营养物质、风味物质(蛋白质、氨基酸、矿物质等)流入汤汁中,最大限度地保证了白斩鸡的鲜香度。炖鸡汤更偏重于得到鲜美汤汁,因此为达到这一目的,在烹制时,原料一定要冷水下锅,即让原料与冷水一起加热。其目的是尽量延长原料表面蛋白质凝固的时间,让原料内部的一些风味物质、营养物质充分溶于汤汁中,这样才能得到一锅营养丰富、汤汁鲜美的鸡汤。上述两种鸡肉加工方式都涉及蛋白质的热变性,这是蛋白质的一种重要性质。除了热变性外,蛋白质还有多种变性方法以及众多的功能性质。本项目主要介绍氨基酸、肽与蛋白质的结构、理化性质,熟练掌握氨基酸和蛋白质的一般性质和功能性质,有助于解释烹饪加工过程中发生色、香、味、形变化的原因。科学合理地应用氨基酸和蛋白质的性质,有利于提高食物的品质。

Note

任务一 走进蛋白质

任务描述

蛋白质是生命的物质基础,具有重要的生理功能。从元素组成上看,蛋白质分子中氮元素的含量相对恒定。任务一介绍了蛋白质的生理功能与元素组成,及食物的蛋白质换算系数。

任务目标

(1)了解蛋白质的生理功能。
(2)掌握蛋白质的元素组成和蛋白质换算系数。

知识精讲

一、蛋白质的生理功能

蛋白质是生物体细胞组分中含量最丰富、功能最多的高分子物质,参与几乎所有的生命现象,是生命的物质基础。

蛋白质具有三大基础生理功能:①构成和修复组织;②调节机体生理功能;③供给能量。蛋白质是构成机体组织、器官的重要成分,人体各组织、器官无一不含蛋白质。同时人体内各种组织、细胞的蛋白质始终在不断更新,只有摄入足够的蛋白质才能维持组织的更新,身体受伤后也需要蛋白质作为修复材料。另外,蛋白质在体内是构成多种重要生物活性物质的成分,参与调节机体生理功能。同时,蛋白质还为人体提供能量。所以,蛋白质是人类最基本的,也是不可或缺的必需营养素之一。

蛋白质按食物来源可分为植物性蛋白质和动物性蛋白质两大类,其中鱼、禽、肉、蛋、乳等是优质蛋白质的主要来源。蛋白质对食物的营养价值、工艺性和色、香、味、质构等有重大影响。因此,了解和掌握蛋白质的理化性质和功能性质以及食品加工工艺对蛋白质的影响,对于改进食物蛋白质的营养价值和功能性质具有很重要的实际意义。

二、蛋白质的元素组成

蛋白质是相对分子质量很大的一种生物高分子物质,其组成元素包括碳、氢、氧、氮、硫、磷等。在这些元素中,氮的含量几乎是恒定的。一般来说,蛋白质的平均含氮量为16%,即100 g蛋白质平均含氮16 g,也就是说16 g氮对应100 g蛋白质,1 g氮与6.25 g(100 g/16)蛋白质相当,所以6.25称为蛋白质换算系数。氮元素可用凯氏定氮法进行测定,因此只要测出样品中氮元素的含量,就能估算出样品中蛋白质的大致含量,即蛋白质的含量(%)=氮元素的含量(%)×6.25。

由三聚氰胺事件引发的道德思考

任务二 辨析氨基酸与肽

任务描述

氨基酸是组成蛋白质的基本单元,多个氨基酸分子通过肽键组成肽,一条或多条肽链组成蛋白质分子。任务二介绍了氨基酸的分类方法,氨基酸的结构与性质,及肽键、肽链的形成方式。

任务目标

(1) 熟悉氨基酸的结构和化学性质。

(2) 了解肽键的形成及肽的理化性质。

知识精讲

一、氨基酸的结构与分类

氨基酸是蛋白质在酸、碱或酶的作用下,完全水解的最终产物,因此,氨基酸是蛋白质结构的基本单元。

(一)氨基酸的结构

除脯氨酸和羟脯氨酸以外,自然界中的氨基酸均为 α-氨基酸,即羧酸分子中 α-碳上的一个氢原子被氨基取代而形成的氨基酸。α-氨基酸的结构通式如图5-1所示。

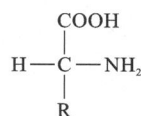

$$H-\underset{\underset{R}{|}}{\overset{\overset{COOH}{|}}{C}}-NH_2$$

图 5-1　α-氨基酸的结构通式

结构式中的 R 称为 R 基团或 R 侧链,表示除 $H_2N-CH-COOH$ 以外的所有基团。所有 α-氨基酸都有氨基(—NH_2)、羧基(—COOH)和 α-碳(—CH—)。不同氨基酸的区别在于 R 基团,所以 R 基团决定着氨基酸的性质。

(二)氨基酸的分类

自然界中氨基酸的种类很多,但组成蛋白质的氨基酸仅 20 种,包括甘氨酸、丙氨酸、缬氨酸、亮氨酸、异亮氨酸、甲硫氨酸(蛋氨酸)、脯氨酸、色氨酸、丝氨酸、酪氨酸、半胱氨酸、苯丙氨酸、天冬酰胺、谷氨酰胺、苏氨酸、天冬氨酸、谷氨酸、赖氨酸、精氨酸和组氨酸。

根据氨基酸 R 基团的极性可将氨基酸分为以下几类。

(1) 非极性氨基酸:也称疏水氨基酸,它们有一个疏水性(非极性)的 R 基团,难溶于水,且疏水性随碳链长度增加而增加。这里应该注意,脯氨酸实际上属于 α-亚氨基酸。

(2) 不带电荷的极性氨基酸:也称极性中性氨基酸。它们的 R 基团为极性基团(但通常不能解离),具有亲水性,可与其他极性基团形成氢键。氨基酸分子中正、负电荷数相等,表现出中性不带电的特征。

(3) 带正电荷的氨基酸:R 基团上有带正电荷的氨基离子(—NH_3^+),能与水分子中的氧原子发生静电作用,易溶于水。因氨基在水溶液中显碱性,所以带正电荷的氨基酸也称碱性氨基酸。

(4) 带负电荷的氨基酸:R 基团上有带负电荷的羧基离子(—COO^-),能与水分子中的氢原子发生静电作用,易溶于水。因为羧基在水溶液中显酸性,所以带负电荷的氨基酸也称酸性氨基酸。构成蛋白质的主要氨基酸见表 5-1。

表 5-1　构成蛋白质的主要氨基酸

名称	英文缩写	R 基团结构	等电点(pI)
非极性氨基酸			
丙氨酸	Ala	—CH_3	6.02
亮氨酸	Leu	—CH_2—$CH\underset{CH_3}{\overset{CH_3}{<}}$	5.98

续表

名称	英文缩写	R基团结构	等电点(pI)
异亮氨酸	Ile	—CH—CH₂—CH₃ (CH₃)	6.02
缬氨酸	Val	—CH(CH₃)₂	5.97
脯氨酸	Pro	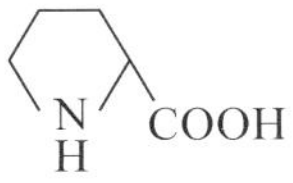 环状结构 N—H —COOH	6.30
苯丙氨酸	Phe	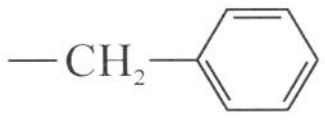 —CH₂—苯环	5.48
甲硫氨酸	Met	—CH₂—CH₂—S—CH₃	5.75
色氨酸	Trp	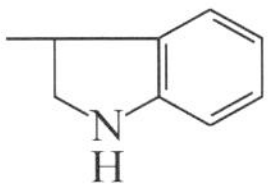 吲哚环 N—H	5.89

不带电荷的极性氨基酸

名称	英文缩写	R基团结构	等电点(pI)
丝氨酸	Ser	—CH₂—OH	5.68
甘氨酸	Gly	—H	5.97
谷氨酰胺	Gln	—CH₂—CH₂—CO—NH₂	5.65
苏氨酸	Thr	—CH—CH₃ (OH)	6.16
半胱氨酸	Cys	—CH₂—SH	5.02
天冬酰胺	Asn	—CH₂—CO—NH₂	5.41
酪氨酸	Tyr	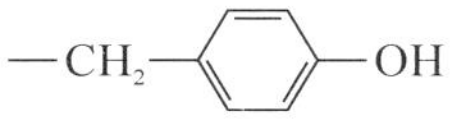 —CH₂—苯环—OH	5.66

带负电荷的氨基酸(酸性氨基酸)

名称	英文缩写	R基团结构	等电点(pI)
天冬氨酸	Asp	—CH₂—COO⁻	2.77
谷氨酸	Glu	—CH₂—CH₂—COO⁻	3.22

带正电荷的氨基酸(碱性氨基酸)

名称	英文缩写	R基团结构	等电点(pI)
赖氨酸	Lys	—CH₂—CH₂—CH₂—CH₂—NH₃⁺	9.74
精氨酸	Arg	—CH₂—CH₂—CH₂—NH—C(NH₂⁺)—NH₂	10.76
组氨酸	His	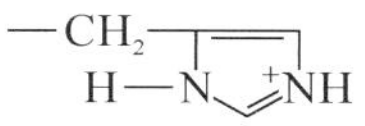 —CH₂—咪唑环 H—N⌒NH	7.59

注:脯氨酸为α-亚氨基酸,表中为其结构式。

二、氨基酸的物理性质

（一）溶解性

氨基酸是一类既有亲水性（亲水基团，如羟基、羧基等）又有疏水性（疏水基团，如烷基、芳香基等）的有机化合物，因此它们的溶解性具有复杂性和多样性。一般来说，氨基酸结构中的氨基（—NH_2）和羧基（—COOH）均为极性基团，根据相似相溶的原则和规律，氨基酸应该溶解于极性溶剂中。但是，不同氨基酸的结构和性质存在差异，故溶解度也相差很大。极性较强的氨基酸，如谷氨酸和天冬氨酸，溶解度相对较高；而极性较弱的氨基酸，如丙氨酸和甘氨酸，溶解度则相对较低。

氨基酸的溶解度还受到 pH、温度、离子强度和溶剂类型等因素的影响。

（二）结晶性

α-氨基酸都是以两性离子形式存在的无色晶体，并各具特色晶型。氨基酸的结晶性取决于其分子结构、物理性质和在溶液中的浓度等因素。一般来说，氨基酸在高浓度溶液中容易结晶，且晶体呈规则的立方体或六角形等形态。在低浓度或稀溶液中，氨基酸分子之间的相互作用较弱，晶体的形态不规则。氨基酸的结晶性还受到温度、溶剂和 pH 等因素的影响。

在食品加工中，氨基酸的结晶性对于某些产品的制备具有重要意义。例如，在制备谷氨酸钠时，需要将氨基酸溶解后结晶，以提高产品的纯度和稳定性。

（三）旋光性

除甘氨酸外，氨基酸的 α-碳原子基本均为手性碳原子，因此具有旋光性，有 L 型和 D 型两种类型的光学异构体。自然界中的氨基酸主要以 L 型存在。L 型氨基酸和 D 型氨基酸的物理、化学和生物学性质存在明显差异。

（四）味感

大多数氨基酸及其衍生物具有呈味的功能。D 型氨基酸多数具有甜味，其中以 D-色氨酸的甜度最强，是蔗糖的 40 倍。L 型氨基酸具有苦味、鲜味、甜味、酸味等不同的味型，烹饪中常用的味精主要成分是 L-谷氨酸的钠盐，在水中电离以后生成谷氨酸，具有很强的鲜味。

"味精大王"吴蕴初：致富不忘报国

三、氨基酸的化学性质

（一）氨基酸的酸碱性

氨基酸是一类分子中既含有氨基（—NH_2）又含有羧基（—COOH）的有机化合物，是两性电解质，具有酸性和碱性。氨基酸在水溶液中可同时存在两种离子形式：带正电荷的氨基离子（—NH_3^+）和带负电荷的羧基离子（—COO^-）。当某一氨基酸在适合的 pH 时，溶液中正离子数与负离子数相等，氨基酸在溶液中的静电荷为零，这时溶液的 pH 称为该氨基酸的等电点（pI），此时的氨基酸以兼性离子（两性离子）形式存在。如果向处于 pI 的氨基酸溶液中加入 H^+，H^+ 与—COO^- 结合，生成—COOH，氨基酸分子中只剩下—NH_3^+ 带电，氨基酸分子对外显正电，以阳离子形式存在；如果向处于 pI 的氨基酸溶液中加入 OH^-，OH^- 与—NH_3^+ 结合成—NH_2 和 H_2O，氨基酸分子中只剩下—COO^- 带电，氨基酸分子对外显负电，以阴离子形式存在，如图 5-2 所示。

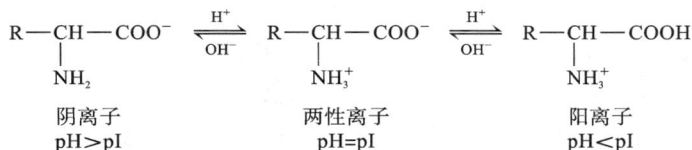

图 5-2　氨基酸的两性电离

由于各种氨基酸中羧基和氨基的相对强度和数目不同，因此，各种氨基酸的 pI 不同。pI 是每种氨基酸的特定常数。一般中性氨基酸的 pI 为 5～6.3，酸性氨基酸的 pI 为 2.8～3.2，碱性氨基酸的 pI 为 7.6～10.8。在 pI 时，净电荷为零，由于缺少同种电荷的排斥作用，氨基酸容易沉淀，溶解度最小。

（二）氨基酸的化学反应

❶ 脱氨基、脱羧基反应　氨基酸的脱氨基和脱羧基反应会导致食物中氨基酸的降解和变质。

脱羧基反应是指氨基酸分子中的羧基（—COOH）被去除，生成相应的胺和二氧化碳（CO_2）（图 5-3）。

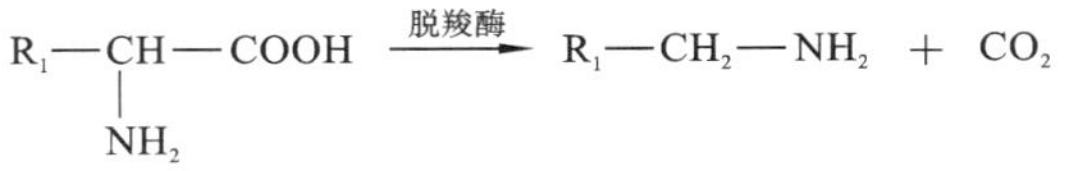

$$R_1\!-\!CH\!-\!COOH \xrightarrow{\text{脱羧酶}} R_1\!-\!CH_2\!-\!NH_2 \ + \ CO_2$$
$$\qquad\quad |$$
$$\qquad\quad NH_2$$

图 5-3　氨基酸的脱羧基反应

烹饪中常见的黄鳝、甲鱼、螃蟹、金枪鱼等原料富含组氨酸，它们死亡以后，如果放在 15～37 ℃ 且有 O_2 的环境中，体内细菌很快分泌出脱羧酶，使组氨酸脱羧形成组胺。因此，这些原料在自然状态下一旦死亡最好不要食用，以防组胺中毒。

脱氨基反应是指氨基酸分子中的氨基（—NH_2）被去除，生成酸和氨气（NH_3）（图 5-4），使食品原料具有一种刺激性味道。

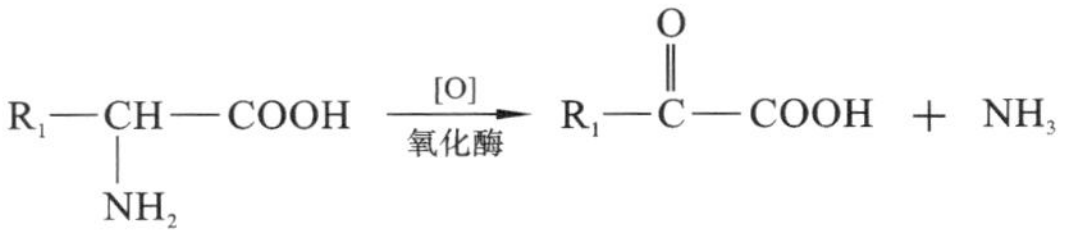

$$R_1\!-\!CH\!-\!COOH \xrightarrow[\text{氧化酶}]{[O]} R_1\!-\!\overset{\displaystyle O}{\overset{\displaystyle \|}{C}}\!-\!COOH \ + \ NH_3$$
$$\qquad\quad |$$
$$\qquad\quad NH_2$$

图 5-4　氨基酸的脱氨基反应

❷ 茚三酮反应　α-氨基酸与茚三酮在酸性溶液中共热，可产生紫红色、蓝色或紫色物质，在 570 nm 波长处有最大吸收。脯氨酸和羟脯氨酸与茚三酮反应形成黄色化合物，在 440 nm 波长处有最大吸收。利用这些颜色反应，可对氨基酸进行定量测定。

四、肽的结构与理化性质

（一）肽的结构

肽是介于氨基酸和蛋白质之间的物质。一个氨基酸的羧基和另一个氨基酸的氨基经脱水缩合形成一个酰胺键，这个酰胺键称为肽键（图 5-5），形成的这种化合物称为肽，其中的氨基酸单元称为氨基酸残基。

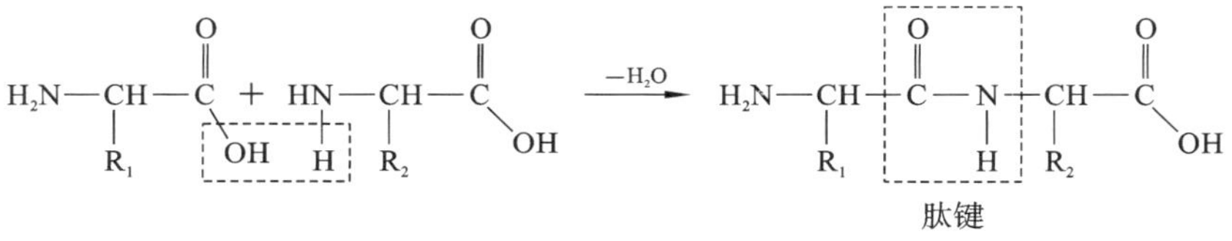

图 5-5　肽键的形成

肽链分为主链和侧链，主链由—N—$C_α$—C—重复排列而成，侧链由氨基酸中的 R 基团构成，如图 5-6 所示。两个氨基酸形成的肽称为二肽，三个氨基酸形成的肽称为三肽，依此类推。若一种肽含有的氨基酸不多于 10 个，则称为寡肽，超过此数则统称为多肽。通常肽链的一端含有一个游离的 α-氨基，称为氨基端（N 端）；另一端则保留一个游离的 α-羧基，称为羧基端（C 端）。

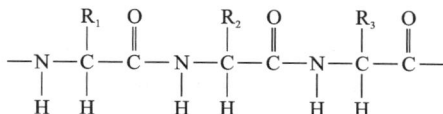

图 5-6 肽链的主链与侧链结构

（二）肽的理化性质

❶ **酸碱性** 肽和氨基酸一样具有酸碱两性，在 pH 0～14 范围内，肽键中的亚氨基不能解离，因此，肽的酸碱性主要取决于肽链游离 N 端的 α-氨基、游离 C 端的 α-羧基以及 R 基团上可解离的功能基团。

❷ **黏度与溶解度** 多肽在 50% 的高浓度下和较宽的 pH 范围内能够很好地保持溶解状态，同时还具有较强的吸湿性和保湿性，这使原本无法实现的高蛋白饮料和高蛋白果冻成为可能。因为如果是蛋白质溶液，它的黏度往往随浓度的增大而显著增大，通常超过 13% 就会形成凝胶，而且加工成酸性蛋白饮料时，当 pH 接近蛋白质的 pI 时，就会因溶解度的迅速下降而产生沉淀。

❸ **渗透压** 多肽溶液渗透压的大小常常处于蛋白质与同一组成氨基酸的混合物之间。当一种液体的渗透压比体液高时，易使人体周边组织细胞中的水分向胃肠移动而出现腹泻。多肽的渗透压比氨基酸低得多，因此，多肽作为口服或肠内营养的蛋白源比氨基酸效果更好。

❹ **化学反应** 肽的化学反应与氨基酸一样，游离的 α-羧基、α-氨基和 R 基团可以发生与氨基酸中相应基团类似的反应，如 N 端的氨基酸残基能与茚三酮反应生成呈色物质，这也可用于肽的定性和定量。含有两个或两个以上肽键的化合物与硫酸铜的碱性溶液能发生双缩脲反应，利用此反应可定性鉴定蛋白质和多肽。

任务三 探究蛋白质

任务描述

蛋白质是以氨基酸为单元构成的大分子有机化合物，分子中每个化学键在空间的旋转不同，会导致蛋白质形成不同的分子构象。蛋白质有一级结构、二级结构、三级结构和四级结构。任务三介绍了蛋白质的四个层次结构的特点及不同类型的蛋白质。

任务目标

（1）掌握蛋白质四个层次的结构。
（2）了解维持蛋白质结构的主要作用力。

知识精讲

一、蛋白质的结构

（一）蛋白质的一级结构

蛋白质的一级结构是指肽链内氨基酸残基从 N 端到 C 端的排列顺序，或称为氨基酸序列，是蛋白质最基本的结构。每个氨基酸单元包括一个氨基组成的氨基端（N 端）和一个羧基组成的羧基端

氨基酸转化为蛋白质的过程（视频）

(C 端)。在肽链中，氨基酸单元通过肽键连接在一起，肽键是由氨基与羧基之间的反应形成的，同时释放一个水分子。

蛋白质的一级结构是蛋白质结构的基础，同时也影响蛋白质的二级结构、三级结构和四级结构的形成。

许多蛋白质的一级结构已确定。已知的最短蛋白质链（肠促胰液肽和胰高血糖素）含 20～100 个氨基酸残基，大多数蛋白质含有 100～500 个氨基酸残基，某些不常见的蛋白质链含有几千个氨基酸残基。蛋白质的种类和生物活性都与肽链中氨基酸的种类和排列顺序有关。

（二）蛋白质的二级结构

蛋白质的二级结构是指蛋白质中的局部结构，由氢键相互作用形成。其通常包括 α-螺旋、β-折叠、β-转角、无规卷曲等形式。

❶ **α-螺旋** α-螺旋是蛋白质中常见的二级结构，是由一条肽链沿着中心轴形成螺旋状结构。α-螺旋最常见的走向为顺时针方向，称右手螺旋。每 3.6 个氨基酸残基螺旋上升一圈，螺距为 0.54 nm，氨基酸的 R 基团伸向螺旋外侧。氢键是稳定 α-螺旋的主要次级键。上、下螺旋之间形成链内氢键，即第 1 个肽键的—NH—与第 4 个肽键的—CO—形成氢键，第 2 个肽键的—NH—与第 5 个肽键的—CO—形成氢键，第 3 个肽键的—NH—与第 6 个肽键的—CO—形成氢键，依此类推，如图 5-7 所示。

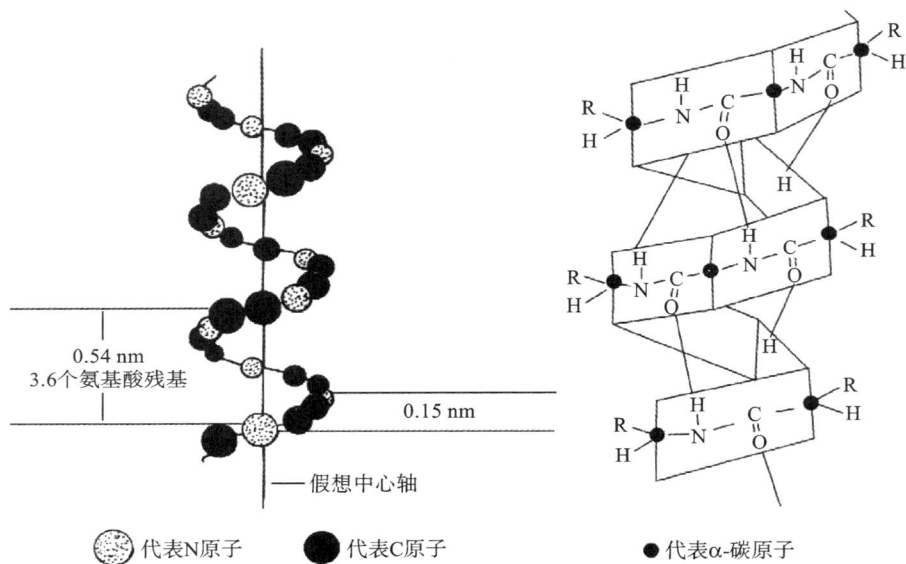

图 5-7 蛋白质分子的 α-螺旋结构

❷ **β-折叠** β-折叠的肽链主链走向呈折纸状，氨基酸的 R 基团交替地位于折纸状结构的上、下方（图 5-8）。一条肽链或两条肽链的若干 β-折叠结构可顺向平行排列，也可逆向平行排列，链间有氢键相连，以维持 β-折叠结构的稳定。

❸ **其他结构形式** 除 α-螺旋和 β-折叠外，蛋白质的二级结构中还有 β-转角和无规卷曲两种形式。球蛋白中广泛存在 β-转角结构，肽链中第 1 个肽键的—CO—与第 4 个肽键的—NH—形成氢键，使肽链扭转走向，从而使蛋白质呈密集的球形。无规卷曲又称自由回转，它的结构比较松散，受 R 基团相互作用影响较大。酶的功能部位常位于无规卷曲构象区域。

蛋白质中的二级结构主要由氢键相互作用而形成，但也受到其他因素的影响，如局部氨基酸序列、疏水性、电荷分布等。不同的二级结构可以影响蛋白质的功能和稳定性。

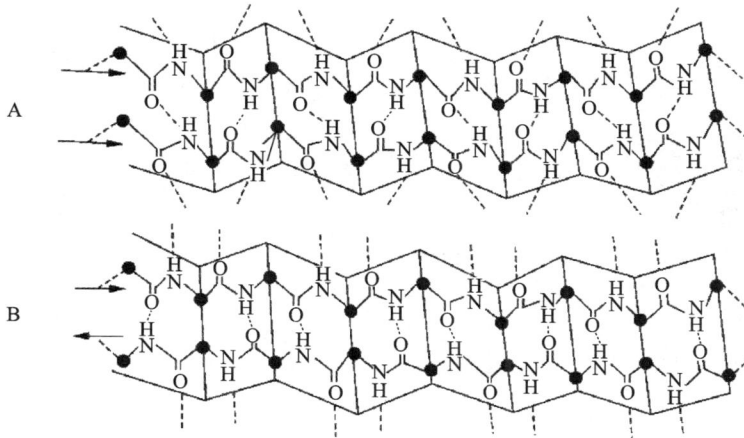

图 5-8 蛋白质分子的 β-折叠结构

（三）蛋白质的三级结构

蛋白质的三级结构是在二级结构的基础上，肽链在三维空间中进一步盘曲或折叠所形成的立体结构，包括由主链和 R 基团原子在空间排布所形成的全部分子结构。有些在一级结构上相距甚远的氨基酸残基，经肽链折叠卷曲在空间上可以非常接近。

三级结构的形成与稳定主要依靠 R 基团之间的相互作用所形成的非共价键来维持，如氢键、疏水键、范德瓦耳斯力等，其中疏水键最为重要。此外，由两个半胱氨酸残基的侧链脱氢缩合形成的二硫键，对稳定三级结构也具有重要意义。三级结构常被折叠成一种紧密的球形、柱状或其他几何形状。

具有稳定的三级结构是蛋白质分子具有生物活性的基本特征之一。例如，肌红蛋白是一条由153 个氨基酸残基组成的肽链，肽链有 8 个长短不一的螺旋区，α-螺旋间经 β-转角与无规卷曲折叠形成近似球状的三级结构（图 5-9）。其绝大部分亲水基团位于分子表面，疏水基团则位于分子内，形成一个疏水的洞穴，血红素的 Fe^{2+} 就位于洞穴中发挥储存 O_2 的功能。

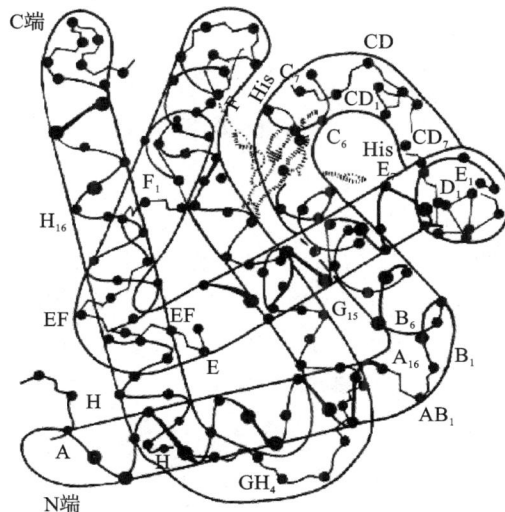

图 5-9 肌红蛋白的三级结构

（四）蛋白质的四级结构

蛋白质的四级结构是指由两条或多条肽链相互作用而形成的整体结构，其中，每条肽链都有自

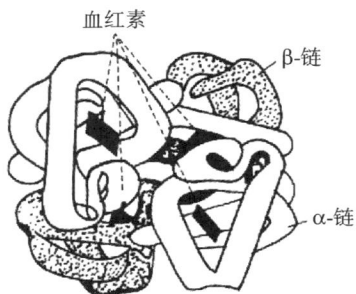

图 5-10　血红蛋白的四级结构

己的一级、二级、三级结构,一般将其称为亚基。亚基可以相同,也可以不同。亚基之间通过多种化学键(如离子键、氢键、范德瓦耳斯力和疏水键)相互作用,从而形成高度复杂的结构。

如血红蛋白是由两个 α-亚基和两个 β-亚基构成的四聚体(图 5-10)。α-亚基含有 141 个氨基酸残基,β-亚基含有 146 个氨基酸残基。

大多数蛋白质分子只有一条肽链,其有三级结构时就具有了生物活性;一部分相对分子质量更大或具有调节功能的蛋白质往往由两条或两条以上肽链构成,其有特定四级结构时才具有生物活性。

二、稳定蛋白质结构的作用力

蛋白质分子间或分子内不同部分间存在相互作用力,这些作用力维持蛋白质分子的空间结构。这些作用力有氢键、静电力、疏水键等非共价键,都比较弱,可称为次级键。另外,作用力中还有二硫键、酰胺键等共价键。图 5-11 所示为维持蛋白质空间结构的主要键或相互作用。

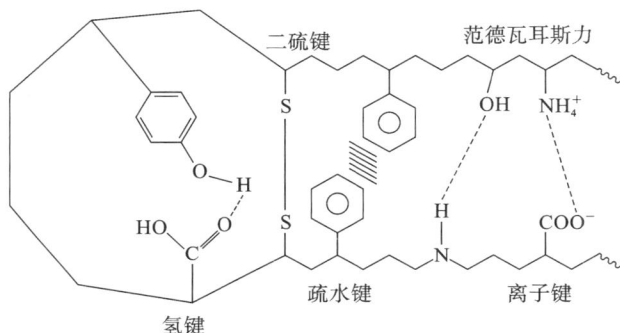

图 5-11　维持蛋白质空间结构的作用力

（一）空间相互作用

由于氨基酸残基 R 基团原子的空间位阻,肽链的转动受到很大的限制,肽链的片段仅能形成有限形式的构象。

（二）范德瓦耳斯力

范德瓦耳斯力是微观世界里一种普遍存在的吸引力,即微观粒子(分子、原子等)在一定距离范围内产生的相互作用。范德瓦耳斯力的大小和方式与原子间的距离有关,距离不大时不存在相互作用,距离小时产生吸引力,距离更小时则产生排斥力。在蛋白质分子中,由于有许多原子对参与范德瓦耳斯力相互作用,因此它对肽链的折叠和稳定性有相当大的影响。

（三）氢键

肽链的主链上有许多易于形成氢键的结构。肽链主链上的 C=O 和单糖分子上的 C=O 一样,容易形成氢键。氮原子最外层有 5 个电子,形成稳定结构时,有 1 对孤对电子、3 个共用电子对。孤对电子具有很强的电负性,是形成氢键的前提条件,所以肽链主链上的 N—H 也容易形成氢键。除了非极性氨基酸以外,不带电荷的极性氨基酸、酸性氨基酸、碱性氨基酸的 R 基团上都有大量 —NH₂、—CO—、—OH,也容易形成氢键。

（四）静电力

蛋白质分子中存在的带电荷氨基酸残基（如赖氨酸、精氨酸、谷氨酸、天冬氨酸等）会在蛋白质分子中形成电荷分布不均的区域，这些区域之间会产生静电力。静电力的强度取决于带电荷氨基酸残基的数量、位置和电荷大小。当带相同电荷的氨基酸残基靠近时，它们之间的相互作用是排斥性的；当带相反电荷的氨基酸残基靠近时，它们之间的相互作用是吸引性的。这种吸引作用能够帮助蛋白质分子形成稳定的结构。

（五）疏水键

蛋白质分子中的疏水键缘于氨基酸残基侧链具有的非极性结构，这种结构不能与极性分子如水分子相互作用（范德瓦耳斯力除外），从而聚集在一起，以减小其与水接触的作用力。在蛋白质中，疏水性氨基酸依靠疏水键聚集在一起，形成一个疏水核心，从而促进蛋白质的折叠。

疏水键的形成需要外加能量，因此其是一种吸热过程，升高温度有利于疏水键的形成，降低温度则不利于疏水键的形成。

（六）二硫键

二硫键是天然蛋白质侧链中存在的唯一共价键，它既能存在于分子内也能存在于分子间。

二硫键由含硫氨基酸形成，含硫氨基酸有甲硫氨酸、半胱氨酸和胱氨酸三种，其中半胱氨酸被氧化成胱氨酸时即可形成二硫键，如图 5-12 所示。绝大多数情况下，二硫键出现在 β-转角附近。

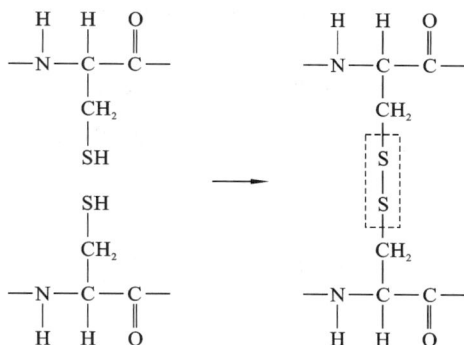

图 5-12　二硫键的生成（以半胱氨酸为例）

二硫键比较稳定，在蛋白质分子中起着稳定空间结构的作用，所以二硫键数目越多，蛋白质分子越稳定，越能对抗外界影响。有些二硫键对保持蛋白质的生物活性起关键作用，有些则无关紧要。如果所有二硫键都被破坏，蛋白质的天然构象将发生改变，活性也会丧失。

三、蛋白质的分类

（一）按蛋白质分子的化学组成分类

❶ 单纯蛋白质　其完全水解产物仅为氨基酸。单纯蛋白质又可按其溶解度、受热凝固性及盐析等物理性质的不同，分为清蛋白、球蛋白、谷蛋白、醇溶谷蛋白、精蛋白、组蛋白和硬蛋白 7 类。

❷ 结合蛋白质　由单纯蛋白质和非蛋白质部分组成。非蛋白质部分称为辅基。根据辅基的不同又可分为核蛋白、色蛋白、糖蛋白、脂蛋白、磷蛋白和金属蛋白等。

（二）按蛋白质分子形状分类

❶ 球状蛋白质　蛋白质分子的长轴与短轴的比值小于 10。食品中大多数蛋白质属球状蛋白质，易溶于水，为亲水胶体，如血红蛋白、肌球蛋白和豆类的球蛋白等。

❷ 纤维状蛋白质　蛋白质分子的长、短轴之比不小于 10。一般不溶于水，多为生物体组织的结

构材料,如毛发中的角蛋白、结缔组织的胶原蛋白和弹性蛋白、蚕丝的丝蛋白等。

（三）按蛋白质的溶解性分类

蛋白质的溶解性取决于其分子中不同氨基酸残基的类型和数量,不同的溶解性也决定了蛋白质在生物体内的不同位置和功能。

❶ 水溶性蛋白质　这类蛋白质可以在水中溶解,其分子通常具有许多带电荷氨基酸残基,如天冬酰胺、精氨酸和赖氨酸等;以及极性氨基酸,如谷氨酸和谷氨酰胺等。水溶性蛋白质通常具有重要的生物学功能,如酶、激素和免疫球蛋白等。

❷ 部分水溶性蛋白质　这类蛋白质在水中只能部分溶解,其分子中含有一些亲水基团,如羟基、羧基和氨基等,但同时也含有一些疏水基团,如芳香族氨基酸和疏水氨基酸等。这类蛋白质通常在细胞膜上发挥作用,如 G 蛋白和细胞膜受体等。

❸ 脂溶性蛋白质　这类蛋白质不能在水中溶解,但可以在有机溶剂中溶解,其分子中通常含有大量疏水基团,如脂肪酸基团和烷基等。这类蛋白质通常在细胞膜内或细胞质中发挥作用,如细胞色素和线粒体内酶等。

（四）按蛋白质的营养价值分类

蛋白质的营养价值取决于其所含氨基酸的种类和比例。

❶ 完全蛋白质　这是一类优质蛋白质,所含的必需氨基酸种类齐全、数量充足、比例适当,不但能维持人体健康,还能促进儿童生长发育。乳类中的酪蛋白、乳白蛋白,蛋类中的卵白蛋白、卵磷蛋白,肉类中的白蛋白、肌蛋白,大豆中的大豆蛋白,小麦中的麦谷蛋白,玉米中的谷蛋白等都属于完全蛋白质。

❷ 半完全蛋白质　这类蛋白质所含必需氨基酸虽然种类齐全,但有的数量不足、比例不适当。它们可以维持生命,但不能促进生长发育。例如,小麦中的麦醇溶蛋白便是半完全蛋白质,含赖氨酸很少。

❸ 不完全蛋白质　这类蛋白质所含必需氨基酸种类不全,既不能维持生命,也不能促进生长发育。如玉米中的玉米胶蛋白、动物结缔组织和肉皮中的胶质蛋白、豌豆中的豆球蛋白等。

→ 相关知识

鱼翅背后的滥杀与被夸大的营养价值

所谓鱼翅,就是鲨鱼鳍中的细丝状软骨,是用鲨鱼的鳍加工而成的一种海产珍品。鲨鱼属软骨鱼类,鳍骨形似粉丝。从现代营养学的角度看,鱼翅的主要成分是胶原蛋白,还有少量的矿物质,而胶原蛋白缺乏色氨酸,属于不完全蛋白质。从供应营养的角度来说,鱼翅没有什么特别之处。在对市场上真鱼翅的一次抽查发现,一些鱼翅重金属含量严重超标,部分产品汞含量甚至超标达到 100倍。汞也就是人们俗称的水银,一旦进入人体很难被排出体外,而如果积蓄到一定的量,就可能导致中枢神经系统、肾脏、生殖系统等方面的损害。事实上,人们在付出高昂代价消费鱼翅的时候,可能带来的是对自己身体的伤害。

鱼翅的获取过程极其残忍。鲨鱼被拖到渔船甲板上,船员用利刃活生生割下鲨鱼的背鳍、胸鳍、尾鳍,然后将被割掉鳍的鲨鱼抛入海中,任由鲨鱼沉入海底、慢慢死去。据统计,全世界每年有 7000万条鲨鱼被捕杀,其中很多鲨鱼被这样残忍地杀戮。鲨鱼是海洋生物的活化石,处于海洋生物链的顶层,对鲨鱼的滥捕滥杀已经严重影响到海洋的生态环境。

没有买卖就没有杀害,而没有消费就没有买卖。社会责任感是人的基本品质,也是思想道德的基础和核心。作为未来社会建设生力军的当代大学生,必须具有强烈的社会责任感和高尚的思想道德,无论从环境、生态,还是从健康、安全的角度,我们都应该从自己开始,向鱼翅说不!

任务四　探寻蛋白质的一般性质及其在烹饪中的应用

→ 任务描述

作为大分子的蛋白质,具有某些与氨基酸相似的性质,如酸碱性、变性性质等,也有自己独特的性质(如水解反应等)。本任务主要介绍蛋白质的一般性质如水解反应、酸碱性、沉淀作用、显色反应、变性性质等,以及如何在烹饪中巧妙地应用蛋白质的变性性质,为食品提供良好的口感、风味、形态与质感。

→ 任务目标

(1) 了解蛋白质的一般性质的概念及其机制。
(2) 熟悉蛋白质的一般性质。
(3) 掌握蛋白质的变性及影响因素。

→ 知识精讲

蛋白质是由氨基酸组成的,因此它具有某些与氨基酸有关的性质。但它与氨基酸又有着质的区别,表现出单个氨基酸所没有的性质。认识和理解蛋白质的性质,对于蛋白质的分离、纯化工作以及研究蛋白质的结构与功能等都是极为重要的。

一、蛋白质的水解反应

蛋白质和多肽的肽键与一般的酰胺键一样,可以被酸、碱或蛋白酶催化水解,最终得到各种氨基酸的混合物。在有水存在的情况下,蛋白质在酸、碱或酶(蛋白酶)作用下,被降解为蛋白胨、多肽、二肽,最后被分解成各种氨基酸,这个化学变化过程称为蛋白质的水解。

蛋白质水解程度有如下两种。①完全水解:彻底水解,得到的水解产物为各种氨基酸的混合物。②部分水解:不完全水解,得到的水解产物是各种大小不等的肽段和单个氨基酸。

在烹饪中蛋白质发生水解反应,可产生氨基酸和低聚肽。大多数氨基酸具有明显的味感,如甘氨酸、丙氨酸、丝氨酸、苏氨酸、脯氨酸、羟脯氨酸等呈甜味;缬氨酸、亮氨酸、异亮氨酸、甲硫氨酸、苯丙氨酸、色氨酸、精氨酸、组氨酸等呈苦味;天冬氨酸、谷氨酸等呈酸味;天冬氨酸钠和谷氨酸钠呈鲜味。如发酵食品中的豆酱、酱油是利用大豆为原料经酶水解制成的调味品,除了含有呈鲜味的谷氨酸钠外,还含有由天冬氨酸、谷氨酸和亮氨酸构成的低聚肽,从而赋予这类食品鲜香的味道。

肉料中蛋白质变性后,若继续加热,蛋白质会发生水解,生成多肽。这些多肽进一步水解,最终分解成各种氨基酸,溶于汤汁中,使汤汁有鲜味,这就是煲汤的原理。

在烹饪中对于富含蛋白质和脂肪的原料,若选用长时间加热的烧、煮、炖、爆、焖等烹调技术,蛋白质就会发生水解产生氨基酸和低聚肽,原料中的呈味物质不断溶于汤中,不但使菜肴酥烂,而且汁浓味厚。如炖牛肉因产生肌肽、鹅肌肽等低聚肽,形成了牛肉汁特有的风味;烧鱼因生成天冬氨酸、谷氨酸以及这些氨基酸组成的低聚肽,所以鱼汤的滋味特别鲜美。

在烹制含有蹄筋、肉皮等结缔组织较多的原料时,由于这些原料含有较多的胶原蛋白,需要长时间加热,尽可能使胶原蛋白水解为明胶,使烹制出来的菜肴柔软、爽滑,便于人体吸收。另外,纯净的明胶为无色或淡黄色的透明体,易溶于热水中,具有较高的黏性,并具有可塑性,冷却后即凝固成富有弹性的凝胶,而加热后又能形成溶胶。肉皮冻的制作就是利用了这一原理。

二、蛋白质的酸碱性

蛋白质分子除两端的氨基和羧基可解离外,氨基酸残基侧链中的某些基团,在一定的 pH 条件下都可解离成带负电荷或正电荷的基团,所以蛋白质分子也具有酸碱两性。蛋白质分子的两性解离要比氨基酸复杂得多,因为蛋白质的支链上存在一些未结合为肽键的可解离基团,如羧基(存在于谷氨酸、天冬氨酸残基中)、氨基(存在于赖氨酸残基中)、胍基(存在于精氨酸残基中)、咪唑基(存在于组氨酸残基中)、羟基(存在于羟脯氨酸残基中)、巯基(存在于半胱氨酸和甲硫氨酸残基中)等。

当蛋白质溶液处于某一 pH 时,蛋白质分子解离成阳、阴离子的趋势相等,使某特定蛋白质分子上所带正、负电荷相等,即蛋白质分子所带净电荷为零,此时溶液的 pH 称为蛋白质的等电点,简写为 pI。当溶液 pH>pI 时,蛋白质颗粒带负电荷;当溶液 pH<pI 时,蛋白质颗粒带正电荷(图 5-13)。作为带电颗粒,蛋白质可以在电场中移动,移动方向及速度取决于蛋白质分子所带的电荷。利用此性质在某 pH 条件下对不同蛋白质进行电泳,可以达到分离纯化蛋白质的目的。

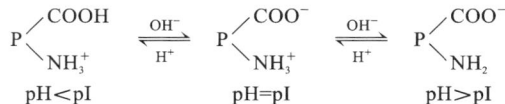

$$P\diagdown\begin{matrix}COOH\\NH_3^+\end{matrix} \underset{H^+}{\overset{OH^-}{\rightleftharpoons}} P\diagdown\begin{matrix}COO^-\\NH_3^+\end{matrix} \underset{H^+}{\overset{OH^-}{\rightleftharpoons}} P\diagdown\begin{matrix}COO^-\\NH_2\end{matrix}$$

$$pH<pI \qquad\qquad pH=pI \qquad\qquad pH>pI$$

图 5-13　蛋白质的两性电离

当蛋白质处于等电点时,其溶解度最小,最易形成沉淀。各种蛋白质分子由于所含碱性氨基酸和酸性氨基酸的数目不同,有各自的等电点。凡碱性氨基酸残基数目较多的蛋白质,等电点偏碱性,如组蛋白、精蛋白等。反之,凡酸性氨基酸残基数目较多的蛋白质,等电点偏酸性。蛋白质的两性电离性质使其成为人体及动物体中重要的缓冲溶液。人体体液 pH 在 7.4 左右,体液中许多蛋白质的等电点在 pH 5.0 左右,所以人体内大部分蛋白质是以阴离子形式存在的。

三、蛋白质的沉淀作用

蛋白质相对分子质量很大,在水溶液中形成 1～100 nm 的颗粒,因此蛋白质溶液具有胶体溶液的特征。可溶性蛋白质分子表面分布着大量极性氨基酸残基,对水有很高的亲和性,通过水合作用在蛋白质颗粒外面形成一层水化层,同时这些颗粒带有电荷,因而蛋白质溶液是相当稳定的亲水胶体。

蛋白质在溶液中靠水化层和电荷保持其稳定性,如果加入适当的试剂使蛋白质分子处于等电点状态或失去水化层(消除相同电荷,除去水化层),蛋白质胶体溶液的稳定性就会被破坏,蛋白质就会从溶液中沉淀下来,此现象即为蛋白质的沉淀作用。

蛋白质沉淀分为可逆沉淀和不可逆沉淀,其中,可逆沉淀是指在温和条件下,通过改变溶液的pH 或电荷状况,使蛋白质从胶体溶液中沉淀分离。在沉淀过程中,蛋白质的结构和性质都没有发生变化,在适当的条件下,可以重新溶解形成溶液,所以这种沉淀方法又称为非变性沉淀。可逆沉淀是分离和纯化蛋白质的基本方法,如等电点沉淀法、盐析法和有机溶剂沉淀法等。

不可逆沉淀是指在强烈沉淀条件下,不仅破坏蛋白质胶体溶液的稳定性,而且破坏蛋白质的结构和性质,产生的蛋白质沉淀不可能重新溶解于水。如加热沉淀(次级键)、强酸碱沉淀(影响电荷)、重金属盐沉淀(Hg^{2+}、Pb^{2+}、Cu^{2+}、Ag^+)和生物碱试剂或某些酸类沉淀等都属于不可逆沉淀。

可使蛋白质沉淀的方法主要有以下几种。

（一）盐析

当向蛋白质胶体溶液中加入高浓度的中性盐时,由于中性盐对水分子的争夺,蛋白质颗粒外的水化层变薄甚至被破坏,同时中性盐中和了蛋白质表面的电荷,从而使蛋白质颗粒聚集而生成沉淀。我们将在蛋白质胶体溶液中加入大量中性盐以破坏蛋白质胶体的稳定性而使其沉淀析出的方法称为盐析。而将低浓度的盐溶液加入蛋白质溶液中时,会导致蛋白质的溶解度增加,该现象称为盐溶。常用的中性盐有硫酸铵、硫酸钠、氯化钠等。

盐析沉淀出的蛋白质,当采取半透膜透析除去盐的离子时,又可形成胶体,这一过程仍能保证蛋白质的活性,所以盐析不发生蛋白质变性。

各种蛋白质的亲水性及荷电性均有差别,因此不同蛋白质沉淀所需中性盐浓度及 pH 也有不同,只要调节中性盐浓度,就可使混合蛋白质溶液中的几种蛋白质分段沉淀析出,这种方法称为分段盐析。

(二)有机溶剂沉淀

能以任意比例与水互溶的水溶性有机溶剂,如丙酮、甲醇、乙醇等,具有介电常数比较小、与水的亲和力大等特点。当向蛋白质胶体溶液中加入适量这类溶剂时,它能破坏蛋白质颗粒表面的水化层,同时能降低水的介电常数,增加蛋白质颗粒间的静电力,导致蛋白质分子聚集絮结而沉淀。

需要注意的是,在常温下,有机溶剂沉淀蛋白质往往引起蛋白质变性,例如乙醇消毒就是如此。但若在低温条件下用有机溶剂沉淀蛋白质,则蛋白质的变性进行得比较缓慢。

(三)金属盐沉淀

蛋白质在 pH 稍大于等电点的溶液中带有较多的负电荷,容易与重金属离子如汞、铅、铜、银等离子结合生成不溶性盐而沉淀,所以重金属盐容易引起生物体中毒。

抢救误服重金属盐中毒的患者时,给患者口服大量蛋白质,如牛乳、豆浆或蛋清等,就是利用口服的蛋白质能与重金属盐结合形成不溶性盐的性质。

一般重金属盐沉淀的蛋白质是变性的,但若在低温条件下控制好重金属离子浓度,则也可分离制备不变性的蛋白质。

(四)生物碱沉淀

生物碱是植物组织中具有显著生理作用的一类含氮碱性物质。能够沉淀生物碱的试剂称为生物碱试剂,生物碱试剂一般为弱酸性物质。当蛋白质所处溶液的 pH 低于其等电点时,蛋白质分子带正电荷,以阳离子形式存在,易与生物碱试剂(如苦味酸、鞣质酸、磷钨酸、磷钼酸及三氯乙酸等)以及某些酸(如过氯酸、硝酸等)作用,生成不溶性盐沉淀,并伴随发生蛋白质变性。生物碱试剂沉淀蛋白质的机制:在酸性条件下,蛋白质带正电荷,可以与生物碱试剂的酸根离子结合而产生沉淀。

四、蛋白质的显色反应

在烹饪制品的蛋白质分析工作中,常利用蛋白质分子中某些氨基酸或某些特殊结构与某些试剂反应产生颜色,作为测定的依据。蛋白质的重要显色反应如下。

❶ **水合茚三酮反应**　α-氨基酸的 α-氨基与水合茚三酮作用时,反应呈蓝紫色。即 α-氨基酸与水合茚三酮一起在水溶液中加热,可发生反应生成蓝紫色物质。所有氨基酸及具有游离 α-氨基的肽都产生蓝紫色物质,但脯氨酸和羟脯氨酸与茚三酮反应产生黄色物质。此反应十分灵敏,根据反应所生成的蓝紫色的深浅,在 570 nm 波长处进行比色就可测定样品中氨基酸的含量。

❷ **双缩脲反应**　双缩脲是由两分子尿素缩合而成的化合物。双缩脲在碱性溶液中能与硫酸铜反应产生红紫色络合物,此反应称为双缩脲反应。蛋白质分子中含有许多与双缩脲结构相似的肽键,因此也能发生双缩脲反应,形成红紫色络合物。通常可用此反应来定性鉴定蛋白质,也可将反应产生的物质在 540 nm 处比色,定量测定蛋白质。

❸ **考马斯亮蓝反应**　考马斯亮蓝 G-250 测定蛋白质含量属于染料结合法的一种。考马斯亮蓝在游离状态下呈红色,最大吸收波长为 488 nm;它与蛋白质结合后变为青色,蛋白质-色素结合物在 595 nm 波长处有最大吸收。其吸光度与蛋白质含量成正比,因此可用于蛋白质的定量测定。蛋白

质与考马斯亮蓝 G-250 的结合在 2 min 左右的时间内达到平衡,反应十分迅速;其结合物在室温下 1 h内保持稳定。

五、蛋白质的变性

（一）蛋白质变性的定义

烹饪原料中的天然蛋白质分子都有紧密的空间结构,在某些物理或化学因素作用下,其特定的空间结构被破坏,从而导致蛋白质理化性质改变、生物活性丧失,这种作用称为蛋白质的变性作用。蛋白质变性作用的实质是蛋白质的二级、三级及四级结构发生变化,但主链共价键并未打断,一级结构保持完好。

变性蛋白质和天然蛋白质相比,其性质发生了较大的变化,如变性蛋白质溶解度降低、结晶性被破坏、特征性黏度增加(球状蛋白质)、生物活性丧失、生物化学性质改变、容易被蛋白酶水解消化等。

天然蛋白质的变性可以是可逆或不可逆的。蛋白质的变性作用如果不太剧烈,则是一种可逆过程,不能恢复原状则为不可逆变性。可逆变性蛋白质在除去变性因素后,可缓慢地重新自发折叠成原来的构象,恢复原有的理化性质和生物活性,这种现象称为复性。一般来说,温和条件下容易发生可逆的变性,比较强烈的条件(高温、强酸、强碱等)下容易发生不可逆的变性。

蛋白质的变性作用已被广泛应用到烹饪加工中对微生物的灭菌、消毒,以及菜肴的烹制等。能使蛋白质变性的因素很多,归纳起来有两大类,即物理因素和化学因素。

（二）影响蛋白质变性的物理因素

❶ 加热　加热是引起蛋白质变性最常见的物理因素。大多数蛋白质在 45～50 ℃ 已开始发生变性,55 ℃ 左右变性较快。在这种不太高的温度下,蛋白质变性仅涉及非共价键的变化,蛋白质分子变形伸展引起短时间的变性,为可逆变性。在 70 ℃ 以上,蛋白质的二硫键受热断裂。蛋白质长时间在较高温度下发生的变性,是不可逆变性。变性速度取决于温度的高低,在典型的变性温度范围内,温度每上升 10 ℃,速度可加快 600 倍左右。

蛋白质对热变性作用的敏感性取决于许多因素。例如,蛋白质的性质、浓度、水分活度、pH、离子强度和离子种类等。蛋白质、酶和微生物在水中比在干燥条件下更容易发生热变性失活。热变性常用于食品加工过程中,如食品的高温灭菌;豆类中胰蛋白酶抑制剂的热变性可显著提高豆类的消化率和生物有效性;热变性后的食物蛋白质更容易消化吸收,具有更好的乳化性、起泡性、凝胶性。

❷ 低温　低温能使某些蛋白质变性,如 L-苏氨酸脱氨酶在室温下稳定,而在 0 ℃ 时不稳定。大豆球蛋白、麦醇溶蛋白、鸡蛋和牛乳蛋白在冷却或冷冻时会发生凝集和沉淀,但是有些脂肪酶和氧化酶不仅能耐受冷冻,而且在低温下能保持活性。

❸ 机械处理　食品加工中采用机械处理(如揉捏、滚压、反复拉伸)产生的大量剪切力,主要破坏蛋白质的 α-螺旋结构,使蛋白质网络发生变化,导致蛋白质变性。在焙烤过程中面团的调制就是典型的例子。

❹ 静水压　液压能产生变性效应,但压力要高于 50 kPa。卵清蛋白和胰蛋白酶分别在 50 kPa 和 60 kPa 时出现变性。压力诱导蛋白质变性的原因主要是蛋白质的柔性和可压缩性。大多数纤维状蛋白质分子对压力作用的稳定性高于球状蛋白质。由于高流体压力可以使微生物细胞膜及细胞内的蛋白质发生变性,从而导致微生物死亡,高流体静压加工逐渐成为食品加工中的一项新技术。

❺ 辐射　辐射对蛋白质的影响因波长和能量的变化而变化。紫外线可被芳香族氨基酸残基吸收,导致蛋白质构象改变。如果能量很高,则二硫键也会断裂。γ 射线和其他电离辐射也可使构象发生变化。

❻ 界面　在水和空气、水和非水溶液或固相等界面吸附的蛋白质分子,一般发生不可逆变性。

蛋白质作为界面活性剂,倾向于向界面扩散并发生吸附,吸附速度与其向界面扩散的速度有关。远离界面的那部分水分子处于低能态,它们不仅与其他水分子相互作用,而且与蛋白质的离子和极性位点相互作用;靠近界面的水分子处于高能态,主要与其他水分子相互作用。

蛋白质大分子向界面扩散时开始变性,在这一过程中,蛋白质可能与界面的高能水分子相互作用,蛋白质-蛋白质之间的氢键同时遭到破坏,使结构发生"微伸展"。由于许多疏水基团和水接触,部分伸展的蛋白质被水合和活化,处于不稳定状态。蛋白质在界面进一步伸展和扩展,亲水和疏水残基分别在水相和非水相中取向,因此界面吸附引起蛋白质变性。某些主要靠二硫键稳定其结构的蛋白质不易被界面吸附。

（三）影响蛋白质变性的化学因素

❶ **pH**　蛋白质所处介质的 pH 对变性过程有很大影响,大多数蛋白质在 pH 4～10 范围内是稳定的,若所处介质的 pH 超出此范围,则一般会发生变性。当 pH 恢复到最初的稳定范围时,有些蛋白质可以恢复原有的结构。酸奶、松花蛋的生产和醋熘白菜等的烹饪过程中均利用了蛋白质的酸碱变性原理。

❷ **金属离子**　碱金属离子如 Na^+ 和 K^+ 仅有限度地与蛋白质发生反应,而 Ca^{2+}、Mg^{2+} 则略为活泼。过渡金属离子如 Cu^{2+}、Fe^{2+}、Hg^{2+} 和 Ag^+ 等容易与蛋白质相互作用,导致不可逆变性。Ca^{2+}、Fe^{2+}、Cu^{2+} 和 Mg^{2+} 还可以成为某些蛋白质分子中的一个组成部分。

❸ **有机溶剂**　大多数有机溶剂如乙醇可用作蛋白质变性剂,除了降低水与蛋白质的作用外,它们还能改变介质的介电常数,从而改变有助于蛋白质稳定的静电力,使蛋白质分子致密有序的结构展开,导致蛋白质变性。

❹ **有机化合物水溶液**　有机化合物如胍盐,当配制成高浓度（4～8 mol/L）水溶液时,会导致维持蛋白质高级结构的氢键断裂,从而引起蛋白质不同程度的变性。

❺ **还原剂**　还原剂（半胱氨酸、抗坏血酸、硫基乙醇）可以还原二硫键,因而能改变蛋白质的构象。

❻ **盐类**　盐类（主要是指易溶盐）对蛋白质稳定性的影响包括两种不同的方式。在低盐浓度时,离子与蛋白质之间为非特异性静电力。当盐的异种电荷离子中和了蛋白质的电荷时,有利于蛋白质的结构稳定,这种作用与盐的性质无关,只依赖于离子强度。一般离子强度≤0.2 时即可完全中和蛋白质的电荷。然而在较高盐浓度（1 mol/L 以上）时,盐具有特殊离子效应,影响蛋白质结构的稳定性。阴离子的作用大于阳离子,无论大分子（包括 DNA）的结构和构象差别多大,高浓度的盐对它们的结构稳定性均产生不利影响。其中 $NaSCN$ 和 $NaClO_4$ 是强变性剂。各种阴离子在离子强度相同时,对蛋白质（包括 DNA）结构稳定性的影响顺序如下:$F^- < SO_4^{2-} < Cl^- < Br^- < I^- < ClO_4^- < SCN^- < Cl_3CCOO^-$。这个顺序称为 Hofmeister 序列（感胶离子序）。其中偏左侧的离子能稳定蛋白质的天然构象,而偏右侧的离子则使蛋白质分子伸展、解离,为去稳定剂。

凡是能促进蛋白质水合作用的盐均能提高蛋白质结构的稳定性;与蛋白质发生强烈相互作用,降低蛋白质水合作用的盐,则使蛋白质结构去稳定。

（四）蛋白质变性在烹饪中的应用

原料中蛋白质发生变性,有利于人体消化液对蛋白质的消化吸收,提高蛋白质的有效利用率,并可形成菜品特殊的形态、口感和滋味。蛋白质变性在烹饪中的应用具体如下。

肉料须加热至蛋白质变性才成熟,成熟的肉与生肉相比,无论在形态、口感,还是滋味方面,都有极大的区别。烹饪更多的是在利用温度使蛋白质发生应有的变化,从而获得良好的色、香、味、形、质感,使之成为美食。利用蛋白质变性原理,在鱿鱼、墨鱼、猪腰、畜类的心脏、禽类的肫（胗）、畜类的肠肚、牛鞭、牛黄喉等加工中,预切花刀再加热,可使之呈现出双飞片、麦穗花、蓑衣花、荔枝花、菊花等各种美观形态,使更多的烹饪原料具有良好的形态。

蛋白质热变性凝固的性质在烹饪中有着广泛的应用。如焯水是烹饪中常用的一道工序,可排出动物性原料中的血污,解除部分腥膻、膻味。原料焯水去异味时,应采用冷水锅,蛋白质热变性凝固缓慢,原料中血污、异味溶出得多,焯水就会收到较好的效果。如果采用沸水下锅,原料骤然受到高温,原料表面的蛋白质立即变性、凝固而收缩,使细胞孔隙闭合,原料内部的血污、异味不易除尽,达不到理想的焯水目的。同理,在制作高汤时,原料也应冷水下锅,以控制蛋白质热变性和凝固的过程,通过缓慢地加热,使细胞的内容物在蛋白质凝固和原料收缩的过程中充分浸出,这样制作出的高汤味道鲜美、浓郁,更会增加菜肴的美味。另外,经过初加工的鱼、肉在烹制前用沸水烫一下或在较高温度的油锅中速炸一下,原料表面受到骤然的高温,蛋白质迅速热变性凝固,细胞孔隙闭合,可保持原料中的营养成分,减少水分损失,最终烹制出鲜嫩的菜肴。食物的加热熟制是烹饪工艺技术的主要方面。加热过程中蛋白质的变性一方面可保持其营养价值和风味效果,另一方面可以利用蛋白质的热变性反应,破坏多种对人体健康产生危害的致病因素。如各种病原微生物因所含蛋白质变性而失去生物活性,一些妨碍消化的酶也因变性失去催化活性,提高了食物安全性。

动物性原料如鲜鱼、鲜肉和鸡、鸭等禽类在冷冻储藏中引起的蛋白质变性,对其制品的质量有较大的影响,会使肉保水性降低而引发肉质发硬、溶解性降低,导致肉的风味营养价值等降低。又如蛋黄冷冻并储存于$-6\ ℃$,解冻后呈胶体状态,黏度也明显增大。蛋白质冷冻变性程度与冻结速度有关。一般来说,冻结速度越快,冰晶越小,挤压作用也越小,变性程度就越小。另外,Ca^{2+}、Mg^{2+}和脂肪对蛋白质的低温变性有促进作用,而磷酸盐、糖和甘油能减少蛋白质的低温变性。

有机溶剂使蛋白质变性。常温下在蛋白质溶液中加入大量的有机溶剂,如乙醇、丙酮等,能引起蛋白质的变性。醉腌的菜肴就是利用乙醇使蛋白质变性的原理制作的。醉腌是用酒和盐作为主要调味品,以鲜活及卫生的水产品为原料,通过乙醇浸醉的一种腌制制作方法。此法制作的食物无须加热,即可食用。

pH 能引起蛋白质变性。烹饪加工中利用食醋浸泡肉类,可使其皮质中的胶原蛋白发生变性,形成爽脆的美妙质感。经典粤菜中的白云猪手、白云凤爪,川湘菜中的麻辣凤爪,以及凉拌菜中适量陈醋的使用,均是利用了此原理。

机械作用使蛋白质变性。蓉胶通过搅拌与摔打能使蛋白质变性,黏性增加,从而使成品外形完整、有弹性。如潮汕、东江一带用菜刀的刀背反复捶打牛肉,使肌肉破碎成肉浆,用其制成的肉丸弹性足、质地爽脆。

任务五 解析蛋白质的功能性质及其在烹饪中的应用

任务描述

蛋白质的理化性质是多方面的,在烹饪及食品加工中应用到的部分理化性质被称为蛋白质的功能性质。蛋白质的功能性质对于保持食品的适宜特征等有着独特的作用。任务五介绍了蛋白质的各种功能性质及其在烹饪中的应用。

任务目标

(1)了解蛋白质的功能性质及其机制。
(2)理解蛋白质的功能性质在烹饪中的应用。

→ 知识精讲

蛋白质的功能性质是指在食品加工、储藏、制备和销售过程中对食品适宜特征有贡献的蛋白质的物理性质和化学性质。蛋白质的功能性质在食品加工中起着重要作用,对食品的品质产生重大影响。蛋白质的功能性质概括起来分为四大类。

（1）水合性质:主要取决于蛋白质-水相互作用,包括水的吸收和保持、湿润性、溶胀性、黏着性、分散性、溶解度和黏度等。

（2）结构性质:主要是与蛋白质-蛋白质相互作用有关的性质,包括蛋白质沉淀、胶凝和形成其他各种结构(如蛋白面团和纤维的形成)时起作用的性质。

（3）表面性质:包括蛋白质的表面张力、乳化性、发泡性、成膜性等。

（4）感官性质:蛋白质和食品中其他成分相结合,能够改变食品的颜色、气味、口味、适口性、咀嚼性、爽滑度、混浊度等的性质。

这些性质不是相互独立的,而是存在一定的内在联系。例如,黏度和溶解度取决于蛋白质-水和蛋白质-蛋白质相互作用;胶凝作用不仅包括蛋白质-蛋白质相互作用,还包括蛋白质-水相互作用。

一、蛋白质的水合性质

蛋白质的水合性质主要取决于蛋白质-水相互作用。蛋白质的水合性质即水合作用,是指蛋白质的肽键和氨基酸的侧链基团与水分子间发生的相互作用。蛋白质吸水充分膨胀而不溶解,这种水合性质通常称为膨润性。蛋白质继续水合,被水分散而逐渐变为胶体溶液,这种水合的蛋白质称为可溶性蛋白。

蛋白质浓度、pH、温度、离子强度等均影响蛋白质的水合作用。蛋白质的总水吸附率随蛋白质浓度的增加而增加。pH的改变会影响蛋白质分子的解离和带电性,从而改变蛋白质的水合作用。在等电点下,蛋白质净电荷为零,蛋白质间的相互作用最强,呈现最低水合和肿胀。例如,在宰后僵直期的生牛肉中,当pH从6.5下降至5.0(等电点)时,其持水力显著下降,导致生牛肉的多汁性和嫩度下降。当pH高于或低于等电点时,由于净电荷和排斥力的增加,蛋白质肿胀并结合较多的水。温度在0～40 ℃(或50 ℃)之间时,蛋白质的水合作用随温度的升高而提高,更高温度下蛋白质高级结构被破坏,常导致变性聚集。离子的种类和浓度对蛋白质的吸水性、肿胀和溶解度也有很大的影响。盐类和氨基酸侧链基团通常与水发生竞争性结合,在低盐浓度时,离子与蛋白质荷电基团相互作用而降低相邻分子的相反电荷间的静电力,从而有助于蛋白质水合和提高其溶解度,发生盐溶效应。当盐浓度更高时,由于离子的水合作用争夺了水,蛋白质"脱水",溶解度降低,发生盐析效应。在烹饪中用于提高蛋白质水合能力的中性盐主要是NaCl,但其也常用于沉淀蛋白质。烹饪中也常用磷酸盐改变蛋白质的水合作用,其作用机制与前两种盐不同,它是与蛋白质中结合或络合的Ca^{2+}、Mg^{2+}等结合,使蛋白质的侧链羧基转为Na^+、K^+和NH_4^+盐基或游离阴离子的形式,从而提高蛋白质的水合能力,例如在肉制品中添加0.2%左右的聚磷酸盐可增加其持水力。

食品的流动性和质地主要取决于水与食品中非水组分(尤其是一些大分子物质,如蛋白质、多糖等)的相互作用。蛋白质的水合作用主要用溶解度、吸水性和持水性表示,这三种性质不是相互一致的。持水性是指蛋白质吸收水分并将水分保留在蛋白质组织中的能力,蛋白质的持水性与结合水的能力呈正相关。蛋白质的吸水性和持水性对各类食品的质地有重要作用,不同食品体系对蛋白质水合作用的要求不同。

蛋白饮料的制作要求溶液透明、澄清或为稳定的乳状液,黏度较低,这就要求蛋白质溶解度高,在较大范围pH、离子强度和温度下相对稳定而不聚集沉淀。在肉制品加工中,蛋白质截留水的能力与肉制品的多汁性和嫩度有关。

二、蛋白质的溶解度

蛋白质的溶解度是蛋白质-蛋白质和蛋白质-溶剂相互作用达到平衡的热力学表现形式。Bigelow认为蛋白质的溶解度与氨基酸残基的疏水性有关,疏水性越小,蛋白质的溶解度越大。

蛋白质的溶解度还与pH、离子强度、温度和蛋白质浓度有关。大多数食品蛋白质的溶解度-pH图是一条"U"形曲线,最低溶解度出现在蛋白质的等电点附近。pH低于或高于等电点时,蛋白质分别带有净的正电荷或净的负电荷,带电荷的氨基酸残基的静电排斥和水合作用促进了蛋白质的溶解。由于大多数蛋白质在碱性条件(pH 8~9)下是高度溶解的,因此一般在此pH范围内从植物性原料中提取蛋白质,然后采用等电点沉淀法从提取液中回收蛋白质。

在低离子强度(0.5以下)溶液中,盐离子中和蛋白质表面的电荷,从而产生电荷屏蔽效应。如果蛋白质含有高比例的非极性区域,那么此电荷屏蔽效应使它的溶解度下降;反之,溶解度提高。当离子强度大于1.0时,盐对蛋白质的溶解度具有特异的离子效应,硫酸盐和氟化物(盐)逐渐降低蛋白质的溶解度(盐析),硫氰酸盐和过氯酸盐逐渐提高蛋白质的溶解度(盐溶)。在相同的离子强度下,各种盐离子对蛋白质溶解度的相对影响遵循Hofmeister规律,阴离子提高蛋白质溶解度的能力顺序如下:$SO_4^{2-} < F^- < Cl^- < Br^- < I^- < ClO_4^- < SCN^-$。阳离子降低蛋白质溶解度的能力顺序如下:$NH_4^+ < K^+ < Na^+ < Li^+ < Mg^{2+} < Ca^{2+}$。盐离子的这个性能类似于其对蛋白质热变性温度的影响。

在恒定的pH和离子强度下,大多数蛋白质的溶解度在0~40 ℃范围内随温度的升高而提高,而一些高疏水性蛋白质,如β-酪蛋白和一些谷类蛋白质的溶解度却与温度呈负相关。当温度超过40 ℃时,由于蛋白质结构的展开(变性),促进了聚集和沉淀作用,蛋白质的溶解度下降。

能与水互溶的有机溶剂如乙醇和丙酮,可降低水介质的介电常数,从而提高蛋白质分子内和分子间的静电作用(排斥和吸引),导致蛋白质分子结构的展开;在此展开状态下,介电常数的降低又能促进暴露的多肽基团之间氢键的形成和带相反电荷的基团之间的静电吸引作用,这些相互作用均导致蛋白质在有机溶剂-水体系中溶解度降低甚至发生沉淀。有机溶剂-水体系中的疏水键对蛋白质沉淀所起的作用是最弱的,这是因为有机溶剂对非极性残基具有增溶的效果。

三、蛋白质的黏度

液体的黏度反映了其对流动的阻力。蛋白质流体的黏度主要由蛋白质粒子在其中的表观直径决定:表观直径越大,黏度越大。

蛋白质的黏度与溶解度无直接关系,但与蛋白质的吸水膨润性关系很大。一般情况下,蛋白质吸水膨润性越大,分散体系的黏度也越大。

蛋白质体系的黏度是流体食品如饮料、肉汤、汤汁、沙司和奶油的主要功能性质。

四、蛋白质的界面性质

(一) 蛋白质的乳化性

蛋白质的乳化性是指蛋白质可以促进两种或两种以上互不相溶的液体形成乳状液,并使其保持稳定的性质。蛋白质既能同水相互作用,又能同脂作用,是天然的两亲性物质。蛋白质能自发地迁移至油-水界面和气-水界面,到达界面后,疏水基定向到油相或气相,亲水基定向到水相,并广泛展开和散布,在界面上形成蛋白质吸附层,从而起到稳定乳状液的作用。蛋白质的乳化性在一些乳状液类型的食品加工中起到重要作用,如牛乳、蛋黄、椰奶、豆奶、奶油、人造奶油、色拉酱、冰激凌、蛋糕等。

影响蛋白质乳化性的因素很多,包括内在因素(如 pH、离子强度、温度、表面活性剂、糖、油相的比例、蛋白质类型等)和外在因素(如制备乳状液的设备类型、几何形状、能量输入的强度和剪切速度等)。

一般来说,蛋白质疏水性越强,在界面吸附的蛋白质浓度越高,界面张力越低,乳状液越稳定。

蛋白质的溶解度与其乳化容量或乳状液稳定性之间通常存在正相关关系,不溶性蛋白质对乳化作用的贡献很小,但常常能够在已经形成的乳状液中起到加强稳定作用。

pH 影响蛋白质对乳状液的形成和稳定作用,在等电点溶解度高的蛋白质(如血清蛋白、明胶和卵清蛋白)具有最佳的乳化性。由于大多数食品蛋白质(如酪蛋白、商品乳清蛋白、大豆蛋白)在等电点时是微溶和缺乏静电排斥作用的,在等电点时它们一般不具有良好的乳化性。

加入低分子的表面活性剂,如磷脂和单酰甘油等,会降低蛋白质膜的硬度及蛋白质保留在界面上的作用力,通常会降低乳状液的稳定性。

加热处理常可降低吸附在界面上的蛋白质膜的黏度和硬度,降低乳状液的稳定性。

蛋白质从水相向界面缓慢扩散和被油滴吸附,将使水相中蛋白质的浓度降低,只有起始浓度较高时才能形成具有适宜厚度和流变学性质的蛋白质膜。

（二）蛋白质的起泡性

食品中的泡沫通常是指气泡分散在含有表面活性剂的连续液相或半固相中的分散体系。大多数情况下,构成泡沫的气体是空气或 CO_2,连续相是含蛋白质的水溶液或悬浊液。

典型的食品泡沫应具有以下特点:①含有大量的气体(低密度);②在气相和连续相之间有较大的表面积;③溶质的浓度在表面较高;④具有刚性或半刚性并有弹性的膜或壁;⑤有可反射的光,看起来不透明。

泡沫的产生通常有三种方法:第一种方法是鼓泡法,使气体通过多孔分配器,然后通入低浓度蛋白质溶液中。第二种是搅打起泡法,这是大多数食品充气最常用的方法,在有大量气体存在的条件下,搅打或振摇蛋白质溶液产生泡沫。与鼓泡法相比,搅打产生更强的机械应力和剪切作用,使气体分散更均匀。第三种方法是将预先被加压的气体溶于要生成泡沫的蛋白质溶液中,突然减压,系统中的气体就会膨胀形成泡沫。

烹饪中产生泡沫是比较常见的现象,能形成许多诱人的泡沫型食品,如搅打奶油、蛋糕、蛋白甜饼、面包、蛋奶酥、冰激凌、啤酒等。这些食品体系中蛋白质能否作为起泡剂主要取决于蛋白质的表面活性和成膜性,例如,蛋清中的水溶性蛋白质在搅打时,可被吸附到气泡表面,降低表面张力,又因为搅打过程使蛋白质变性,逐渐凝固在气-液界面,形成有一定刚性和弹性的薄膜,从而使泡沫稳定。烹饪中有时会由于蛋白质的起泡而影响加工操作,要对蛋白质泡沫进行消除,常用的方法就是加入消泡剂。

五、蛋白质的胶凝作用

变性的蛋白质分子聚集并形成有序的蛋白质网络结构的过程称为蛋白质的胶凝作用。一般认为蛋白质凝胶网络的形成有两个过程,首先是蛋白质分子构象的改变或部分伸展,即发生变性,而后是变性的蛋白质分子之间相互作用,形成有序的蛋白质网络结构。胶凝作用是某些蛋白质重要的功能性质,在食品加工中起着重要的作用,不仅能形成固态弹性凝胶,而且还能增稠,提高蛋白质的吸水性和颗粒黏结性、提高乳状液或者泡沫的稳定性。该性质常应用于各种食品加工中,如乳品、果冻、加热的碎肉、鱼肉制品等。

蛋白质凝胶的网络结构,是蛋白质-蛋白质相互作用、蛋白质-水相互作用以及邻近肽链之间的吸引和排斥作用达到平衡而产生的结果。

烹饪中蛋白质凝胶大致可分为以下四类。

（1）加热后再冷却形成的凝胶,这种凝胶多为热可逆凝胶,例如明胶溶液加热后冷却形成的凝胶。

（2）在加热状态下产生的凝胶,这种凝胶多不透明,而且是非可逆凝胶,例如蛋清加热后形成的凝胶。

（3）由钙盐等二价离子盐形成的凝胶,例如南豆腐的制作。

（4）不加热而经部分水解或pH调整到等电点而产生的凝胶,例如用凝乳酶制作干酪、乳酸发酵制作酸奶、皮蛋生产中碱对蛋清的部分水解等。

一些富含蛋白质的干凝胶,如鱿鱼、海参、蹄筋、干贝、鱼翅等,在烹调前的发制过程,就是蛋白质凝胶干化的逆过程,统称为干凝胶的膨润过程。膨润后的产物呈凝胶状态,而不是溶胶,因为其天然状态不是溶胶。由于食物蛋白质的等电点一般在微酸性pH处,所以烹饪中一般采用加碱而不是加酸的方法来改善干货类原料的水化状况,如碱发干货。这是因为加碱更能远离蛋白质的等电点,使其所带电荷更多,更有利于干货类原料中蛋白质的水合作用,膨润效果更好。

六、蛋白质的织构化

蛋白质是构成许多食品结构和质地的基础,如鱼和肉的肌原纤维蛋白等。但是自然界中的一些蛋白质不具备像畜肉那样的组织结构和咀嚼性,如从植物组织中分离出的植物蛋白和从牛乳中得到的乳蛋白,通过一些加工处理能使它们形成具有咀嚼性能和持水性能的薄膜状或者纤维状的产品,从而仿造出肉制品或其代用品,这就是蛋白质的织构化。蛋白质的织构化加工方法还可用于一些动物蛋白质的"重组织化"或"重整"。常见的蛋白质织构化方式有三种:热凝固和形成薄膜、纤维的形成、热塑性挤压。

❶ **热凝固和形成薄膜** 将大豆蛋白溶液置于95 ℃环境下使其表面水分蒸发,即可发生热凝固而形成一层组织化的蛋白质薄膜。这层蛋白质薄膜结构稳定,经热处理不会发生改变,有正常的咀嚼感,利用此方法可加工生产腐竹。食品工业生产一般用浓缩的大豆蛋白溶液在滚筒干燥机的金属表面热凝结,产生蛋白质膜。

❷ **纤维的形成** 此方法借鉴合成纤维的生产原理形成蛋白质组织化结构。使大豆蛋白或乳蛋白溶液在高压下通过多孔喷头进入酸性的氯化钠溶液,在等电点和盐析作用下蛋白质凝结成丝,形成纤维状。这种特性称为蛋白质的纤维形成作用。此方法可用于制作各种风味的人造肉制品。

❸ **热塑性挤压** 热塑性挤压是植物蛋白织构化常用的方法,是将含蛋白质的混合物在旋转螺杆的作用下通过一个圆筒,在高温高压和强剪切力的作用下使固态物料转化为黏稠状,然后迅速进入常压环境,物料水分蒸发后,就形成织构化的蛋白质。采用这种方法可以得到干燥的纤维状多孔颗粒或小块,复水后具有良好的咀嚼性能和质地,以及同肌肉组织相似的口感。热塑性挤压较为经济,工艺也较为简单,原料要求比较宽松,可用于肉丸、馄饨等原料的制作。

七、水调面团的形成

面粉在室温下与水混合、揉搓,可形成黏稠、有弹性和可塑性的面团,称为面团的形成。小麦面粉的这种特性最强,其次是黑麦、燕麦、大麦的面粉。面团的特性与面筋蛋白的性质、含量、种类有直接关系。

面筋蛋白主要由麦谷蛋白和麦醇溶蛋白组成。麦谷蛋白由多个亚基组成,通过分子间二硫键相互连接。麦谷蛋白主要决定面团的弹性、黏结性、混合耐受性等。麦醇溶蛋白是单体蛋白质,有分子内二硫键,缺乏弹性,具有流动性,决定面团的延伸性和膨胀性。面筋蛋白一般占面粉总蛋白质的

青稞美食

80%左右。当面粉和水混合时，水分子与蛋白质外围的亲水基团相互作用形成水合物，面筋蛋白开始水合，膨胀的蛋白质颗粒互相连接形成面筋。当面筋蛋白颗粒转变成薄膜时，二硫键也促使水合的面筋形成具有黏弹性的三维蛋白质网络，同时面粉中的淀粉和其他成分分布在蛋白质网络中，形成了面团。

揉捏面团时，如果揉捏的强度不足，就会使面筋蛋白的三维网状结构不能很好地形成，结果导致面筋的强度不足；如果过度揉捏，也会使面筋蛋白的一些二硫键断裂，造成面团的强度下降。

焙烤过程一般不会再引起面筋蛋白较大的变性。因为水合的面粉在混合揉搓过程中，面筋蛋白已经充分伸展，所以在正常温度下焙烤面包时，面筋蛋白一般不会再伸展。当焙烤温度高于 80 ℃时，面筋蛋白释放出来的水分能被部分糊化的淀粉粒吸收，而面筋蛋白仍可保持将近一半的水分，因此在焙烤时面筋蛋白能使面包柔软、保持水分。焙烤能使面粉中可溶性蛋白质变性和凝集，这种部分胶凝作用有利于面包心的形成。

→ 相关知识

豆腐的历史和制作

大豆中蛋白质含量平均约为 40%，且大豆蛋白是粮食中的完全蛋白质，含有 18 种氨基酸，其中包括 8 种人体必需氨基酸。其赖氨酸含量丰富，儿童所需组氨酸在大豆中的含量达 2.3%。

中华民族在漫长的历史长河中，发明了将大豆加工成豆腐的方法。

"淮南治丹砂，偶然成豆腐。"豆腐起源于西汉，相传是在公元前 164 年由汉高祖刘邦之孙淮南王刘安在炼丹的时候，偶然以石膏点豆汁而诞生。明代《本草纲目》中对豆腐有详细的描述：凡黑豆、黄豆及白豆、泥豆、豌豆、绿豆之类，皆可为之。造法：水浸，硙（wei，磨）碎，滤去滓，煎成，盐卤汁或山矾叶或酸浆、醋淀，就釜收之。又有入缸内，以石膏末收者，大抵得咸、苦、酸、辛之物，皆可收敛尔。其面上凝结者，揭取掠干，名曰豆腐皮，入馔甚佳也。到明清，各种豆腐及其他豆制品工艺均已成熟，形成了传统豆制品系列，传遍大江南北，并通过邻邦经亚洲走向世界。

豆腐的加工工艺如图 5-14 所示。

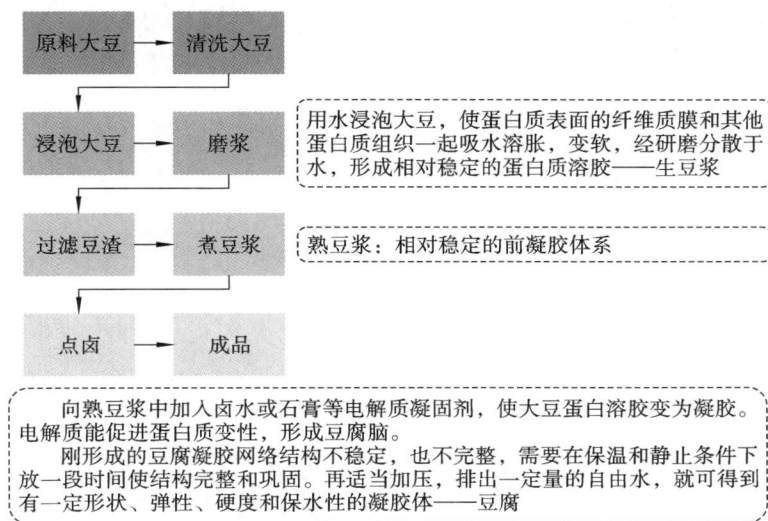

图 5-14　豆腐的加工工艺

项目小结

　　本项目的教学内容主要是氨基酸与蛋白质的结构及理化性质。

　　蛋白质是生物体细胞组分中含量最丰富、功能最多的高分子物质。其具有三大基础生理功能：构成和修复组织、调节机体生理功能和供给能量。蛋白质主要由碳、氢、氧、氮 4 种元素组成。蛋白质结构的基本单元是氨基酸。组成蛋白质的氨基酸只有 20 种，称为基本氨基酸。其按照生理作用分为必需氨基酸和非必需氨基酸。

　　蛋白质的功能性质是指蛋白质在食品加工、储藏、制备和销售过程中对食品适宜特征有贡献的物理性质和化学性质。蛋白质是食品中的重要成分，其功能性质在食品加工中起着重要作用，对食品的品质产生重大影响，如蛋白质的胶凝作用、水合作用、起泡性、乳化性和黏度等。食品中蛋白质的功能性质概括起来分为 4 大类：①水合性质；②结构性质；③表面性质；④感官性质。

在线答题

思考题

1. 指出蛋白质的元素组成及其基本构成单元。
2. 什么是必需氨基酸和非必需氨基酸？
3. 为什么说氨基酸、蛋白质都是两性物质？
4. 等电点时蛋白质的物理性质有何变化？有何应用？
5. 什么是蛋白质变性？蛋白质变性的影响因素有哪些？
6. 稳定蛋白质结构的作用力有哪些？
7. 蛋白质的功能性质有哪些？举例说明蛋白质的功能性质在烹饪中的应用。
8. 阐述面粉通过揉制形成面筋的过程和原理。
9. 请解释为什么加热牛乳、豆浆，搅打蛋清等容易产生泡沫。
10. 简述豆腐制作过程中蛋白质的有关变化，解释为什么制作豆腐时需加热和加盐卤。

认知维生素与矿物质

扫码看课件

项目描述

维生素和矿物质作为烹饪原料中存在的重要营养素,在烹饪过程中,它们会随着在原料中存在部位的改变和理化因素的变化,而发生物理或化学变化。本项目介绍维生素、矿物质的概念、性质、来源等,探讨它们在烹饪过程中的变化,为开展科学、营养烹饪奠定理论基础。

项目目标

(1)了解维生素的概念、分类及常见的维生素。
(2)了解矿物质的种类、性质及生理功能。
(3)熟悉维生素、矿物质在烹饪过程中的变化。

项目导入

红烧肉是我国传统菜肴之一,以肥而不腻、瘦而不柴、鲜美可口、味道浓香等深受人们的喜爱。烹制红烧肉所需的原料,经过烹饪后,其中的各种营养素在含量或组成上发生了不同程度的变化。烹饪后的成品相较于原料,磷、铁、镁、硒等矿物质含量显著上升,而水溶性维生素 B_1 和维生素 B_{12} 可分别保留74.51%和41.70%,维生素 B_1 保留率较高。目前公布的食物营养价值基本上都未考虑到烹饪这一影响因素,而烹饪会影响食物的营养素含量或组成,从而影响其营养价值。本项目的主要任务是从化学角度研究维生素和矿物质的分类、结构、理化性质,从而揭示烹饪过程中的变化。

任务一　走进维生素

任务描述

维生素是烹饪原料中的七大营养素之一。任务一介绍了维生素的概念、分类及命名。

任务目标

(1)了解维生素的概念及基本生理功能。

（2）掌握维生素的命名及分类规则。

→ 知识精讲

一、维生素的概念

维生素（vitamin）是一类维持机体正常生命活动不可缺少的微量有机小分子化合物。维生素的种类多，化学结构与生理功能各异，彼此之间没有内在的关系。它们并不是化学性质和结构相似的一类化合物，但由于生理功能和营养学意义有类似之处，所以归为一类。

维生素对维持健康十分重要，人体或动物体一般不能合成或合成量很少，不能满足需求，必须从食物中摄取。长期缺乏任何一种维生素都会导致相应的疾病。维生素既不是构成组织的成分，也不能提供能量，但对机体的新陈代谢、能量转变和维持生理功能等有重要作用。

二、维生素的命名与分类

（一）维生素的命名

目前维生素有以下三种命名方法。

（1）按发现的历史顺序，以英文字母顺序命名，如维生素 A、B 族维生素、维生素 C、维生素 D、维生素 E 等。

（2）按其特有的生理和治疗作用命名，如抗干眼病因子、抗癞皮病因子、抗坏血酸等。

（3）按其化学结构命名，如视黄醇、硫胺素、核黄素等。

不同名称的应用无严格规范，往往三类名称混用。

（二）维生素的分类

目前已知的维生素有 30 多种，尽管它们都是小分子有机化合物，但结构差异很大，有酚类、醇类、醛类、胺类等，不能按照一般有机化合物的分类方法来分类。通常根据溶解性，维生素可分为脂溶性维生素和水溶性维生素两大类。

❶ **脂溶性维生素**　不溶于水而溶于有机溶剂的维生素称为脂溶性维生素。脂溶性维生素包括维生素 A、维生素 D、维生素 E 和维生素 K。

❷ **水溶性维生素**　溶于水而不溶于有机溶剂的维生素称为水溶性维生素。水溶性维生素包括 B 族维生素、维生素 C，B 族维生素有维生素 B_1、维生素 B_2、维生素 B_5、维生素 B_6、维生素 B_7、维生素 B_{11}、维生素 B_{12} 等。

任务二　探寻食品中的维生素

→ 任务描述

按溶解性的不同，维生素可分为脂溶性维生素和水溶性维生素。任务二介绍了不同类别的维生素，以及维生素的结构与性质、生理功能、缺乏症、供给量及食物来源。

→ 任务目标

（1）掌握区分不同类别维生素的方法。

（2）了解常见维生素的性质、生理功能及来源等。

知识精讲

一、脂溶性维生素

脂溶性维生素包括维生素 A、维生素 D、维生素 E、维生素 K 四种。

（一）维生素 A

❶ **结构与性质**　维生素 A（图 6-1）又称为视黄醇，抗夜盲症维生素。维生素 A 是一系列具有紫罗酮结构的衍生物，其中维生素 A_1 生物活性最强，其他维生素 A 合算成维生素 A_1 当量。如维生素 A_2 为 3-脱氢视黄醇，其生物活性是维生素 A_1 的 40%。

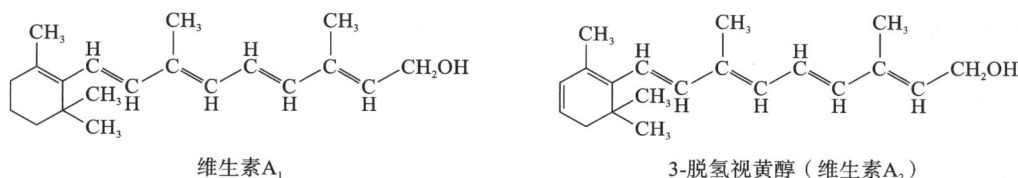

维生素A_1 　　　　　3-脱氢视黄醇（维生素A_2）

图 6-1　维生素 A 的分子结构

植物和真菌中有许多类胡萝卜素，被动物摄取后可转变成维生素 A，并具有维生素 A 的活性。它们被称为维生素 A 原。一个 β-胡萝卜素分子可产生两个等效的维生素 A 分子。

维生素 A 不溶于水，溶于脂肪及大多数有机溶剂，烹调时不易被破坏，易被氧气氧化，酸性条件下不稳定，光照条件下也易被氧化，氧化产物为醛、酸等。

❷ **生理功能**　食物中的维生素 A 由小肠吸收后掺入乳糜微粒，由淋巴运走，需要时向血液中释放，在黏膜细胞内与脂肪酸结合，被肝脏摄取并储存。当机体摄入类胡萝卜素后，类胡萝卜素转变为维生素 A 的过程主要在小肠黏膜中进行，肝和其他组织也可以进行这种转变。尽管理论上 1 分子 β-胡萝卜素可以生成 2 分子维生素 A，但是实验证明 β-胡萝卜素在人体内的平均吸收量为摄入量的 1/3，在体内转变为维生素 A 的转化率约为 1/2，故 β-胡萝卜素在人体内的利用量约为摄入量的 1/6。

（1）对视觉的作用：维生素 A 可形成眼睛中的视紫红质，影响人体对光线的适应能力。

（2）影响上皮组织的生长与分化：维生素 A 与磷酸构成的酯类是蛋白多糖和糖蛋白生物合成所需要的糖基载体。

（3）骨骼的发育：促进骨细胞的正常分裂。缺乏维生素 A 时，骨骼中的骨质向外增生而不是正常地生长。

（4）生长与生殖：维生素 A 与胞质中特异性受体结合，再与细胞核中的染色体结合，影响与生长发育有关的蛋白质的合成。维生素 A 缺乏会引起儿童生长发育迟缓。此外，维生素 A 还有延缓或阻止癌前病变等作用。

❸ **缺乏症**

（1）夜盲症与干眼病的症状：机体暗适应能力下降，结膜外部干燥发炎，导致视力减退，进一步发展会导致永久性夜盲症。

（2）上皮组织角化疾病：消化系统、呼吸系统和泌尿系统等黏膜组织，由于角化而变硬、变干，失去了作为保护内脏器官的上皮组织所应有的柔软和湿润，易引起炎症。

❹ **供给量及食物来源**　维生素 A 只存在于动物性食物中，较好的来源是各种动物的肝、肾及鸡蛋、鱼卵。植物则可提供作为维生素 A 原的类胡萝卜素，最好的来源是有色蔬菜，如菠菜、胡萝卜、辣椒，以及水果（如杏、柿子等）。

我国的膳食营养素推荐供给量（RDA）为成年人每日摄取 750 μg 维生素 A_1 当量。

（二）维生素 D

❶ **结构与性质** 维生素 D 又称为抗佝偻病维生素。维生素 D 是类固醇的衍生物。具有维生素 D 活性的化合物有十种，主要是维生素 D_2（麦角钙化醇）和维生素 D_3（胆钙化醇）。二者化学结构十分相似，维生素 D_2 比维生素 D_3 在侧链上多一个双键和甲基（图 6-2）。

维生素 D 也存在维生素 D 原（或称前体），植物中的麦角固醇经日光或紫外线照射后可以转变成维生素 D_2，故麦角固醇可称为维生素 D_2 原；人体皮下存在 7-脱氢胆固醇，在日光或紫外线照射下可以转变为维生素 D_3，7-脱氢胆固醇可称为维生素 D_3 原。由此可见，多晒太阳是防止维生素 D 缺乏的方法之一。

维生素 D 很稳定，在所有维生素中稳定性最好，能耐高温，且不易氧化。例如，维生素 D_3 在 130 ℃ 加热 60 min 仍有生物活性。但它对光敏感，在紫外线照射下易被破坏，通常的储藏、加工或烹调不影响其生物活性。维生素 D 溶于脂肪及有机溶剂，在中性及碱性溶液中能耐高温和氧化，酸性条件可使其异构化，脂肪酸败可使其有损失。

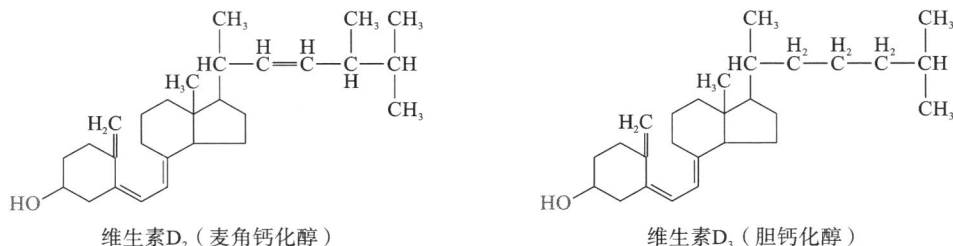

图 6-2 维生素 D 的分子结构

❷ **生理功能** 维生素 D 由小肠吸收，但吸收时需要胆汁存在，吸收后随淋巴乳糜微粒进入血液。维生素 D 的主要生理功能如下。

（1）促进钙的吸收，维生素 D 与钙同时食用可增加小肠对钙的吸收。

（2）促进混溶钙池中的钙沉积在骨骼和牙齿中。此作用与降钙素的作用相似，可使血液等体液中的钙向骨骼和牙齿沉积，增加骨骼和牙齿的密度，防止骨软化症、佝偻病、骨质疏松、龋齿等的发生。

❸ **缺乏症**

（1）佝偻病，多见于婴幼儿，主要表现为骨骼硬度低、下肢长骨变形、颅骨软化等。

（2）骨软化症，常见于成年人，以孕妇、老年人为主，机体骨的矿物质含量低，出现低钙血症，严重时出现骨质疏松。

❹ **供给量及食物来源** 人体维生素 D 的确切需要量尚未确定。人体维生素 D 的主要来源并非食物，而是由皮下 7-脱氢胆固醇经紫外线照射转变而来，故一般成人若不是生活在长期不能接触日光的环境中，则不需要另外补充。但是婴幼儿户外活动少，特别冬季日照短，不能获得充分的维生素 D，而其生长发育所需要的量较大，因此，婴幼儿易患维生素 D 缺乏症，故应有所补充。建议维生素 D 的日供给量标准：儿童、孕妇和老年人为 10 mg，其他人为 5 mg。

维生素 D 主要存在于动物性食物中，以海鱼的肝脏中维生素 D 含量最高。比目鱼肝脏中维生素 D 的含量可达 500～1000 mg。禽畜肝脏及蛋、乳也含少量维生素 D。一般情况下单从食物中获取足够的维生素 D 并不容易，尤其是婴幼儿，故应注意进行日光浴，使机体尽量多地合成维生素 D，此外也可在乳和乳制品中强化补充维生素 D。

（三）维生素 E

❶ **结构与性质** 维生素 E 又称生育酚，是所有具有生育酚生物活性化合物的总称。天然存在

Note

的维生素 E 分为生育酚及三烯生育酚两类,每类又分为 α、β、γ、δ 四种。在化学结构上,它们均为苯并吡喃的衍生物(图 6-3)。各种生育酚的差异仅在于甲基的数目和位置不同。在生物活性方面,以 α 型活性最大。

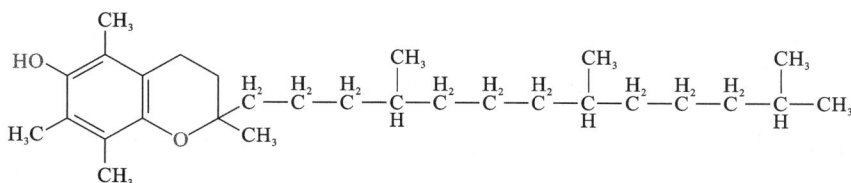

图 6-3　维生素 E 的分子结构

维生素 E 在无氧条件下对热稳定,即使加热至 200 ℃ 亦不被破坏。但它对氧十分敏感,易被氧化破坏。金属离子(如铁离子等)可促进其氧化。此外,它对碱和紫外线亦较敏感。维生素 E 在食品加工中可因机械作用而受到损失,这主要是谷类碾磨时脱去胚芽的结果。凡引起类脂部分分离、脱除的任何加工、精制过程,或者脂肪氧化过程都能引起维生素 E 损失。

维生素 E 的氧化损失通常伴有脂肪氧化,脱水食品更易发生氧化。由于维生素 E 对氧敏感、易于氧化,在食品加工中常用作抗氧化剂。

❷ **生理功能**　维生素 E 与其他脂溶性维生素一样,随脂肪一起由小肠吸收,经淋巴系统进入血液。吸收时亦需胆汁存在,吸收后可储存于肝脏,也可存留于脂肪、心脏、肌肉等中。当膳食中缺少维生素 E 时可供应用。维生素 E 的主要生理功能如下。

(1)抗氧化:维生素 E 可保护维生素 A、维生素 C 以及不饱和脂肪酸免受氧化,也可保持细胞结构完整性。维生素 E 在人体内的功能尚需进一步研究。近年来有人认为,维生素 E 的抗氧化作用与机体的抗衰老有关。

(2)保持红细胞的完整性:维生素 E 可促进红细胞生物合成,调节合成过程所必需的酶的生成,预防贫血。

(3)调节体内某些物质的合成:可通过调节嘧啶碱进入核酶的结构而参与 DNA 的生物合成过程,在产生红细胞的骨髓中作用明显。

(4)其他作用:如抗不育等。

❸ **缺乏症**　维生素 E 缺乏可引起肿瘤、心血管疾病、贫血等。

❹ **供给量及食物来源**　联合国粮食及农业组织(FAO)/WHO 专家委员会未规定维生素 E 的每日供给量标准。美国 1980 年修订的供给量标准为成年男子每日 8.5 mg 生育酚,成年女子每日 8 mg 生育酚,儿童依年龄而有所不同。我国 1988 年新增了维生素 E 的供给量标准。

维生素 E 广泛分布于动、植物性食物中。它不集中存在于肝脏,与维生素 A、维生素 D 不同。鱼肝油含维生素 A、维生素 D,但不含维生素 E。人体所需维生素 E 大多来自谷类与植物油(如小麦胚油、棉籽油)。此外,鱼、禽、蛋、乳、豆类、水果以及几乎所有的绿叶蔬菜都含有维生素 E。

(四)维生素 K

❶ **结构与性质**　维生素 K 是所有具有叶绿醌生物活性的衍生物的统称。天然维生素 K 主要有两种(图 6-4)。维生素 K_1 存在于绿叶植物中,又称叶绿醌;维生素 K_2 存在于发酵食品中,由细菌合成。此外,人工合成的某些化合物也具有维生素 K 的作用。

维生素 K 为亮黄色针状晶体,熔点为 107 ℃。不溶于水,稍溶于醇,可溶于丙酮、苯。对空气稳定,但日光、碱、还原剂均可使其破坏。由于它不是水溶性物质,在一般的食品加工中很少发生损失。目前关于维生素 K 在食品加工、保藏等过程中损失的研究报道甚少。

❷ **生理功能**　维生素 K 的吸收需要胆汁和胰液。使用标记的叶绿醌的实验证明,人体对维生素 K 的吸收率约为 80%。脂肪吸收不良的患者对维生素 K 的吸收率为 20%～30%,被吸收的维生

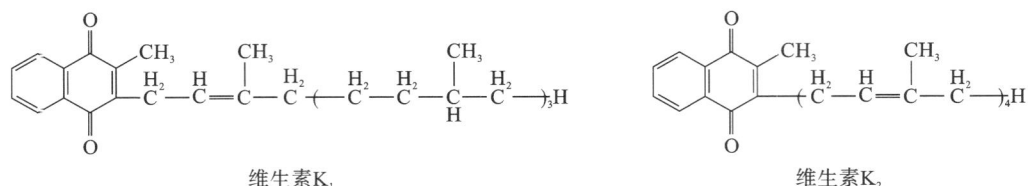

图 6-4　维生素 K 的分子结构

素 K 经淋巴系统进入血液,摄入后 $1\sim2$ h 在肝内大量出现,其他组织(如肾、心、皮肤及肌肉)内维生素 K 含量亦会增加,24 h 后下降。人体肠道细菌可合成维生素 K,并部分被人体利用。

维生素 K 的作用主要是促进肝生成凝血酶原,具有促进凝血的作用。现已查明肝中存在的凝血酶原并无凝血作用,维生素 K 可将凝血酶原前体转变成凝血酶原。

❸ **缺乏症**　维生素 K 缺乏时,机体可发生凝血功能障碍,表现为出血。

❹ **供给量及食物来源**　人体维生素 K 的需要量为每日每千克体重 $0.5\sim0.8$ mg,WHO 专家委员会和我国均未提出维生素 K 的供给量标准。

维生素 K 在食物中分布很广,绿叶蔬菜中维生素 K 的含量最高。蛋黄、大豆油和猪肝等也是维生素 K 的良好来源。部分维生素 K 可由大肠杆菌合成。

二、水溶性维生素

水溶性维生素包括 B 族维生素和维生素 C。

(一)维生素 B_1

❶ **结构与性质**　维生素 B_1 又称为抗脚气病维生素。其分子结构由含硫的噻唑环和含氨基的嘧啶环组成,故又称为硫胺素,其纯品大多以盐酸盐或硫酸盐的形式存在(图 6-5)。盐酸硫胺素为白色晶体,有特殊香味,在水中溶解度较大,在碱性溶液中加热极易分解破坏,而在酸性溶液中虽加热到 120 ℃ 也不被破坏。氧化剂及还原剂均可使其失去作用。硫胺素是所有维生素中最不稳定的一种。其稳定性取决于温度、pH、离子强度、缓冲体系等。其在亚硫酸盐存在时的降解与在碱性条件下的降解相似。因

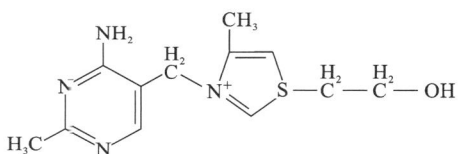

图 6-5　维生素 B_1 的分子结构

此在果蔬加工时常用亚硫酸盐来抑制食物的褐变和漂白。

硫胺素可被亚硫酸盐破坏,这可能是亚硫酸盐与氨基反应的结果。此反应在肉制品中比在缓冲溶液中弱,即蛋白质对它有保护作用。可溶性淀粉对亚硫酸盐破坏硫胺素也有保护作用,但保护机制尚不清楚。

由于硫胺素以多种形式存在,其总的稳定性取决于各种形式的相对浓度。在特定的动物性食物中,此比例还取决于动物屠宰前的营养状况。硫胺素的损失在谷类中主要由蒸煮和焙烤引起,在肉类、蔬菜和水果中则主要由各种加工操作和储存引起,其稳定性明显受体系的性质和状态的影响。

硫胺素和其他水溶性维生素在水果、蔬菜的清洗、整理、烫漂和沥滤期间均有所损失。在谷类碾磨时损失更大。

鲜鱼和甲壳类动物体内有一种能破坏硫胺素的酶——硫胺素酶,此酶可被热钝化。

❷ **生理功能**　硫胺素由小肠吸收,浓度高时为被动扩散,浓度低时则为主动吸收。肠道功能不佳者吸收受阻。此时尽管食物中硫胺素充足,但仍可出现明显的硫胺素缺乏症。健康成人体内硫胺素总量约为 25 mg,不能大量储备,摄食过多则从尿液排出,故需每天从食物中摄取。

❸ **缺乏症**　硫胺素缺乏可引起脚气病,包括湿性脚气病、干性脚气病和婴儿脚气病。硫胺素缺乏者以多发性神经症状为主,其次为水肿、食欲下降等。

❹ **供给量及食物来源**　硫胺素与糖代谢密切相关。糖主要参与能量代谢,所以一般认为硫胺素的供给量应按照能量的总摄入量来考虑。若硫胺素供给量能适应能量代谢的需要,则能满足机体其他方面的需要。有资料表明,膳食中硫胺素含量低于 0.3 mg/1000 kcal,即可引起脚气病。经研究,大多数脚气病患者膳食中硫胺素的含量低于 0.25 mg/1000 kcal。人体储存硫胺素的能力有限。

FAO/WHO 依据 Sauberlich 完成的耗竭-补充研究结果,建议 0.3 mg/1000 kcal 作为维生素 B_1 的需要量。我国膳食中糖类的能量占比往往大于 60%,上述标准可能不适合我国情况,故我国推荐的每日膳食营养素供给量,在成人为 0.5 mg/1000 kcal,对于儿童和青少年,为适应其生长发育的需要,定为 0.6 mg/1000 kcal。

硫胺素主要存在于动物内脏、瘦肉中,在谷物、酵母、干果等中含量也较丰富。

（二）维生素 B_2

❶ **结构与性质**　维生素 B_2 也称核黄素,它在自然界中主要以磷酸物的形式存在于两种辅酶中,即黄素单核苷酸(FMN)和黄素腺嘌呤二核苷酸(FAD)(图 6-6)。与此两种辅酶相结合的酶称为黄素酶或黄素蛋白,它们具有氧化还原能力,在化合物如氨基酸的氧化还原反应中起运氢作用。

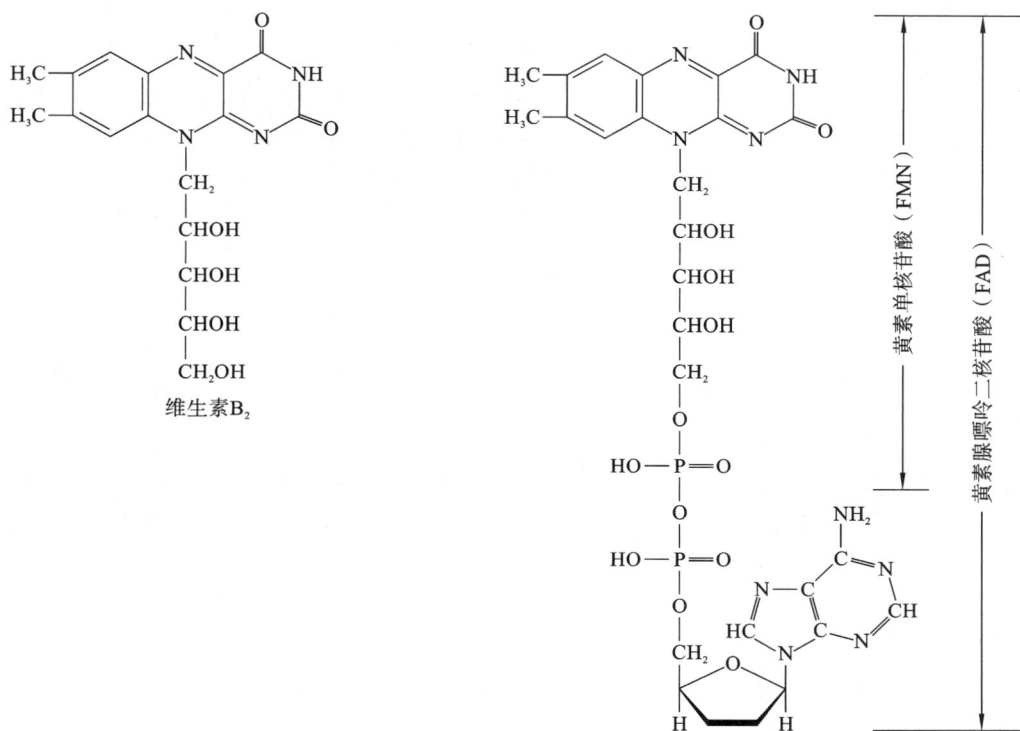

图 6-6　维生素 B_2(核黄素)的分子结构

核黄素为黄色、有荧光的油状物,加氢后的还原型核黄素则无色。核黄素在酸性或中性溶液中对热稳定,即使在 120 ℃加热 6 h 亦仅少量被破坏,且不受大气中氧的影响。但是其在碱性溶液中易被热分解。任何酸性、碱性溶液中核黄素均易受可见光的破坏。在碱性溶液中辐照可引起核黄素发生光化学裂解,产生光黄素。光黄素是一种比核黄素更强的氧化剂。它可破坏许多其他的维生素,特别是维生素 C。当牛乳储存在透明的玻璃瓶内时会产生光黄素,不仅会使牛乳的营养价值受损,还可产生一种被称为"日光异味"的可口性问题。当改用不透明的纸或塑料容器包装时便不产生这类问题。此外,游离型核黄素的光化学裂解作用比结合型更为显著。牛乳中的核黄素为游离型,若牛乳以日光照射 2 h,则牛乳中一半的核黄素会被破坏,破坏程度随温度及 pH 增高而加大。散射光也可引起核黄素损失,且在几小时后损失量可达 10%～30%。核黄素在大多数食品加工条件下很稳定,在蔬菜罐头中,它是水溶性维生素中相当稳定的一种。

❷ **生理功能** 核黄素易由小肠吸收,经血液到组织,并可少量储存于肝、脾、肾和心脏中,多余的部分从尿液排出。摄入普通膳食时,人体所排出的核黄素,其中一部分为游离核黄素,另一部分为磷酸核黄素。由于人体储存量少,故需每日从食物中补充。

核黄素是体内黄素蛋白的辅酶(FMN 和 FAD)的重要组成成分,并具有氧化还原特性,故在生物氧化即组织呼吸中具有很重要的作用,是脱氢酶的辅酶、呼吸链的起点。FMN 和 FAD 以辅基的形式与黄素蛋白结合,其结合比较牢固,使核黄素在体内有一定的稳定性且不易耗尽。但是当氮代谢呈负平衡时,尿液中核黄素排出量增加。

❸ **缺乏症** 核黄素缺乏主要引起黏膜的炎症,如结膜炎、口角炎、舌炎,还易引起贫血等。

❹ **供给量及食物来源** 核黄素是氧化还原酶的重要组成部分。大多数人推断其需要量与能量代谢有关,其供给量应与能量摄入量成正比。实际膳食调查发现,禽蛋类的核黄素含量较高,为 $0.3 \text{ mg}/100 \text{ g}$ 左右。植物性食物中豆类的核黄素含量较高,一般蔬菜和谷类的含量多在 $0.1 \text{ mg}/100 \text{ g}$ 以下。故核黄素的来源最好是动物性食物,其次为豆类,绿叶蔬菜也是核黄素的重要来源。

(三)维生素 B_3

❶ **结构与性质** 维生素 B_3 又称烟酸、尼克酸等,是吡啶衍生物(图 6-7)。烟酰胺则是其相应的酰胺,是脱氢酶的辅酶(烟酰胺腺嘌呤二核苷酸(NAD^+)和烟酰胺腺嘌呤二核苷酸磷酸($NADP^+$))的重要组成成分。烟酸是较稳定的维生素之一,耐热,即使在 120 ℃加热 20 min 也几乎不被破坏,在光、氧、酸、碱条件下很稳定,在食品中和食品加工过程中相当稳定。

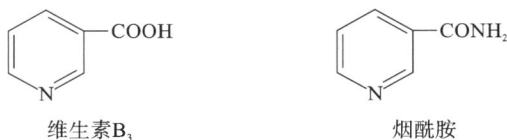

图 6-7 维生素 B_3(烟酸)的分子结构

❷ **生理作用** 烟酸由小肠吸收,并在机体内变成辅酶,广泛分布于全身,但不能储存。过量的烟酸绝大部分代谢后随尿液排出,尿液中仅含少量的烟酸或烟酰胺。烟酸在体内以烟酰胺的形式构成呼吸链中的辅酶,是组织中重要的递氢体,在代谢中起重要作用,参与糖酵解、脂类代谢、丙酮酸代谢、戊糖合成以及高能磷酸键的形成等。

❸ **缺乏症** 维生素 B_3 缺乏时,机体主要表现为癞皮病,这是一种全身性疾病,通常会出现腹泻、皮炎、痴呆等症状。

❹ **供给量及食物来源** 烟酸与硫胺素和核黄素一样,其需要量亦随能量的供给不同而改变。1967 年 WHO 专家委员会建议人体每日供给量按每 1000 kcal 供给 6.6 mg 计算,此标准是根据志愿受试者在摄取低烟酸膳食后逐渐增加烟酸的量来确定的。

动物性食物中以烟酰胺为主,植物性食物中主要存在烟酸,烟酸含量较高的食物有动物肝、肾、瘦肉,鱼,坚果,豆类及谷类,玉米中的烟酸都是结合型的,不利于吸收。

(四)维生素 B_6

❶ **结构与性质** 维生素 B_6 又称抗神经炎维生素、抗皮炎维生素,是具有 3-羟基-2 甲基吡啶结构的衍生物,在食物中有吡哆醇、吡哆胺和吡哆醛三种形式(图 6-8)。以上三种形式可相互转换。

维生素 B_6 的三种形式对热都很稳定。其中吡哆醇最稳定,并常用于食品的营养强化。但是,其易被碱分解,尤其易被紫外线分解,在有氧条件下经紫外线照射可转变成生物学上无活性的产物如 4-吡哆酸。除牛乳外,这一反应可能在其他食品中无实际意义。

❷ **生理功能** 维生素 B_6 是人体内很多酶的辅酶,如转氨酶、脱羧酶、消旋酶、脱氢酶、合成酶和

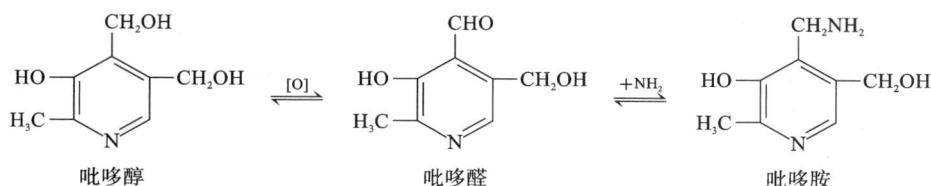

图 6-8　维生素 B_6 的分子结构

羟化酶等。其可促进糖类、脂类和蛋白质的分解、利用,也可帮助糖原从肝或肌肉中水解,释放能量。在机体组织内维生素 B_6 多以磷酸酯的形式存在,参与氨基酸的转氨、某些氨基酸的脱羧以及半胱氨酸的脱巯基作用。

❸ **缺乏症**　抗结核药异烟肼可与维生素 B_6 产生拮抗作用,从而使维生素 B_6 缺乏。机体主要出现脂溢性皮炎、神经系统病变等。

❹ **供给量及食物来源**　维生素 B_6 在不同食品中的存在形式直至近期才有所研究。尽管人们尚未系统研究维生素 B_6 在食品加工期间的破坏,但认为维生素 B_6 的存在形式和数量会受到热加工、浓缩和脱水等的影响。维生素 B_6 在新鲜和经加工的食品中的分布完全不同。鸡蛋脱水时吡哆醇含量增加,吡哆胺含量下降。鲜乳中维生素 B_6 的主要存在形式是吡哆醇。考虑到个体差异和安全系数,专家建议供给量为 6.0 mg/1000 kcal,此量约为硫胺素供给量的 10 倍。

（五）维生素 B_7

❶ **结构与性质**　维生素 B_7 又称生物素。自然界中存在的生物素至少有 α-生物素(存在于蛋黄中)和 β-生物素(存在于肝脏中)两种(图 6-9)。它们的生理功能和基本化学结构相同,都是噻吩环与尿素相结合而形成的并环化合物,不同之处在于 α-生物素带有异戊酸侧链,β-生物素带有戊酸侧链。生物素易溶于水,而不溶于有机溶剂,常温下相当稳定,高温及氧化剂可使其丧失生物活性。

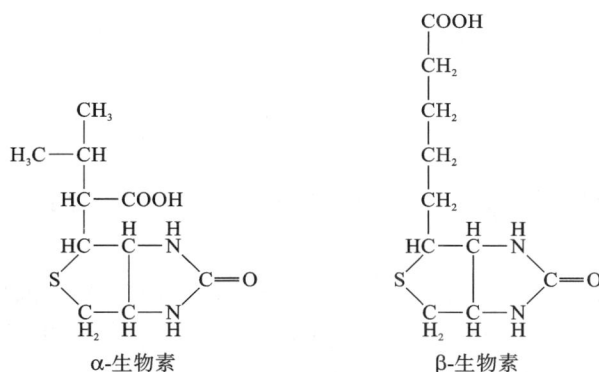

图 6-9　维生素 B_7 的分子结构

❷ **生理功能**　生物素在高等动物组织内作为羧化酶的辅酶或辅基,参与细胞内 CO_2 的固定反应,起 CO_2 载体作用。如丙酮酸转变为草酰乙酸、乙酰 CoA 转变为丙二酸单酰 CoA 等反应都需要生物素作为辅酶。

❸ **缺乏症**　人体缺乏生物素时,毛发脱落,皮肤出现炎症。未熟的鸡蛋清中有一种抗生物素蛋白,能与生物素结合而使生物素不能被肠壁吸收。吃生鸡蛋清过多或长期口服抗生素者易患生物素缺乏症。

❹ **供给量及食物来源**　生物素在动、植物组织中广泛分布,在动物肝、肾,蛋黄,酵母,乳,蔬菜,谷类等中含量丰富,肠道中有些微生物也能合成生物素,人体对各种来源生物素的总摄入量,每日可达 150～300 mg,故人体一般不缺乏。有资料介绍,妊娠母猪与哺乳母猪日粮中生物素添加量为 0.25～0.3 mg/kg 较为合适。

（六）维生素 B₁₁

❶ **结构与性质** 维生素 B_{11} 又称抗恶性贫血维生素、叶酸,辅酶形式为四氢叶酸(图 6-10)。叶酸是 1941 年从菠菜叶子中分离出来的,因此命名为叶酸,其是蝶酸和谷氨酸结合而成的化合物,谷氨酸残基可被延长成具有不同长度的结构。

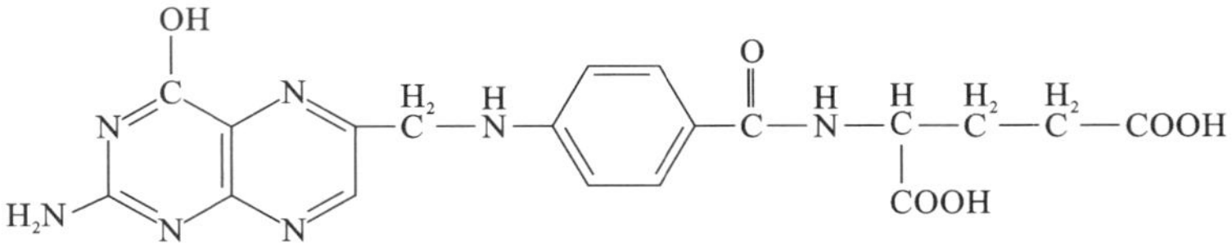

图 6-10 维生素 B₁₁ 的分子结构

叶酸在无氧条件下对碱很稳定,有氧时遇碱水解可裂开侧链,产生对氨基苯甲酰谷氨酸。有氧条件下遇酸水解产生 6-甲基蝶呤。

❷ **生理功能** 叶酸摄入后被小肠上皮细胞分泌的酶水解成谷氨酸和游离叶酸,并在小肠上部被主动吸收。吸收后在维生素 C 和还原型辅酶参与下可转变成具有生物活性的四氢叶酸(FEL),并多以甲基四氢叶酸的形式储存于肝中。在正常情况下有极少量的叶酸从尿液及粪便中排出,也有微量叶酸从各种脱落的上皮细胞中丢失。四氢叶酸参与一碳单位的转移,是体内一碳转移系统的辅酶。此一碳单位可来自氨基酸,如组氨酸、蛋氨酸(甲基)、丝氨酸(羟甲基)和甘氨酸等,对核酸和蛋白质的生物合成都有重要作用,故叶酸为各种细胞生长所必需的物质。

❸ **缺乏症** 食物中的叶酸多以含 5 分子或 7 分子谷氨酸的结合型存在,在肠道中受消化酶的作用水解为游离型而被吸收。若缺乏此种消化酶,机体可因吸收障碍而致叶酸缺乏。

叶酸缺乏主要引起巨幼细胞贫血,又称为恶性贫血。孕妇缺乏叶酸易导致胎儿畸形,主要是脊柱裂等。

❹ **供给量及食物来源** 叶酸衍生物在食品加工过程中的损失程度和机制尚不清楚。对乳品的加工和储存研究表明,叶酸的钝化过程主要是氧化。叶酸的破坏与维生素 C 的破坏相平行,而所添加的维生素 C 可保护叶酸。此两种维生素都可使乳的氧化作用下降而增加稳定性。但是两者在乳品中的含量在室温(15～19 ℃)下储存 14 天后都有所下降。

叶酸主要来自植物性食物,叶菜中叶酸含量较高,动物性食物中含量较低。

（七）维生素 B₁₂

❶ **结构与性质** 维生素 B_{12} 又称钴胺素,是目前所知唯一含有金属的维生素,而其所含金属钴也只有以维生素 B_{12} 的形式才能发挥必需微量元素的作用。维生素 B_{12} 分子中的钴(可以是一价、二价或三价)能与—CN、—OH、—CH₃ 或 5′-脱氧腺苷等基团相连,分别称为氰钴胺素、羟钴胺素、甲钴胺素和 5′-脱氧腺苷钴胺素,后者又称为辅酶 B₁₂(图 6-11)。甲钴胺素也是维生素 B_{12} 的辅酶形式。维生素 B_{12} 的两种辅酶形式——甲钴胺素和 5′-脱氧腺苷钴胺素在代谢中的作用各不相同。

维生素 B_{12} 的水溶液在室温下稳定,在 pH 为 4～6 之间最稳定,此时即使经高压灭菌处理也很少损失。其遇强光或紫外线不稳定,易受破坏。氧化剂及还原剂对维生素 B_{12} 可有破坏作用,如维生素 C 或亚硫酸盐都可将其破坏。但是据报道,还原剂如硫醇化合物在低浓度时对维生素 B_{12} 有保护作用,而量大时才引起破坏。

❷ **生理功能** 维生素 B_{12} 的吸收需要有正常的胃液分泌。一方面,胃酸可帮助与蛋白质结合的维生素 B_{12} 分解并游离出来,另一方面,胃贲门和胃底的黏膜还分泌一种称为"内因子"的糖蛋白,只有维生素 B_{12} 与这种糖蛋白结合,才能不受肠道细菌的破坏,进而被回肠吸收。

维生素 B_{12} 参与体内一碳单位的代谢。例如,维生素 B_{12} 可将 5-甲基四氢叶酸的甲基移去形成四氢叶酸。因此维生素 B_{12} 可以通过增高叶酸的利用率来影响核酸和蛋白质的合成,从而促进红细胞

现代有机合成之父:罗伯特·伯恩斯·伍德沃德

Note

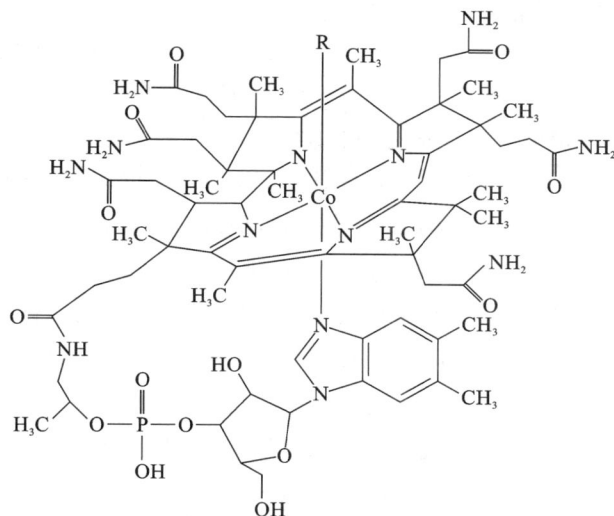

氰钴胺素：R=—CN
羟钴胺素：R=—OH
甲钴胺素：R=—CH₃
5′-脱氧腺苷钴胺素：R=5′-脱氧腺苷

图 6-11　维生素 B₁₂ 的分子结构

的发育和成熟。

人体内维生素 B_{12} 的总量为 $2\sim10$ mg，50% 以上存在于线粒体中，人体生成足够量红细胞所必需的维生素 B_{12} 每天的最低摄入量为 $1\sim2$ mg。维生素 B_{12} 供给量若太少，人体会发生恶性贫血。机体的维生素 B_{12} 含量降至 0.5 mg 左右便会出现贫血，即恶性贫血。

❸ **缺乏症**　维生素 B_{12} 缺乏可引起巨幼细胞贫血。这主要是由内因子缺乏引起的。

❹ **供给量及食物来源**　人体对维生素 B_{12} 的需要量曾有过多方面的研究。单纯的维生素 B_{12} 缺乏（不合并叶酸缺乏等）可通过注射维生素 B_{12} 来进行治疗。

FAO/WHO 专家委员会建议的每日供给量，在青少年及成人中为 2.0 mg。我国尚未规定供给量标准。

维生素 B_{12} 的主要来源为动物性食物，尤以内脏、鱼类、肉类及蛋类为多，其次为乳类。植物性食物一般不含此维生素，但我国豆制发酵食品含一定量的维生素 B_{12}。此外，若植物被细菌污染或与之共生则可有微量存在，如一些豆类的根瘤部分即含有维生素 B_{12}。动物性食物中含维生素 B_{12} 主要是由于动物食入能合成维生素 B_{12} 的微生物。

（八）维生素 C

❶ **结构与性质**　维生素 C 又称抗坏血酸，为水溶性维生素，此性质归因于其内酯环的烯醇式结构（图 6-12）。天然的抗坏血酸为 L 型。其异构体 D 型抗坏血酸的生物活性大约是 L 型的 1%。

抗坏血酸是结构不稳定的维生素，影响其稳定性的因素很多，包括温度、pH、氧、酶、金属离子、紫外线的辐射等，抗坏血酸的初始浓度、糖和盐的浓度，以及抗坏血酸与脱氢抗坏血酸的比例等。影响因素如此多，要清楚了解其降解途径和各种反应产物很不容易。

抗坏血酸的氧化降解速度因温度、pH 而不同。温度越高，对抗坏血酸的破坏越大，其在酸性条件下稳定而在碱性条件下易分解。氧气对抗坏血酸的降解作用有待进一步说明。铂等其他物质具有提高抗坏血酸稳定性的

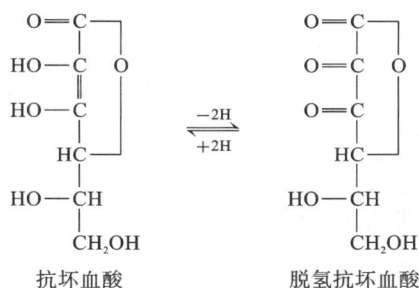

抗坏血酸　　　脱氢抗坏血酸

图 6-12　维生素 C 的分子结构

作用,这些物质可降低氧气在溶液中的溶解度。

食品加工通常需要水,由于抗坏血酸等易溶于水,很容易从食物的切面处等流失,如果蔬烫漂、沥滤时。因此,在食品加工时应尽量避免"用水"。例如,烫漂时用蒸汽而不用水。

尽管抗坏血酸的破坏是遵循一级反应还是二级反应尚有争议,但是水果罐头中抗坏血酸的损失似乎遵循一级反应,并取决于氧气的浓度。在固体橘汁饮品中,抗坏血酸的降解似乎仅与温度和水分含量有关。尽管抗坏血酸在水分含量很低时有降解,但降解速度慢,即使长期储存也无多大损失。

抗坏血酸在冷冻或冷藏时损失量很大。通常其稳定性随温度的降低而增加。

在食品中加入某些添加剂(如漂白剂亚硫酸盐)可破坏抗坏血酸的活性。

❷ **生理功能** 抗坏血酸因具有抗坏血病的作用而得名。其在小肠以扩散或主动吸收的形式进入机体血液循环。抗坏血酸摄取后 $2 \sim 3$ h 血液中的浓度达到最高,$3 \sim 4$ h 后即可排出。一部分被代谢分解,一部分以抗坏血酸原型的形式排出,另外的部分则以还原型或氧化型抗坏血酸的形式从尿液排出。

(1)抗坏血酸的作用与其激活羟化酶,促进组织中胶原蛋白的形成密切相关。胶原蛋白中含大量羟脯氨酸与羟赖氨酸。脯氨酸与赖氨酸的羟化还原,必须有抗坏血酸参与。否则,胶原蛋白合成受阻。这已由抗坏血酸不足或缺乏时伤口愈合减慢所证明。此外,色氨酸合成 5-羟色氨酸,其中的羟化作用也需抗坏血酸参与。此外,抗坏血酸还参与类固醇化合物的羟化以及酪氨酸的代谢等。

(2)抗坏血酸可参与体内的氧化还原反应。这与谷胱甘肽的氧化和还原密切相关,体内的氧化型谷胱甘肽可使还原型抗坏血酸氧化成脱氢抗坏血酸,而后者又可被还原型谷胱甘肽还原,变成还原型抗坏血酸。

(3)促进胆固醇代谢。抗坏血酸参与胆固醇的羟基化反应,促进代谢活动,促进胆固醇转化成胆汁酸、皮质激素及性激素,降低胆固醇在血液中的浓度。

(4)促进铁和叶酸的代谢。抗坏血酸可将运铁蛋白中的 Fe^{3+} 还原为 Fe^{2+},促进铁的吸收,对缺铁性贫血有一定的辅助治疗作用。它还可提高机体应激性。大剂量抗坏血酸是否有预防疾病的作用尚有争议,故大剂量长期服用应当慎重。

(5)提高机体的应激能力。存在于肾上腺中的抗坏血酸与类固醇激素的合成有关,抗坏血酸还可促进一些神经递质的合成。

❸ **缺乏症** 抗坏血酸的缺乏主要引起坏血病。抗坏血酸毒性很小,不会造成中毒,其主要副作用是其代谢产物草酸在尿液中排出时易引起泌尿系统结石。

❹ **供给量及食物来源** 我国目前的 RDA 值为成年人每日食用 60 mg。抗坏血酸的主要食物来源为植物性食物,特别是新鲜的蔬菜和水果。深色果蔬特别是枣、柑橘、山楂、猕猴桃中抗坏血酸含量较丰富。动物性食物中抗坏血酸含量较低,且加工过程中易失活。

国产维
生素 C

任务三 把握维生素在烹饪过程中的变化

▶ **任务描述**

食物原料在烹饪加工时,某些烹饪条件或者烹饪方法的应用,会造成食物中维生素不同程度的损失。任务三介绍了维生素在烹饪过程中的变化情况。

Note

→ **任务目标**

（1）了解维生素在烹饪过程中的内在变化规律。

（2）了解常见烹饪、储藏方法对维生素的影响。

→ **知识精讲**

对食材合理
烹饪，有效
保留维生
素含量

一、烹饪原料维生素含量的内在变化

在烹饪过程中，维生素虽然没有发生像蛋白质变性、脂肪水解、淀粉糊化等那样复杂的理化变化，但会随着这些高分子营养素的复杂变化而游离出来，受到高温、氧化、光照等不同因素的影响，而被破坏损失。

维生素在烹饪过程中的变化，是随维生素在原料中存在部位和理化因素的改变而改变的，进而导致其化学结构发生变化。在加工过程中，烹饪原料损失量最大的营养素就是维生素，其中又以维生素 C（抗坏血酸）损失量最大。一般情况下，温度越高，水分含量越多，则维生素的损失量越大。

二、烹饪加工对维生素含量的影响

（一）预处理

清洗是原料烹饪前常用的预处理。一般在清洗过程中维生素损失量少。但要注意防止挤压、碰撞等机械损伤，以免引起水溶性维生素的流失及酶促褐变等。

碾磨是谷类加工过程中特有的方法，存在于谷类中的维生素大多分布于谷皮、谷胚及糊粉层，因此碾磨过程容易造成维生素损失，并且损失量随碾磨程度增加而增加。例如，维生素 B_1 在标准米中的损失率为 41.6%，在中白米中为 57.6%，在上白米中为 62.8%，因此应提倡粗粮、细粮搭配使用。

此外，水果和蔬菜大多需要整理或去皮，可造成一定程度的维生素损失。据报道，水果和蔬菜的皮和皮下组织的维生素含量比其他部位高。如苹果皮中的维生素 C 含量比果肉高 3～10 倍。若在加工过程中使用碱液，则维生素 C 的损失量会大大增加。

（二）热处理

烹饪过程中的热处理主要包括烫漂、蒸煮、油炸等，是烹调加工中应用较多的方法。其目的在于熟制原料，以便达到食用或者进一步加工的要求。但热处理过程可能造成部分维生素损失。通常热处理温度越高，加热时间越长，维生素 B_1、维生素 B_{12}、维生素 C 的损失越大，而维生素 B_2、维生素 B_5、维生素 B_6、维生素 B_7、维生素 D 等损失较少。长时间高温烹饪会加快维生素 A、维生素 E 的损失，低温短时烹饪过程中维生素 A、维生素 E 的损失是可控的。

目前在食品加工领域，人们多采用高温瞬时加热、高压蒸汽灭菌和降低容器的含氧量等方法，尽量把维生素的损失减到最小。虽然这些方法可以不同程度地减少热破坏作用，但加热仍然是导致食品维生素损失的最重要因素。一项针对常用烹饪原料花椰菜、辣椒（红色和绿色）、土豆（黄色和红色）、胡萝卜、卷心菜、茄子的研究表明，蒸制法能使其中的维生素 C 含量损失最小。

三、储藏过程对维生素含量的影响

（一）冷冻处理

冷冻通常被认为是保持食品的感官性状、营养质量及长期保藏的最好方法，在加工工艺上包括

Note

预冻结处理、冻结、冻藏和解冻。

预冻结处理时的维生素损失主要是烫漂过程所造成的,但一般认为损失量很小。冷冻过程中的冷冻速度影响维生素的损失量。低温下快速冷冻可很好地保持维生素水平。冻藏期间食品所含维生素可大量损失,损失的多少取决于制品的类型、包装类型、包装材料和储藏条件等。将食品冻结到−18 ℃以下并在该温度冻藏可较好地保持食品的原始品质,同时可有适当的储存期。

解冻对维生素的损失影响较小,但水溶性维生素会随解冻时的渗出物流失,其损失量与渗出的汁液量成正比。

总之,冷冻食品的维生素损失量通常较小,但在整个冷冻期间,水溶性维生素会由于冷冻前的烫漂处理或肉类解冻而发生中等量甚至大量的损失(10%～44%)。至于冷冻果蔬中的维生素损失则主要是由维生素 C 转移到解冻时的渗出物中所致。

(二)辐照处理

辐照是近年来用于保藏食品的一种新方法,但辐照对维生素含量有一定的影响。实验表明,在水溶性维生素中,维生素 B_1 和维生素 B_6 对辐照较不敏感,维生素 C 较敏感,并且在水溶液中的敏感程度要高于在食品中或冻结状态下的敏感程度。

脂溶性维生素对辐照也很敏感。其中,维生素 E 最敏感,其次依次是维生素 A、维生素 D、维生素 K。

四、食品添加剂对维生素含量的影响

在食品储藏加工中,为防止食品腐败变质和提高其感官性状,常添加一定的食品添加剂,有的食品添加剂会对维生素含量产生一定影响。例如,氧化剂通常对维生素 A、维生素 C 和维生素 E 有破坏作用。在面粉中加入溴酸钾等改良剂可因其氧化作用而致使某些维生素失去生物活性。同样,自然氧化的陈年面粉也可发生类似的维生素损失。

亚硫酸盐常用于预防水果、蔬菜的酶促褐变和非酶促褐变。它可作为还原剂保护维生素 C,但作为亲核试剂则对维生素 B_1 有害。

亚硝酸盐与维生素 C 反应,可用于肉制品生产中防止致癌物亚硝胺的形成。

任务四　探究矿物质

任务描述

任务四介绍了矿物质的概念、分类及命名,矿物质的生理功能。

任务目标

(1)了解矿物质的概念。
(2)掌握矿物质的分类。
(3)了解矿物质的生理功能和性质。
(4)掌握矿物质在烹饪加工中的变化。

→ 知识精讲

一、矿物质的概述

矿物质是地壳中自然存在的化合物或天然元素,又称为无机盐。矿物质和维生素一样,是人体必需的元素。矿物质是人体无法产生、合成的,每种矿物质的摄取量也是基本确定的,但随年龄、性别、身体状况、环境、工作状况等因素而有所不同。矿物质在食品中的含量较少,但具有重要的生理功能,有些对人体具有一定的毒性。因此,研究食品中矿物质的目的在于提供建立合理膳食结构的依据,保证摄入适量有益矿物质,减少有毒矿物质的摄入,使生命体系处于最佳平衡状态。

（一）矿物质的分类

❶ **按生理作用分类**

（1）必需元素:必需元素是指人体必需,但人体内不能合成,必须由饮食提供的矿物质,常见的必需元素有 20 余种。缺铁可导致贫血;缺硒可引起白肌病;缺碘易引起甲状腺肿等。但必需元素摄入过多会对人体造成危害,引起中毒。这类元素主要包括钙（Ca）、镁（Mg）、钾（K）、钠（Na）、磷（P）、硫（S）、氯（Cl）、铁（Fe）、锌（Zn）、铜（Cu）、碘（I）等。

（2）非必需元素:非必需元素又称辅助营养元素,主要包括铷（Rb）、溴（Br）、铝（Al）、硼（B）、钛（Ti）。普遍存在于组织中,有时摄入量很大,但对人的生物效应和作用目前还不清楚。

（3）有毒元素:通常为有显著毒害作用的元素,主要有铅（Pb）、镉（Cd）、汞（Hg）、砷（As）等。

❷ **按在体内含量或摄入量分类**

（1）常量元素:在人体内含量为 0.01% 以上的元素,或日需要量大于 100 mg 的元素,包括钾（K）、钠（Na）、钙（Ca）、镁（Mg）、氯（Cl）、硫（S）、磷（P）等,是机体必需的元素。

（2）微量元素:在人体内含量为 0.01% 以下的元素,或日需要量小于 100 mg 的元素。每人每日膳食需要量为微克级至毫克级,如铁（Fe）、碘（I）、锌（Zn）、硒（Se）、铜（Cu）、锰（Mn）、铬（Cr）、氟（F）等。

（二）矿物质的生理功能

矿物质总量虽然只占生物体总重的很小部分,而且不提供能量,却是生物体不可缺少的成分。主要体现在以下几个方面。

❶ **机体的重要组成部分**　机体中的矿物质主要存在于骨骼中并维持骨骼的刚性,99% 的钙元素,大量的磷、镁、氟和硅就存在于骨骼、牙齿中,机体缺乏钙、镁、磷、锰、铜,可能引起骨骼或牙齿不坚固;磷和硫存在于肌肉和蛋白质中;铁为血红蛋白的重要组成成分;细胞中普遍含有钾、钠。

❷ **维持细胞的渗透压及机体的酸碱平衡**　矿物质与蛋白质一起维持细胞内外的渗透压平衡,对体液的潴留与移动起重要作用。此外,由碳酸盐、磷酸盐等组成的缓冲体系与蛋白质一起构成机体的酸碱缓冲体系,可以维持机体的酸碱平衡;矿物质与蛋白质一起维持组织细胞的渗透压;缺乏铁、钠、碘、磷可能会引起疲劳等。

❸ **保持神经、肌肉组织的兴奋性和细胞膜的通透性**　K^+、Na^+、Ca^{2+}、Mg^{2+} 等离子以一定比例存在时,对维持神经、肌肉组织的兴奋性和细胞膜的通透性具有重要作用。人体内矿物质不足时可能会出现许多症状。

❹ **对机体具有特殊的生理作用**　有些矿物质对机体具有重要的生理作用,如血红蛋白、细胞色素酶系中的铁,甲状腺素中的碘等。

❺ **多种酶的活化剂、辅因子或组成成分**　如钙是凝血酶的活化剂,锌是多种酶的组成成分。

❻ **改善食品的品质**　许多矿物质是非常重要的食品添加剂,它们对改善食品的品质意义重大。

例如,Ca^{2+}是豆腐的凝固剂,还可保持食品的质构;磷酸盐有利于增加肉制品的持水性和结着性;食盐是典型的风味改良剂等。矿物质如果摄取过多,容易引起中毒,因此一定要注意矿物质的适量摄取。

❼ 改善食物感官质量 矿物质具有改善食物感官质量的重要作用,如磷酸盐具有增加肉制品的持水性、结着性的作用。

食物中矿物质存在状态常常不尽相同。有些常量元素,尤其是单价的,一般以溶解状态存在,多数为游离态,如阳离子中的钠、钾离子和阴离子中的氯离子等。而一些多价离子常处于一种游离的、溶解而非离子化的平稳的胶态中,如在肉和牛乳中就存在着这种平稳状态。金属元素还常以一种螯合状态存在于食物中,如维生素 B_{12} 中的钴元素。研究食物中的矿物质,目的在于提供建立合理膳食结构的理论依据,保证提供适量的营养元素,避免有毒矿物质对人体的不良影响,维护人体健康。

（三）矿物质的存在形式

矿物质有气态、液态和固态三种基本存在形式。矿物质的存在形式取决于元素本身性质。矿物质在食物中主要有三种存在形式,即无机盐、氧化物及配位化合物。

食物中存在着含量不等的矿物质,有些矿物质以离子状态、可溶性盐和不溶性盐的形式存在,有些矿物质在食物中往往以螯合物或复合物的形式存在。

食品中重要的矿物质元素如下。

❶ 常量元素

（1）钙和磷:钙和磷是人体必需的营养素之一。正常成人的骨骼中钙含量约为 1200 g,总磷含量为 $400\sim800$ g。人体内 99% 的钙和 80% 的磷以羟基磷灰石的形式存在于骨骼和牙齿中。

钙是骨骼和牙齿的重要成分,形成和维持骨骼和牙齿的结构;维持肌肉和神经的正常活动;参与凝血过程;钙还在体内参与调节或激活多种酶的活性,如 ATP 酶、脂肪酶、蛋白质分解酶等,对细胞的吞噬作用、激素的分泌也有影响。磷作为核酸、磷脂、辅酶的组成部分,参与糖和脂肪的吸收与代谢。磷主要的生理功能有参与骨质、核酸的构成,是代谢过程中重要的储能物质、细胞内主要的缓冲物质。由于钙能与带负电荷的大分子形成凝胶,如低甲氧基果胶、大豆蛋白、酪蛋白等,加入罐用配汤可提高罐装蔬菜的坚硬性。因此,钙剂在食品工业中广泛用作质构改良剂。磷在软饮料中用作酸化剂;三聚磷酸钠有助于改善肉制品的持水性;在剁碎肉和加工奶酪时使用磷可起到助乳化的作用。此外,磷还可充当膨松剂。

人对钙的日需要量,推荐值为 $0.8\sim1.0$ g。乳及乳制品是钙的最佳食物来源,乳中钙含量丰富,且吸收率高,是理想的钙源。蛋制品、水产品(如虾皮)、肉类、芝麻酱等含钙量也较高。很多植物性食物中的钙吸收率较低,70%～80% 的钙与植酸、草酸、脂肪酸等形成不溶性的盐而不被吸收。钙强化食品通常采用乳酸钙、碳酸钙、葡萄糖酸钙等作为钙源。人体对磷的日需要量为 $0.8\sim1.2$ g,正常的膳食结构一般无缺磷现象。磷在食物中分布很广,瘦肉、蛋、鱼、干酪、蛤蜊、动物的肝脏和肾脏中磷的含量很高。海带、芝麻酱、花生、干豆等中磷含量也很高。食物中的磷主要以有机磷酸酯及磷脂的形式存在,较易被机体消化吸收,吸收率在 70% 以上。但粮谷中的磷多为植酸磷,吸收率很低,强化磷的添加剂有正磷酸盐、焦磷酸盐、三聚磷酸盐、骨粉等。人体缺钙时,幼年易患佝偻病,成年或老年易患骨质疏松症。

（2）镁:人体内 60%～65% 的镁以磷酸镁存在于骨骼及牙齿中,27% 分布在软组织与体液中,是细胞中主要的阳离子之一。镁与钙、磷构成骨盐,与钙在功能上既协同又对抗。当钙不足时镁可部分替代;当镁摄入过多时,又阻止骨骼的正常钙化。

镁是许多酶的激活剂。镁可维持骨骼生长和神经、肌肉的兴奋性;能维护胃肠道功能;可封闭不同的钾通道,阻止钾外流,也可抑制钙跨膜内流。镁缺乏可致神经、肌肉兴奋性亢进;低镁血症患者可有房性期前收缩、心房颤动以及心室颤动等,半数有血压升高。镁缺乏也可导致胰岛素抵抗和骨质疏松症。蔬菜在加工中常因叶绿素中的镁脱去而生成脱镁叶绿素,色泽变暗。膳食中的镁来源于全谷、坚果、豆类和绿色蔬菜。一般很少出现缺乏症。

(3)钠和钾:钠和钾的作用与功能关系密切,二者均是人体的必需营养素。钠作为血浆和其他细胞外液的主要阳离子,在保持体液的酸碱平衡、维持渗透压和水的平衡方面起重要作用,并和细胞内的主要阳离子钾离子共同维持细胞内外的渗透平衡,参与细胞的生物活动,在机体内循环稳定的控制机制中起重要作用;在肾小管中参与氢离子交换和再吸收;参与细胞的新陈代谢。在食品工业中钠可激活某些酶(如淀粉酶);诱发食品中的典型咸味;降低食品的水分活度,抑制微生物生长,起到防腐作用;作为膨松剂改善食品的质构。钾可作为食盐的替代品及膨松剂。

钠普遍存在于各种食物中,主要来源是食盐和味精。钾的主要食物来源是水果、蔬菜和肉类。人们一般很少出现钠、钾缺乏症,但当钠摄入过多时会出现高血压。

(4)硫:硫对机体的生命活动起着非常重要的作用,在体内主要作为合成含硫氨基酸(如胱氨酸、半胱氨酸和蛋氨酸)的原料。食品工业中常利用 SO_2 和亚硫酸盐作为褐变反应的抑制剂;在制酒工业中硫被广泛用于防止和控制微生物生长。硫分布广,富含含硫氨基酸的动、植物性食物是硫的主要食物来源。

❷ 微量元素

(1)铁:铁是人体必需的微量元素,也是人体内含量最多的微量元素。成人体内含有 3~4 g 铁,其中 2/3 存在于血红蛋白与肌红蛋白中,是构成血红素的成分。其余的部分主要储存于肝中,其他器官(如肾、脾)中也有少量分布,是多种酶(如细胞色素氧化酶、过氧化物酶、过氧化氢酶)的成分。机体内的铁都以结合态存在,没有游离的铁离子存在。机体对铁的需要量因人而异,男性一般为 5~10 mg/d,女性在青春期及妊娠期为 12~28 mg/d。铁在食品中主要以三价铁、二价铁、元素铁以及血色素型铁的形式存在。三价铁存在于植物性食物中,与有机物结合,它们必须解离并还原为二价铁后,才能被有效利用。血色素型铁存在于血红蛋白和肌红蛋白中,这种铁的吸收率比二价铁要高,且不受植酸和磷酸的影响,因此动物性食物中的铁比植物性食物中的铁更易被人体吸收。

动物性食物如肝脏、瘦肉、蛋黄中富含铁,吸收率高,为 20%~30%。植物性食物如豆类、菠菜、苋菜等含铁量稍高,其他含铁量较低,且大多数与植酸结合而难以被人体吸收与利用,植物性食物中铁的吸收率很低,为 1%~1.5%。常用于强化铁的化合物有硫酸亚铁、正磷酸铁、卟啉铁等。铁缺乏是一种常见的营养缺乏病,血浆中铁的含量低于 400 mg/L 会导致缺铁性贫血,使人感到虚弱无力,婴幼儿、孕妇、乳母更易发生。体内铁缺乏,引起含铁酶减少或铁依赖酶活性降低,细胞呼吸障碍,从而影响组织器官功能,机体食欲降低。严重者可有渗出性肠病及吸收不良综合征等。

(2)碘:碘是人体必需的微量元素之一,人体含 20~50 mg,其中 20%~30% 集中在甲状腺中。碘的主要生理功能为参与能量代谢与生物氧化,促进代谢和生长发育,促进神经系统发育,调控皮肤与毛发生长等。成人缺碘会出现甲状腺功能亢进症;胎儿或婴幼儿严重缺碘可导致中枢神经损伤,引起表现为智力低下、生长发育停滞的克汀病(呆小病)。碘过多也可引起"高碘性甲状腺肿"。碘的供给量标准为成人 150 $\mu g/d$。

海带等各类海产品是碘的良好来源。缺碘的常见原因是长期食用在低碘或缺碘地区种植的农产品。一般食物中含碘量低于 10 $\mu g/kg$,而且在热加工、淋洗和浸泡中损失量较大。一般采用在食盐中加入碘化钾或碘酸钾的方法补碘,每克碘盐含碘约 70 μg。因此碘盐是最为方便有效的补碘途径。

(3)锌:锌在人体中的总量为 2~4 g,主要以锌蛋白及含锌酶的形式分布在各种组织器官中,30% 储藏在骨骼和皮肤中。有近百种酶依赖锌的催化,如醇脱氢酶 EC1.1.1.1,若失去锌,此酶活性也将随之消失,补充锌可以恢复活性。锌是人体 70 多种酶的组成成分,如超氧化物歧化酶、RNA 聚合酶;锌参与蛋白质和核酸的合成;锌与胰岛素、前列腺素、促性腺激素等激素的活性有关;锌具有提高机体免疫力的功能,与人的视力及暗适应能力关系密切。膳食中长期缺锌会引起异食癖、厌食症。

成年男子对锌的实际需要量约为 2.2 mg/d,考虑到人体对食物中锌的吸收率为 10% 左右,推荐供给量为 22 mg/d。

锌的来源广泛,但食物中锌的含量差别很大,吸收率也有很大差异。贝壳类海产品、红色肉类、动物内脏都是锌的极好来源,而且肉类中的锌与肌球蛋白紧密连接在一起,可提高肉的持水性。海鱼类等海产品中锌含量为 15～20 mg/kg。除谷类的胚芽外,植物性食物中锌含量较低,如小麦中锌含量为 20～30 mg/kg,且大多与植酸结合,不易被人体吸收与利用。水果和蔬菜中锌含量很低,大约为 2 mg/kg。有机锌的生物利用率高于无机锌。

(4)硒:硒是机体重要的必需微量元素。硒是超氧化物歧化酶(SOD)的组分,也是构成谷胱甘肽过氧化物酶的成分,参与辅酶 Q 与辅酶 A 的合成。缺硒可导致克山病的发生。硒能加强维生素 E 的抗氧化作用,对甲状腺激素有调节作用;硒还具有促进免疫球蛋白生成和保持吞噬细胞完整性的作用;硒可能通过诱发神经细胞凋亡而降低细胞存活率。补硒可使肝癌、肺癌、前列腺癌和结直肠癌等的发生率和死亡率明显降低;补硒还在预防肿瘤和心血管病、延缓衰老方面有重要的作用。

我国绝大部分地区处于缺硒带,也有个别高硒区。硒缺乏与中毒和地理环境有关。我国黑龙江克山县一带是严重缺硒地区,土壤中的硒含量仅为 0.06 mg/kg,该地区的人易患白肌病或大骨节病;而陕西紫阳和湖北恩施的部分地区为高硒区,硒的含量变化为 0.08～45.5 mg/kg,平均为 9.7 mg/kg,常会出现硒中毒现象,患者表现为牙齿变色、皮肤出疹、头发脱落、指甲发脆、肠胃不适等。硒的良好来源是海洋生物的肝、肾、肉等;蔬菜和水果的硒含量甚微。硒在烹饪加热中易挥发。

(5)铜:人体中的铜大多数以结合状态存在,如血浆中大约有 90% 的铜以铜蓝蛋白的形式存在。铜通过影响铁的吸收、释放、运送和利用来参与造血过程。铜能加速血红蛋白及卟啉的合成,促使幼红细胞成熟并释放。铜是体内许多酶(如超氧化物歧化酶(SOD))的组成成分,参与体内氧化还原过程,具有维持正常造血、促进结缔组织形成、维护中枢神经系统健康、促进正常黑色素形成、维护毛发正常结构、保护机体细胞免受超氧阴离子的损伤等重要作用。铜可促进体内许多激素(如促甲状腺激素、促黄体生成素、促肾上腺皮质激素等)的释放;影响肾上腺皮质激素和儿茶酚胺的合成,并与机体的免疫功能有关。

食品加工中铜可催化脂质过氧化、维生素 C 氧化和非酶促褐变;作为多酚氧化酶的组成成分,催化酶促褐变,影响食品的色泽。但在蛋白质加工中,铜可改善蛋白质的功能特性,稳定蛋白质的起泡性。绿色蔬菜、鱼类等含铜丰富,牛乳、瘦肉、面包中含量较低。食品中锌过量时会影响人体对铜的利用。

(6)铬:铬是机体内葡萄糖耐量因子(GTF)的组成成分,在体内具有加强胰岛素的作用、预防动脉粥样硬化、促进蛋白质代谢和生长发育等功能。肉类、动物肝脏、胡萝卜、红辣椒等食物中含铬较多。有机铬易被人体吸收。膳食中缺铬可导致一系列的代谢紊乱。例如,缺铬时血清胆固醇水平及血糖水平均升高,引起动脉粥样硬化。

(7)钴:钴可增强机体的造血功能,可能的途径如下。

①直接刺激作用,钴促进铁的吸收和储存铁的动员,使铁易进入骨髓被利用。

②间接刺激作用,钴能抑制细胞内许多重要的呼吸酶的活性,引起细胞缺氧,从而使促红细胞生成素的合成量增加,引起代偿性造血功能亢进。钴通过维生素 B_{12} 参与体内甲基的转移和糖代谢;钴还可以提高锌的生物利用率。食物中钴的含量变化较大。豆类中钴含量稍高,大约为 1.0 mg/kg,玉米和其他谷物中含量很低,大约为 0.1 mg/kg。

(8)氟:人体骨骼中氟含量约为 2.6 g,主要分布在骨骼与牙齿中,适量的氟能被牙釉质中的羟基磷灰石吸附,形成坚硬致密的氟磷灰石表面保护层,具有防龋齿作用,有利于钙和磷的利用及在骨骼中沉积,可加速骨骼成长,并维护骨骼的健康。

海产品与茶叶是氟含量较高的食品,海鱼中氟的含量达 5～10 mg/kg,干旱地区茶叶中氟含量为 100 mg/kg。对于缺氟的地区,在自来水中加入氟(1 mg/L),能满足人对氟的需要量。过量的氟会损害牙齿和骨骼，典型症状为"牙氟中毒"，补充时一定要注意浓度不能高，长期饮用 2～7 mg/L 的氟会出现牙菌斑，饮用 8～201 mg/L 的氟会导致骨脆，易发生骨折。因此，氟含量高的地区，应通过离子交换去除过量的氟。

二、矿物质的基本性质

（一）溶解性

大多数营养元素的传递和代谢是在水溶液中进行的。因此，矿物质的生物利用率和生物活性在很大程度上依赖于它们在水中的溶解性。然而，食品中的矿物质有的以溶解状态存在，如钾和钠；有的则是不溶物，如镁、钙、钡的氢氧化物、碳酸盐、磷酸盐、硫酸盐、草酸盐和植酸盐，甚至以与其他物质复合的不溶状态存在，如多数植物性食物中的铁和钙。

食品中的一些有机物质（如蛋白质、氨基酸、核酸、核苷酸等）可以与矿物质络合或结合，生成可溶性的复合物或螯合物，从而促进矿物质的吸收利用。食品营养强化时，往往选用可溶性的盐类，以保证其生物利用率。在食品生产中，常使用某种添加剂的钠盐或钾盐形式，以便提高添加剂的溶解度，改善其在食品中的分散性。

（二）氧化还原性

食品中的矿物质往往以多种价态存在，因而表现出不同的氧化还原性质。其中一些矿物质以氧化剂的状态出现，如碘酸盐、溴酸盐等；也有一些矿物质以还原剂的形式出现，如含硫氨基酸中的硫醇基。一些金属离子具有多种氧化价态，如铁可以是二价或三价，铬可以是三价或六价。这些价态的变化，不仅会影响食品的物理性质和感官性质，也会影响它们在人体中所发挥的生理作用，甚至是营养物质或有毒物质的差别。

（三）酸碱性

矿物质所呈现出的酸碱性可以改变食品的化学环境，从而对食品中的其他组分产生重要的影响。人体各种体液的酸碱度并不都是一样的，这些酸碱条件正是不同生化反应的必需条件，能够对这些酸碱条件起调节作用的物质主要是矿物质。

按照 Brønsted 酸碱质子理论，能够提供质子的物质是酸，能够接受质子的物质是碱。矿物质阳离子或阴离子在食品中往往影响到食品的酸碱性和人体的酸碱平衡，特别是含量较大的元素，如钙、钾、镁为碱性元素，磷、硫、氯为酸性元素。在不同的酸碱性条件下，矿物质的溶解度和化学反应性的差异也很大。

根据酸碱电子理论，获得电子对者为酸，给出电子对者为碱。因此，具有低能空轨道的过渡金属离子呈酸性，而有孤对电子的化合物呈碱性。给出电子的物质称为配位体，主要配位原子是氧、氮、硫，它们在蛋白质、糖类、磷脂和有机酸中较多。铁离子、铜离子等金属离子在食品中是维生素 C 氧化反应、脂肪氧化反应的催化剂。在金属离子存在的情况下，反应的速度以数十倍增长。

（四）金属离子间的相互作用

机体对金属元素的吸收有时会发生拮抗作用，这可能与它们竞争载体有关，如过多的铁就可以抑制锌、锰等元素的吸收。

（五）螯合效应

矿物质在食品中往往以螯合物或复合物形式存在。所谓螯合物，就是由一种多核配位体以多个配位键与一个金属离子相结合，在空间上形成以金属离子为中心的环状结构。螯合物的稳定性高于一般的配位复合物，呈现五元环和六元环的螯合物较为稳定，碱性较强的金属离子所形成的螯合物更加稳定。

许多金属离子以螯合物的形式发挥生理作用，如血红素中的铁、叶绿素中的镁、维生素 B_{12} 中的钴、葡萄糖耐量因子中的铬,以及许多酶中的锌。在这些螯合物中,提供电子的往往是氮、氧等元素,来自有机酸、氨基酸或其他含氮物质。在食品系统中,螯合物可以发挥十分重要的作用。例如,为了防止脂肪氧化,常常在食品中加入柠檬酸等螯合剂与铁离子、铜离子等金属离子结合;又如,为了在食品中补充铁,常常选用 EDTA 铁钠进行营养强化。

三、矿物质在烹饪加工中的变化

（一）食品加工中的变化

食品中矿物质的损失与维生素不同。在食品加工过程中矿物质不会因光、热、氧等因素分解,而是通过物理作用去除或形成另外一种不易被人体吸收与利用的形式。

❶ **预加工**　在食品加工过程中,原料最初的清洗、整理、去除下脚料、烫漂、蒸煮等手段是矿物质损失的主要途径。矿物质与食品中其他成分的相互作用也可导致其生物利用率下降。

❷ **精制**　精制是造成谷物中矿物质损失的主要因素,谷物的胚芽和糊粉层富含矿物质,碾磨可使矿物质含量减少。而且谷物碾磨越精,损失越大,小麦磨成粉时,其中的锰、铁、钴、铜、锌损失严重。需要指出的是,某些谷物(如小麦)外层所含的抗营养因子在一定程度上会妨碍矿物质在人体内的吸收,因此,需要适当进行加工,以提高矿物质的生物利用率。

❸ **烹调过程中食物间的搭配**　溶水流失是矿物质在加工过程中的主要损失途径。食品在烫漂或蒸煮等烹调过程中,其中的矿物质遇水会流失,其损失量大小与矿物质的溶解度有关。烹调方式不同,同一种矿物质的损失量也不同。在烹调过程中,矿物质容易从汤汁内流失。例如,铜在马铃薯皮中的含量高,煮熟后含量下降,油炸后含量增加。

矿物质与食物中其他成分的相互作用导致其生物利用率下降,是矿物质营养素价值下降的另外一个原因。搭配不当会降低矿物质的生物利用率。例如,含钙丰富的食物与草酸盐含量较高的食物共同煮制,就会形成螯合物,大大降低钙在人体中的生物利用率。

❹ **加工设备和包装材料**　有时在食品加工过程中矿物质的含量反而有所增加,食品加工中设备、用水和包装都会影响食品中的矿物质含量。例如,牛乳中镍含量很低,但经过不锈钢设备处理后镍含量明显上升;罐头食品中的酸与金属器壁反应,生产氢气和金属盐,则食品中的铁离子和锡离子的含量明显上升,但这类反应严重时会出现"胀罐"和硫化黑斑现象。

（二）合理烹饪和搭配促进矿物质的吸收

为了促进人体对矿物质的吸收,配膳时,应注意以下几个方面的问题。

（1）避免食物中各种成分的不良化学反应。

不良化学反应会影响矿物质的吸收,特别要注意各种物质间的沉淀反应。

草酸、植酸、单宁、膳食纤维来自植物性食物,因此人体对植物性食物中的钙吸收率低。抗胃酸药会抑制铁的吸收,所以抗胃酸药不能连续长期服用,否则会导致缺铁性贫血。在食物配伍中,避免富含人体容易吸收的优质钙、铁的动物性食物与含有抑制因素的食物相遇而阻碍人体对钙、铁的吸收。钙的吸收率与年龄有关,随年龄增长而下降。如婴儿吸收率为 60%,青少年为 $35\%\sim40\%$,成人为 $15\%\sim20\%$,老年人则更低。身体状况不佳如腹泻、消化不良也会降低钙的吸收率。植酸、膳食纤维、高钙、高铜、高亚铁离子会抑制锌的吸收。

排骨、带骨肘子等含有丰富的钙、铁等矿物质,在配菜过程中,如果配以草酸含量高的蔬菜,如菠菜、苋菜和春笋等,往往使菜品中的草酸在烹调时与肉中的钙、铁结合成难以消化吸收的草酸钙、草酸铁,从而降低钙、铁利用率,降低肉的食用价值。因此在烹制前,应先将这些草酸含量高的蔬菜焯水,除去草酸,可使钙、铁被人体充分吸收。

（2）利用各种有利的化学反应。

一些有利的化学反应可生成可溶性盐,促进人体对矿物质的吸收。维生素 D、乳糖、乳酸、氨基酸、乙酸、柠檬酸等能促进钙的吸收,从代谢机制方面考虑,维生素 D 是影响钙吸收的重要因素,维生素 D 不足,钙的吸收受阻。另外,也有报道认为,食物中钙的含量与磷含量之比(Ca/P)在 1~1.5 较好。

维生素 C、维生素 B_2、胱氨酸、半胱氨酸、赖氨酸、柠檬酸、琥珀酸、葡萄糖、果糖可促进铁的吸收。补铁要选择富含人体容易吸收的二价血红素铁的动物全血、动物肝脏、瘦肉、鱼类等动物性食物,同时要与可促进铁吸收的食物搭配食用。

维生素 D、氨基酸、还原性谷胱甘肽、柠檬酸盐可促进锌的吸收。

在炒菜时,荤素搭配,蔬菜中的钙、铁与瘦肉中的氨基酸结合,可使钙、铁的吸收率成倍提高。蔬菜、水果中含维生素 C 多,动物肝脏、血等含铁丰富,一起烹调可使不易吸收的有机铁还原为便于人体吸收的铁。孕妇、儿童、青少年容易缺钙、铁,主要原因是吸收率低。因此,通过合理烹调,促进人体对食物中钙、铁的吸收颇为重要。烹调菜肴时加点醋,可以提高钙的吸收率,如糖醋排骨等。

(3) 注意碱性与酸性食品的搭配,维持人体酸碱平衡。

饮食中各种食物如果搭配不当,容易引起人体生理上酸碱平衡失调。一般情况下,饮食中酸性食品容易超过需要(因为人们的主食都属于酸性食品),导致血液偏酸。这不仅会增加钙、镁等碱性元素的消耗,引起人体缺钙,而且会使血液的色泽加深,黏度增大,引起酸中毒。儿童发生酸中毒时,容易患神经衰弱、疲劳倦怠、胃酸过多、便秘、软骨病、龋齿等。中老年人发生酸中毒时,容易患神经痛、血压增高和动脉硬化、胃溃疡、脑出血等。因此,在饮食中必须注意酸性食品和碱性食品的适当搭配,尤其应该控制酸性食品的比例。这样,才能保持人体生理上的酸碱平衡,防止酸中毒,同时也有利于食品中各种营养成分的充分利用,达到提高食品营养价值的目的。

猪肉是含硫、磷、氯较多的食物,在体内代谢产生酸性物质。因此,食用时要配以含钙、钾、钠、镁等碱性离子较多的蔬菜,如韭菜、萝卜、芹菜、白菜和菠菜等。这样可以实现食品酸碱平衡。若配以坚果类食品,如花生、核桃、黑枣等,酸性食品和猪肉一起进入体内,会产生更多的酸性物质,对人体健康不利。

1956 年日本 "水俣病" 事件

项目小结

本项目的教学内容主要是介绍维生素、矿物质相关概念及功能特性,通过学习维生素、矿物质的性质,探索它们的功能特性,探讨烹饪过程对它们的影响,并结合烹饪化学课程特点,对合理、科学烹饪提出建议。

思考题

1. 什么是维生素?有何特点?如何分类?
2. 生吃鸡蛋的做法可不可取?为什么?
3. 船员在海上航行,如果长期以干粮为主食,最有可能发生什么样的营养缺乏症?
4. 为什么维生素 A 及维生素 D 可以好几周吃一次,而 B 型维生素复合物必须经常补充?
5. 在烹饪过程中如何减少维生素的损失?
6. 试述矿物质的分类及依据,各举几个例子说明。
7. 烹饪过程中哪些操作会影响菜肴中的矿物质含量?
8. 在实际操作中如何烹调以减少矿物质的损失,提高其吸收率?

在线答题

Note

认知酶

项目描述

　　酶存在于生物体内,由生物细胞合成,并参与新陈代谢有关的化学反应。烹饪食物原料含有多种内源酶,在烹饪加工和产品保藏过程中也会使用不同种类的外源酶来提高产品的质量和风味,它们参与的催化反应对烹饪产品品质产生有益或有害的影响。因此,有效地使用外源酶和控制内源酶对提高烹饪产品的品质是非常重要的。本项目介绍酶的基本概念、分类及催化特性和作用机制,探索影响酶催化反应的因素,探讨烹饪加工中的酶促褐变及其控制方法,结合烹饪加工过程阐述重要的酶类及其对烹饪加工产品的影响和控制方法。

项目目标

　　(1) 了解酶的概念、分类及催化特性。
　　(2) 熟悉酶的作用机制和影响酶催化反应的因素;熟悉酶促褐变的机制。
　　(3) 掌握酶促褐变的影响因素及控制方法;掌握烹饪加工过程中重要的酶。

项目导入

　　青椒牛肉丝的制作:将牛肉洗净切成大小适中的牛肉丝;配制一定浓度的嫩肉粉溶液(含木瓜蛋白酶),调整到合适的 pH,将牛肉丝与嫩肉粉溶液在适当温度下混合均匀,放置一定的时间,备用;青椒洗净切成与牛肉丝般大小的丝状;油加热至冒青烟时加入牛肉丝翻炒,待牛肉丝为七分熟时加入青椒丝、盐适量,牛肉丝炒至九分熟即可出锅。在青椒牛肉丝的制作过程中,将牛肉丝浸泡在嫩肉粉溶液中的主要目的是使炒出的牛肉口感更嫩,其机制是利用木瓜蛋白酶降解牛肉中的胶原蛋白等肌肉蛋白质,令肌肉结构松散,从而达到嫩化目的。显然,看似神秘的嫩肉粉之所以能起到嫩化作用,主要是因为其中含有木瓜蛋白酶,可以用酶催化的相关知识和理论来解释这一现象。

任务一　走进酶

任务描述

　　酶是生物体内进行新陈代谢不可缺少的生物催化剂,酶分子结构是酶催化功能的物质基础,酶催化反应所表现出的高效性和专一性等特点是由酶的结构和性质所决定的。

→ **任务目标**

（1）了解酶的概念、分类及催化特性。
（2）熟悉酶的结构及作用机制。

→ **知识精讲**

生命的基本特征是新陈代谢。新陈代谢过程包含许多复杂而有规律的物质变化和能量变化。酶由生物细胞合成，并参与新陈代谢有关的化学反应。在生物体内，酶参与了所有的生命活动和生命过程，控制着所有的生物大分子和小分子的合成与分解。酶不仅与生命活动息息相关，对食物原料的烹饪加工和保藏也有重要的意义，如动物性原料屠宰后，肌肉会出现僵直、后熟、软化、自溶，这些变化都是酶作用的结果。如果对酶的作用控制得当，可使肌肉嫩化、多汁、富有弹性，肉香味浓郁。果蔬类原料采摘后存放过程中，会发生颜色、质地和口感的改变，这与酶的作用也有很大关系。

人们对酶的认识和酶学的发展起源于人类的生产实践，在生产劳动过程中，人们逐渐意识到酶的作用并开始在生活中使用酶。早在几千年前，我们的祖先就开始酿酒、制醋、制酱和制作干酪。烹饪食物原料基本上来自生物，本身含有种类繁多的酶（称为内源酶），其中一些酶在加工期间甚至加工后仍有一定的活性。酶的作用对食物加工来说既有有利的一面，也有不利的一面，如麦芽中的淀粉酶可以水解淀粉，使其分解为低聚糖或单糖。番茄中的果胶酶在番茄加工中能催化果胶物质的降解而使番茄酱产品的黏度降低。除了食物原料中存在内源酶外，在烹饪加工过程中也会使用不同种类的外源酶来提高产品的质量和风味。如在牛乳中加入乳糖酶，将乳糖水解为葡萄糖和半乳糖，可生产适合乳糖不耐受的人群饮用的牛乳。

一、酶的定义

酶源于希腊语，意为"在酵母中"。日本最初将其译成酵素，国内学者将其翻译成酶。后来证实，不仅酵母中含有酶，所有的生物体内都含有酶。酶是生物体活细胞产生的，在细胞内、外均能起催化作用，并且具有高度专一性的特殊蛋白质（少数为 RNA）。生物体内各种生物化学变化多数是在酶的参与下进行的，由酶催化的反应称为酶促反应。在酶促反应中，被催化的物质称为底物，反应的生成物称为产物。酶所具有的催化能力称为酶活力，使酶获得活性的过程称为酶的激活，使酶失去活性的过程称为酶的失活。

二、酶的催化特性

酶是生物催化剂，具有一般催化剂的共同点，包括只改变化学反应的速度，其自身不会发生化学变化；降低反应的活化能，缩短达到平衡的时间，但不改变平衡点。酶与一般的催化剂相比，又有自身的一些特点。

（一）高效性

酶的催化效率极高，比一般的催化剂高 $10^6 \sim 10^{13}$ 倍。例如，1 分子过氧化氢酶，每分钟可催化 5×10^6 个过氧化氢分子分解为水和氧，比铁粉催化过氧化氢分解的效率高 10^{10} 倍。又如，1 份淀粉酶就能够催化 100 万份的淀粉，使其水解成麦芽糖；1 g 结晶的 α-淀粉酶在 56 ℃可催化 2 吨淀粉，使其水解为糊精。酶催化反应的高效率是长期以来引人注目的研究课题之一，不仅有很高的理论意义，也具有重要的实际意义。

酶学发展简史与诺贝尔奖

（二）高度的专一性

酶对其所催化物质的选择性比其他催化剂严格得多。例如，氢离子可以催化淀粉、脂肪和蛋白质等物质的水解，对其催化物质并无特殊要求。而酶则不然，β-淀粉酶只能催化淀粉，使其水解生成麦芽糖，而不能催化麦芽糖水解成葡萄糖。蛋白酶只能催化蛋白质水解，而不能催化其他物质水解。一种酶只能作用于一类化合物，或作用于一定的化学键或一种立体异构体，从而产生一定的产物，这种现象就称为酶的专一性或特异性。酶的专一性包括三种类型：绝对专一性、相对专一性（包括对键的专一性和对基团的专一性）和立体异构专一性。

（三）反应条件温和

酶所催化的化学反应一般是在较温和的条件下进行的，不同的酶在催化过程中需要的条件不同。酶所催化的反应适宜在常压和近中性的溶液条件下进行，如动物体内酶的最适温度在 35～40 ℃，动物体内酶的最适 pH 大多在 6.5～8.0。绝大多数酶是蛋白质，所以强酸、强碱、高温、高压、紫外线、重金属盐等能够导致蛋白质变性的因素，都能使酶受到破坏而丧失催化活性。

（四）酶的活性受调节控制

生命现象显示了生物体内部化学反应历程的有序性。这种有序性是受多方面的因素调节和控制的。正是因为受这些因素的调控，酶在生物体内才能准确地行使其催化功能，使生命活动有条不紊地进行。生物体可以通过多种方式调节酶的活性，从而使体内的各种新陈代谢能够相互协调，包括抑制剂和激活剂调节、反馈抑制调节、共价修饰调节和变构调节等。许多因素也可以影响或调节酶的催化活性。如胃蛋白酶通常以胃蛋白酶原的形式存在，没有活性。当进食后，细胞分泌胃酸，胃蛋白酶原在胃酸的作用下激活为胃蛋白酶，产生消化作用，当胃酸消失后，胃蛋白酶失去活性。因此，pH 对胃蛋白酶起到调节作用。

三、酶的命名与分类

酶的命名方法主要有习惯命名法和国际系统命名法两种。

（一）酶的命名

❶ 习惯命名法　习惯命名法有三种原则，一是根据酶作用的性质，将其分为水解酶、氧化还原酶、转移酶、异构酶、裂合酶、合成酶（或连接酶）6 大类。二是根据酶作用的底物并兼顾作用的性质，将其分为淀粉酶、脂肪酶和蛋白酶等。三是结合以上两种情况并根据酶的来源进行命名，将其分为胃蛋白酶、胰蛋白酶等。习惯命名法比较简单，应用历史较长，尽管缺乏系统性，但现在还被人们使用。

❷ 国际系统命名法　1961 年国际生物化学学会酶学委员会推荐了一套新的系统命名方案及分类方法，规定了酶的系统命名法。酶的系统命名法的原则是以酶所催化的整体反应为基础，规定每种酶的名称应同时明确酶的底物及催化反应的性质。如果一种酶能催化两种底物起反应，应在它们的系统名称中包括两种底物的名称，并以"："隔开；若底物之一是水，可将水略去不写。

（二）酶的分类

酶的系统分类方法主要是根据酶催化反应的类型将其分成 6 大类。

❶ 氧化还原酶类　催化底物发生氧化还原反应，如乳酸脱氢酶和细胞色素氧化酶。

❷ 转移酶类　催化分子间基团的转移，如转氨酶和甲基转移酶。

❸ 水解酶类　催化水解反应，如蛋白酶和脂肪酶等。

❹ 裂合酶类　催化一种化合物分裂为两种化合物或其逆反应，如醛缩酶和柠檬酸合成酶等。

❺ 异构酶类　催化各种同分异构体的相互转化，如葡萄糖异构酶等。

❻ 合成酶（或连接酶）类　催化两个分子合成一个分子的反应，合成过程中伴有 ATP 分解的酶

酶的系统
分类命名

Note

类,如谷胱甘肽合成酶等。

四、酶的化学本质及组成

(一)酶的化学本质

关于酶是否为蛋白质,曾有过争议。自 20 世纪 30 年代科学家获得了蛋白酶的结晶,并证明其具有蛋白质的性质以后,酶是蛋白质的观点才逐渐被人们接受。随着研究的深入,一些小核糖核酸分子(如核酶)已被证实也具有催化能力。与蛋白酶相比,核酶的催化效率较低。在食品科学领域应用的酶都是蛋白质性质的,故可以认为绝大多数酶的化学本质是蛋白质。绝大多数酶与蛋白质有着相同的组成、结构和性质,表现在以下几个方面。

❶ **酶的元素组成和含氮量与蛋白质相同**　一般蛋白质的元素组成是碳(C)、氢(H)、氧(O)、氮(N)四大主要元素,它们的含量依次是 $50\%\sim52\%$,$6.8\%\sim7.7\%$,28%,$15\%\sim18\%$。酶蛋白的元素组成和含量与一般蛋白质相似,特别是含氮量。

❷ **化学结构和空间构象与蛋白质相同**　酶同蛋白质一样,都是由氨基酸以肽键形成肽链,并且有二级、三级或四级的空间构象。酶维持构象的次级键也与蛋白质一样,容易受到理化因素的影响而发生变性,若发生不可逆变性,酶的活性会随之消失。

❸ **酶两性离子的性质与蛋白质相同**　酶与蛋白质一样,在不同的酸碱溶液中呈现不同的离子状态。在电场中,这些大分子常聚集于电极的一端,当不移向任何一端时则为等电点,此时溶解度最低。

❹ **酶的胶体性质与蛋白质相同**　酶与蛋白质一样是大分子胶体化合物,不能透过半透膜。

❺ **酶的其他性质也与蛋白质相同**　酶所具有的酸碱性、降解作用、颜色反应、变性反应等理化性质与蛋白质相同。

(二)酶的组成

绝大多数酶与一般蛋白质一样,种类很多。组成上除了含有蛋白质成分外,还有一些非蛋白质成分。根据酶的组成成分不同,酶可分为单纯酶和结合酶两大类。

单纯酶的组成成分只有蛋白质,属于单纯蛋白质。其基本组成单位为氨基酸,催化活性仅取决于蛋白质结构,大多数水解酶是单纯酶,如胃蛋白酶、脲酶、淀粉酶、酯酶等。

结合酶的组成成分中除蛋白质以外,还有其他非蛋白质类的小分子成分,属于结合蛋白质。结合酶的蛋白质部分称酶蛋白,非蛋白质部分称活性基或辅助因子。结合酶必须是两部分结合起来组成的全酶才具有催化活性。全酶的任何一部分单独存在时都不具有催化活性。

全酶(结合酶)＝酶蛋白(活性中心)＋活性基(辅酶或辅基)

酶蛋白和活性基或辅助因子在催化过程中所起的作用不同。酶蛋白的作用是识别底物,决定酶作用的专一性;活性基在酶促反应中常常参与化学反应,决定着酶促反应的类型。

在结合酶中,活性基的成分有两类,一类是无机金属离子,如 Fe^{3+}、Cu^{2+}、Zn^{2+}、Mn^{2+} 等。另一类是低分子有机化合物,主要为 B 族维生素及其衍生物,如烟酰胺的衍生物 NAD^+(烟酰胺腺嘌呤二核苷酸)和 $NADP^+$(烟酰胺腺嘌呤二核苷酸磷酸)、核黄素的衍生物 FAD(黄素腺嘌呤二核苷酸)和 FMN(黄素单核苷酸)等,它们主要是在反应中传递电子、质子或一些基团,协助活性中心基团快速转移(进出)。

根据活性基与酶蛋白结合的紧密程度,活性基又有辅酶与辅基之分。与酶蛋白结合紧密,用透析法不易去除的活性基称为辅基;与酶蛋白结合疏松,易被透析法去除的活性基称为辅酶。

五、酶的结构和作用机制

(一)酶的活性中心

酶分子中只有少数氨基酸残基与酶的催化活性直接相关,这些特殊的氨基酸残基一般集中在酶

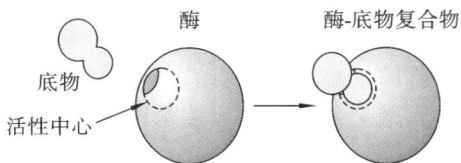

图 7-1 酶的活性中心

空间结构中一个特定的部位,称为酶的活性中心或活性部位。具体地说,酶分子中直接与底物结合,并催化底物发生化学反应的部位,称为酶的活性中心(图 7-1)。

酶的活性中心包括两个功能部位:一个是结合部位,指酶分子中与底物相结合的基团,决定酶的专一性;另一个是催化部位,指酶分子中催化底物的敏感键发生化学变化的基团,决定着酶的催化能力。这两个功能部位并非各自独立存在,构成两个功能部位的有关基团,有时兼有结合底物和催化底物发生反应的功能。就酶的活性而言,酶活性中心的基团均属于必需基团。当活性中心被占据或空间结构被破坏时,酶就失去了作用。另外,酶活性中心以外还存在酶表现活力所必需的基团,如丝氨酸的羟基、半胱氨酸的巯基等,它们是维持酶分子空间构象所必需的基团,但并不与底物结合,也不直接参与引起中间产物分解的反应(图 7-2)。单体酶一般只有一个活性中心,但有些具有多种功能的多功能酶则具有多个活性中心。

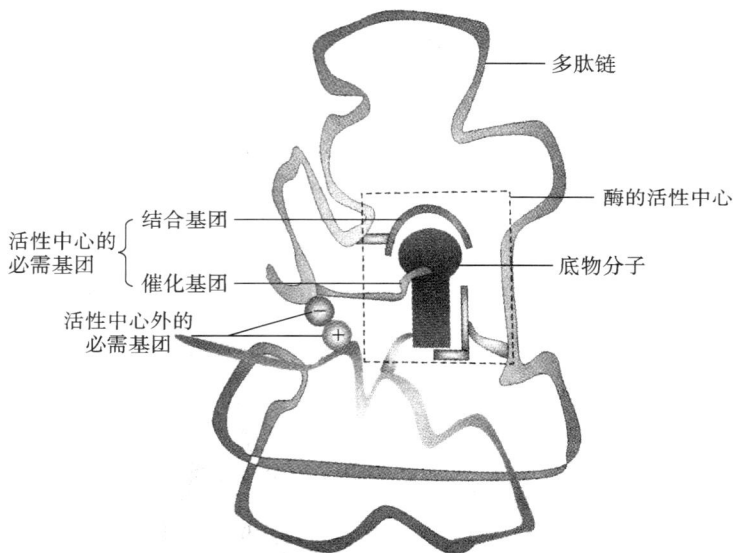

图 7-2 酶活性中心的结构特征

(二)酶的激活

有些酶在细胞内刚合成或分泌时,尚不具有催化活性,这些无生物活性的酶的前体物质称为酶原。酶原在一定条件下经适当的作用,可以转变成有活性的酶。生物体内绝大多数的酶以酶原的形式存在于细胞中,当条件发生变化时,酶原转化为酶而发挥催化作用。

酶原转变成酶的过程称为酶原的激活。酶原的激活是通过改变酶分子的共价结构来控制酶活性的。通过对多肽链的剪切改变蛋白质的构象,从而形成或暴露酶的活性中心,酶原在必要时被活化成为有活性的酶,发挥其功能。例如,人体胃黏膜分泌的胃蛋白酶原,一般情况下没有活性,进食后,胃黏膜细胞分泌胃酸,胃蛋白酶原在胃酸的作用下转变为具有活性的胃蛋白酶。

使酶原激活的物质称为激活剂。不同生物酶有不同的激活剂。例如,胃蛋白酶原的激活剂是

酸,胰蛋白酶原的激活剂则是碱。酶原激活的外界条件有多种,既有物理作用,也有化学作用,甚至还有另一种或几种酶的作用。例如,胰蛋白酶原的激活就是靠肠黏膜所分泌的肠激酶的催化作用而实现的(图7-3)。

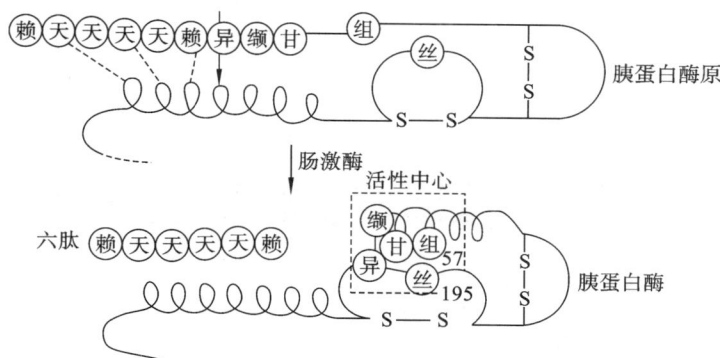

图7-3 胰蛋白酶原的激活

(三)酶的作用机制

酶作为生物催化剂,具有很高的催化效率。关于酶的催化理论有以下几种。

❶ 降低反应活化能 在反应体系中,各反应物分子所含的能量高低不同,只有这些能量达到或超过一定数值的分子,才成为活化状态,才能发生反应形成产物,这些分子被称为活化分子。使一般分子变为活化分子所需的能量称为活化能。一个反应体系中活化分子越多,反应就越快。因此,设法增加活化分子的数目就能加快反应的速度。降低活化能可以使本来未达到活化水平的分子成为活化分子,从而增加活化分子的数目。

生物化学反应也不例外,反应物需要足够的活化能才能被活化而进行反应。酶作为生物催化剂,其主要作用机制就是降低反应所需的活化能。由于在酶促反应中只需较少的能量就可使反应物进入“激活态”,在消耗相同能量的情况下可使更多的分子被活化,因此,与非催化反应相比,活化分子的数量大大增加,从而大大加快了反应速度,表现为极高的催化效率。

❷ 中间产物学说 目前普遍认为,酶降低反应活化能的原因主要是酶参与了反应。酶促反应过程中酶(E)首先与底物(S)结合,形成不稳定的中间产物(ES),然后酶分子中的各种催化基团对底物进行作用,使其发生化学变化,再使中间产物分解,释放出酶及反应产物(P)。此过程可用下式表示:

$$E+S \Longleftrightarrow ES \rightarrow E+P$$

此化学反应在无酶催化时,通过一步反应即可完成,即 $S \rightarrow P$,此一步反应需要的活化能较高。在酶的催化作用下,原来的一步反应变成了两步反应,即 $E+S \rightarrow ES$ 和 $ES \rightarrow E+P$。由于 ES 是一种不稳定的中间产物,因此反应需要的活化能很低。也就是说,在反应总体结果不变的情况下,由于反应过程中酶的参与,活化能大大降低,这就是中间产物学说。

▷ 相关知识

中间产物学说历史

中间产物学说于1913年由 L. Michaelis 和 M. Menten 提出,是目前较被认可的酶作用机制学说。目前已有直接证据表明,在酶促反应中确实有中间产物出现。英国的 D. Keilin 和美国的 B. Chance在同一时间分别得到了关于酶-底物复合物存在的比较直接的证据。B. Chance 从一种植物(辣根)中获得了棕色的过氧化物酶。这是一种含血红素的酶,能催化 H_2O_2 降解为 H_2O 和 O_2。血红素的存在使过氧化物酶表现为棕色。酶和底物相遇时,根据吸收光谱的变化可确切知道酶和底物结合和分解的进程。具体地说,当底物 H_2O_2 与棕色酶混合时,首先观察到绿色的酶-底物复合物的形成,之后,这种绿色复合物又转变成为第二种淡红色的酶-底物复合物,最后,第二种淡红色复合物裂解,释放出棕色的过氧化物酶和 H_2O_2 的降解产物(H_2O 和 O_2)。

③ 钥匙-锁模型
④ 诱导-契合学说

任务二　探究影响酶促反应的因素

任务描述

酶促反应对烹饪加工过程及烹饪原料具有重要意义,了解和熟悉酶促反应的影响因素,可以通过控制原料中内源酶和外源酶制剂的活性来改善食物的风味和品质。

任务目标

(1)了解酶促反应的规律。
(2)熟悉酶促反应的影响因素。

知识精讲

酶促反应动力学是研究酶促反应速度及其影响因素的科学。影响酶促反应速度的因素主要包括底物浓度、酶浓度、温度、pH、激活剂和抑制剂等。通过研究这些影响因素,可以解析反应过程,阐明酶的结构与功能的关系;同时,有利于寻找最有利的反应条件,最大限度地发挥酶催化的效率。

绝大多数酶的本质为蛋白质,所以,酶促反应过程势必容易受到环境因素的影响。烹饪加工原料含有许多内源酶,在加工过程中,为了改善食物的结构和性质,常常使用外源酶制剂,因此,熟悉酶促反应对于控制食物的风味和品质具有重要意义。

一、底物浓度的影响

所有的酶促反应,如果其他条件恒定,则反应速度取决于酶浓度和底物浓度。如果酶浓度保持不变,当底物浓度增加时,反应的初速度随之增加,并以双曲线形式达到最大速度。图 7-4 的曲线表明,在底物浓度较低时,反应速度随底物浓度的增加而急剧增加,两者成正比关系。当底物浓度较高时,反应速度虽然也随底物浓度的增加而增加,但增加程度不如底物浓度较低时那样明显,反应速度与底物浓度不再成正比关系。当底物浓度达到一定程度时,反应速度将趋于恒定,即使再增加底物浓度,反应速度也不会增加,即达到最大速度(v_{max})。这说明酶已达到饱和状态,所有的酶都有饱和现象,但酶达到饱和状态时所需要的底物浓度各不相同。

底物浓度与反应速度之间的这种关系,可用中间产物

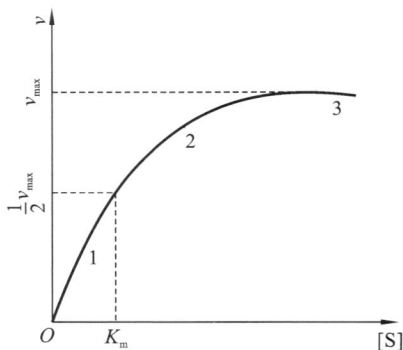

图 7-4　底物浓度对酶促反应速度的影响

学说解释。按照中间产物学说,酶促反应速度取决于中间产物的浓度,而不是简单地与底物浓度成正比关系。当底物浓度很低时,底物的量不足以结合所有的酶,此时增加底物浓度,中间产物随之增加,反应速度亦随之增加;当底物浓度增加至一定程度时,全部的酶都与底物结合成中间产物,反应速度达到最大值,此时即使再增加底物浓度也不会增加中间产物的浓度,反应速度趋于恒定。

→ **相关知识**

米氏方程及米氏常数的求解

根据对酶促反应动力学的研究,可推导出表示整个反应中底物浓度和反应速度关系的公式,即米氏方程:$v = \dfrac{v_{max}[S]}{K_m + [S]}$。式中:$v_{max}$ 为酶促反应的最大速度;K_m 为米氏常数;$[S]$ 为底物浓度;v 为反应速度。

米氏常数的意义:当底物的浓度 $[S] = K_m$ 时,由上述公式可得 $v = v_{max}/2$,因此 K_m 是催化反应的速度达到最大速度一半时的底物浓度。如果一种酶的 K_m 值小,则该酶在低底物浓度下可达到最大催化效率。

K_m 是酶的特征常数,与酶的底物种类和酶作用时的 pH、温度有关,与酶的浓度无关。酶的种类不同,K_m 值不同。同一种酶与不同的底物作用时,K_m 值也不同。K_m 值表示酶与底物之间的亲和程度,K_m 值大表示亲和程度小,酶的活性低;反之,则表示亲和程度大,酶的活性高。

K_m 值的测定常用的方法是 Lineweaver-Burk 双倒数作图法。将米氏方程两边取倒数,转化为下列形式:$\dfrac{1}{v} = \dfrac{K_m}{v_{max}[S]} + \dfrac{1}{v_{max}}$。

然后以 $1/v$ 对 $1/v_{max}$ 作图,得到一条直线,此直线在横轴和纵轴上的截距分别是 $-1/K_m$ 和 $1/v_{max}$。

通过双倒数作图法,可以对米氏方程进行求解,从而得出米氏常数 K_m。通过转变方程形式即可求出米氏常数,因此科学研究并不都是高精尖问题,有时简单的思维转换也可以解决科学问题,要培养科学创新思维。K_m 在实际应用中具有重要的意义:鉴定不同的酶;判断酶的最适底物;计算一定速度下的底物浓度;了解酶的底物在体内具有的浓度水平;判断反应方向及趋势;判断抑制类型等。

二、酶浓度的影响

在底物过量且其他条件固定的情况下,在反应系统中不含有抑制酶活性的物质以及无其他不利于酶发挥作用的因素时,酶促反应的速度和酶浓度成正比。因为酶进行催化反应时,首先要与底物形成中间物,即酶-底物复合物。这个关系是测定未知试样中酶浓度的基础。如图7-5所示,如果反应继续进行,反应速度会下降,这主要是由于底物浓度下降以及生成物对酶的抑制作用。

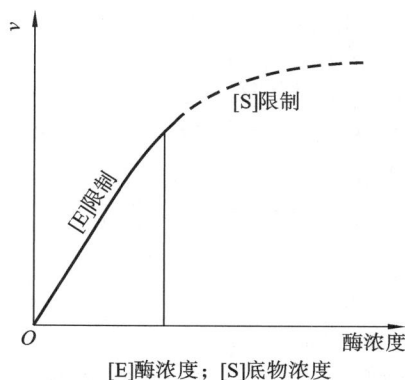

图 7-5　酶浓度对酶促反应速度的影响

三、温度的影响

温度对酶促反应的影响主要表现为两个阶段:第一个阶段,在低温度范围内,随着温度升高,反应速度增大,达到最大值。其原因是温度升高,反应的活化分子数增加,酶促反应速度增大。第二个阶段,当温度升高到一定值时,若继续升高温度,酶促反应速度则不再提高,反而降低(图7-6)。这是由于温度超过某值时,破坏了酶蛋白中的氢键或疏水作用,使酶变性失活,从而使酶促反应速度迅速下降。

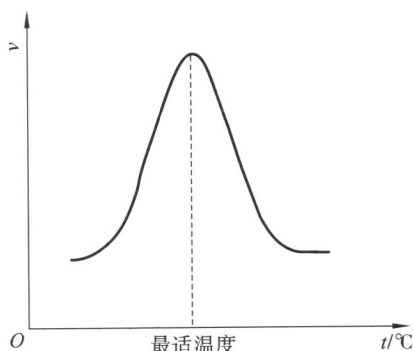

图 7-6　温度对酶促反应速度的影响

每种酶都有最适宜的活性温度。我们把酶促反应速度达到最大值时的温度称为酶促反应的最适温度。植物体内的酶最适温度一般在 45～50 ℃；动物体内的酶最适温度一般在 37～40 ℃。最适温度不是酶的特征常数，而与实验条件有关。反应时间的长短、酶浓度以及 pH 等对最适温度都有影响。例如，作用时间长，最适温度较低；反之则较高。

酶对温度的敏感性与酶蛋白分子的结构和相对分子质量大小有一定的关系。一般来说，由相对分子质量较小的单条多肽链构成并含有二硫键的酶对温度的敏感性较低；而结构复杂、相对分子质量较大的酶对温度敏感性较高。在食物中，由于酶存在于生物体活组织中，酶的结构可以被其他物质如蛋白质、脂肪、淀粉、果胶等包围保护，使酶更为耐热。

低温使酶的活性降低，但不能破坏酶。当温度回升时，酶的催化活性又可恢复。例如，在 8～12 min 内将活鱼速冻至 −50 ℃后可以保鲜储藏较长时间，食用时再进行解冻就可从根本上保证鱼的鲜活度，使人们能够随时吃到新鲜的鱼。这就是应用了低温不破坏酶活性的原理。

当温度较高，酶变性后，一般不会再恢复活性。烹饪原料加工中蔬菜的焯水、滑油，烹饪辅料加工中的煮沸、消毒、灭菌等处理，就是利用高温使烹饪原料或加工产品内的酶或微生物受热变性，从而达到加工的目的。

四、pH 的影响

对于一般催化剂，当 pH 在一定范围内时，对催化剂的作用没有多大影响，但对酶的催化反应速度的影响较大，即酶的活性随介质 pH 的变化而变化。pH 对酶促反应速度的影响非常复杂，它不但影响酶的稳定性，还影响酶的活性部位中重要基团的解离状态、酶-底物复合物的解离状态以及底物的解离状态，从而影响反应速度。绝大多数酶促反应速度随着 pH 的变化呈钟罩形曲线，如图 7-7 所示。每种酶只能在一定的 pH 范围内表现出它的活性，当在某一 pH 酶的活性最高时，这个 pH 称为酶的最适 pH。在最适 pH 条件下酶促反应速度最大。

各种酶的最适 pH 各不相同，一般酶的最适 pH 为 4～8。植物和微生物体内的酶的最适 pH 多为 4.5～6.5；动物体内大多数酶的最适 pH 接近中性，一般为 6.5～8.0。个别酶的最适 pH 是在极端的 pH 处，如胃蛋白酶的最适 pH 为 1.5，精氨酸酶的最适 pH 为 9.7。另外，同是蛋白酶，由于来源不同，它们的最适 pH 差别也很大。

酶的最适 pH 还会受到酶的纯度、底物的种类和浓度、缓冲液的种类和浓度等的影响，因此，酶的最适 pH 只有在一定的条件下才有意义。在研究酶的使用时，必须先了解其最适 pH 范围。反应液须选用具有缓冲能力的缓冲液来加以控制，以维持反应液中 pH 的稳定，使酶具

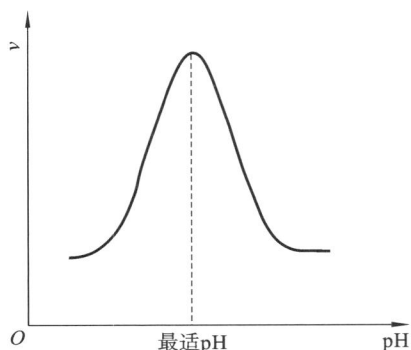

图 7-7　pH 对酶促反应速度的影响

有最高的活性。烹饪原料由于成分多且复杂，含有各种各样的内源酶，在加工过程中，还可能需要额外添加外源酶制剂，具体应用时，对于有利反应，可将 pH 调节至其最适 pH 处，使其活性达到最高；对于不利反应，就要避免酶的作用，可以通过改变 pH 抑制此酶的活性。例如，酚酶能产生酶促褐变，其最适 pH 为 6.5，将 pH 降低到 3.0 时可防止褐变产生，故在含有酚酶的果蔬菜品制作时可添

加酸化剂(如柠檬酸等)防止其褐变。

五、激活剂和抑制剂

凡是能提高酶活性的物质都称为酶的激活剂。激活剂对酶的作用具有一定的选择性,有时一种激活剂对某种酶起激活作用,而对另一种酶则可能不起作用。

酶的激活剂多为无机离子或简单有机化合物。无机离子如 K^+、Na^+、Mg^{2+}、Zn^{2+}、Fe^{2+}、Ca^{2+}、Cl^-、Br^- 等。氯离子(Cl^-)能使唾液淀粉酶的活性增强,是唾液淀粉酶的激活剂。镁离子(Mg^{2+})是多种激酶和合成酶的激活剂。简单的有机化合物有抗坏血酸、半胱氨酸、谷胱甘肽等,对酶也有一定的激活作用。

凡是能降低酶活性的物质都称为酶的抑制剂。许多化合物能与某种酶发生可逆或不可逆的结合,使酶的催化作用受到抑制。如重金属、抗生素、毒物(一氧化碳、氢氰酸、硫化氢等)、抗代谢物等都是酶的抑制剂。一些动物、植物和微生物能产生多种水解酶抑制剂,如大豆中含有胰蛋白酶抑制剂、胰凝乳蛋白酶抑制剂,如果加工处理不当,会影响其食用安全性和营养价值。

抑制剂
的分类

任务三　解析酶促褐变

→ 任务描述

酶促褐变是烹饪原料在加工过程中发生的重要褐变反应之一,对食品颜色和风味具有重要意义。酶促褐变反应既有有利的一面也有不利的一面,只有熟悉酶促褐变的原理并掌握酶促褐变的影响因素,才能更好地控制酶促褐变反应的发生。

→ 任务目标

(1)熟悉酶促褐变的机制。
(2)掌握酶促褐变的影响因素及控制方法。

→ 知识精讲

褐变是指原料或食品在加工和储藏等过程中发生化学变化而比原有色泽加深的现象。褐变按其发生机制分为酶促褐变和非酶促褐变两大类。酶促褐变常发生在水果、蔬菜等新鲜植物性食物中。在正常情况下,完整的果蔬组织中氧化还原反应是偶联进行的,但当发生机械性损伤(如削皮、切开、压伤、虫咬、磨浆等)及处于异常的环境条件(如受冻、受热等)下,便会影响氧化还原作用的平衡,发生氧化产物的累积,造成变色。这类变色作用非常迅速,并需要和氧接触,由酶所催化,故称为酶促褐变。一般情况下,酶促褐变是一种不希望出现于食物中的变化,如香蕉、苹果、梨、茄子、马铃薯等都很容易在削皮切开后发生褐变,应尽可能避免。但像茶叶、可可豆等食品,适当的褐变则是形成良好的风味与色泽所必需的。

一、酶促褐变的机制

酶促褐变是酚酶催化酚类物质形成醌及其聚合物的反应过程。植物组织中含有的酚类物质在完整的细胞中作为呼吸传递物质,在酚、醌之间保持着动态平衡,当组织细胞被破坏后,氧就大量侵入,造成醌的形成和还原反应之间的不平衡,于是发生了醌的累积,醌进一步氧化聚合,就形成了褐色色素,称为黑色素或类黑精。

酚酶以 Cu 为辅基,以氧为受氢体,是一种末端氧化酶,它作用的底物为一元酚或二元酚。因此,一种观点认为酚酶兼能作用于一元酚和二元酚两类底物,另一种观点认为酚酶是由酚羟化酶(也称甲酚酶)和多酚氧化酶(又称儿茶酚酶)构成的复合体。酚酶能引起食品酶促褐变。酚酶种类较多,有酚氧化酶、多酚氧化酶、甲酚酶、酪氨酸酶等。

酚酶广泛存在于植物性食物中,许多蔬菜、水果的酶促褐变因酚酶而引起。茶叶、可可豆等的色泽形成也与酚酶有关。水果、蔬菜中的多酚氧化酶(PPO)最适宜的 pH 一般为 7,最适温度为 30～50 ℃,其温度稳定性相对较高。在 55～80 ℃时其半衰期达数分钟,在加热过程中,酚酶可被激活,原因是 60～65 ℃的温度处理会使细胞发生渗漏,使酶与底物发生混合与接触。在大多数情况下,多酚氧化酶的作用不仅有损果蔬外观特性,影响产品运销,还会导致风味和品质下降。

某些粮食类食物在烹饪中的变色现象,如甘薯粉、荞麦面蒸煮变黑,糯米粉蒸煮变红等,也与酚酶有关。多酚氧化酶可作用于单酚、对位二酚,常见的底物有酪氨酸、咖啡酸等,如图 7-8 所示。以马铃薯切开后的褐变为例说明酚酶的作用,如图 7-9 所示。酚酶作用的底物是马铃薯中最丰富的酚类化合物——酪氨酸。

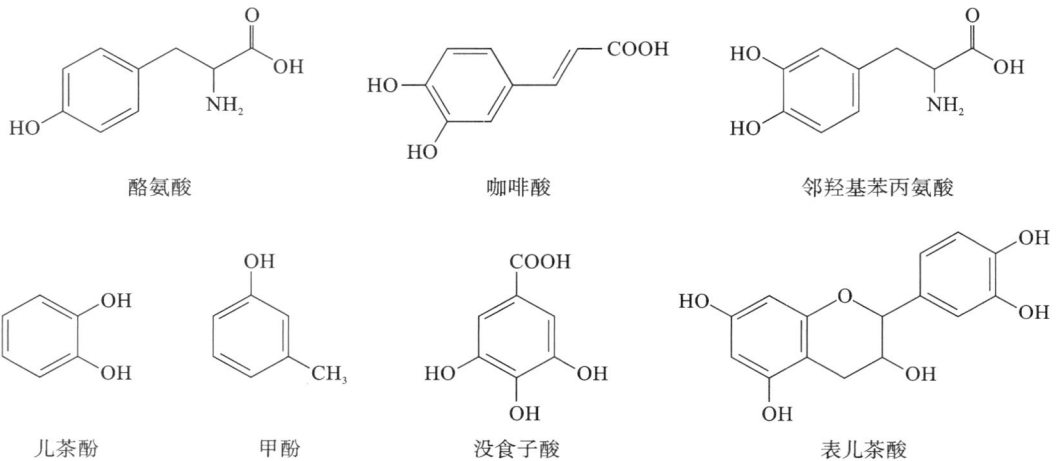

图 7-8 常见的酚酶作用底物

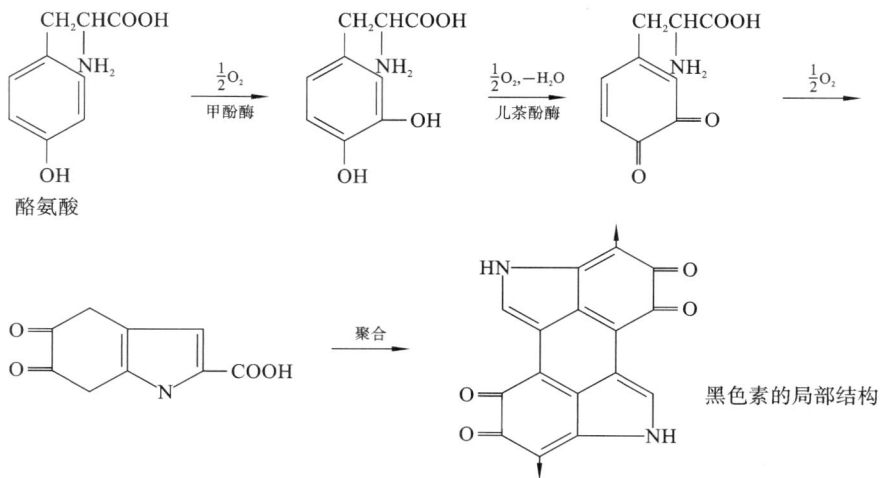

图 7-9 酪氨酸发生酶促褐变形成黑色素的过程

水果、蔬菜中的酚酶底物以邻二酚类及一元酚类含量较为丰富。一般来说,酚酶对邻羟基酚型结构的作用快于一元酚,对位二酚也可以被利用,但间位二酚不能作为底物,甚至对酚酶有抑制作用。

→ **相关知识**

儿茶酚的酶促褐变

在水果中,儿茶酚是分布非常广泛的酚类,在儿茶酚酶的作用下,较容易氧化成醌,如图 7-10 所示。醌的形成需要氧气和酚酶催化,但醌形成后,进一步发生的羟醌聚合反应,是非酶促的自动反应,由于聚合程度逐渐增加,颜色由红色变为褐色,最后成为褐黑色的色素类物质。

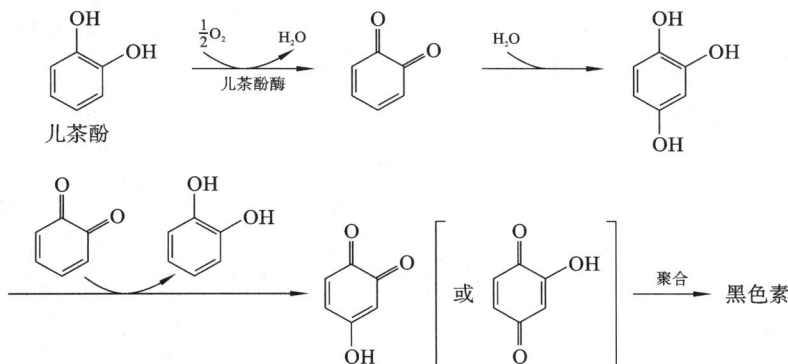

图 7-10　儿茶酚发生酶促褐变形成黑色素的过程

在红茶发酵时,新鲜茶叶中多酚氧化酶的活性增大,催化儿茶素形成茶黄素和茶红素等有色物质,它们是构成红茶色泽的主要成分,即红茶的色泽主要是酶促褐变引起的,也表明红茶加工是多酚氧化酶发生酶促褐变的有利应用。但变红只是发酵的一部分,绝不是红茶发酵的完整体系。茶鲜叶中挥发性物质少于 50 种,经过萎凋、揉捻、发酵制成红茶,其中挥发性物质增加到近 300 种,红茶发酵这方面表现出的特征,是绝不应该被忽视的。王泽农教授通过大量的研究否定了传统观点"红茶的制作只是单纯的茶叶中的茶多酚的氧化过程",证实了红茶的发酵是茶叶中各种成分相互作用、互相制约的转化过程,才形成了红茶特有的色、香、味。

二、酶促褐变的控制

酶促褐变的发生需要 3 个条件,即酚类底物、多酚氧化酶和氧,三者缺一不可。在控制酶促褐变的实践中,改变酚类底物结构的操作难度大,至今未取得实际应用。因此,控制酶促褐变的方法主要从控制酚酶和氧这两方面着手。主要途径如下:①钝化酶的活性,如采用热烫法、添加抑制剂等;②改变酚酶作用的条件,如调整体系 pH 和水分活度等;③隔绝氧气;④使用抗氧化剂,如添加适量抗坏血酸、SO_2 等。常用的控制酶促褐变的方法主要有以下几种。

(一)热处理法

在适当的温度和时间条件下加热新鲜果蔬,使酚酶失活,是最广泛使用的控制酶促褐变的方法。热处理的关键是在最短时间内达到钝化酶的效果,否则过度加热会影响食品原有质量;相反,如果热处理不彻底,热烫虽破坏了细胞结构,但未钝化酶,反而会加强酶和底物的接触而促进褐变,如白洋葱、韭葱,若热烫不足,变粉红色的程度比未热烫时还要厉害。

虽然不同来源的多酚氧化酶对热的敏感程度不同,但研究发现,在 70~95 ℃加热 7 s 左右可使大部分多酚氧化酶失去活性。水煮和蒸汽处理仍是目前使用较广泛的热处理法。相比较而言,微波处理可使果蔬组织内外均匀一致、迅速受热,对产品质地和风味的影响小,是热处理法中抑制酶促褐变较为理想的方法。

（二）调节 pH

酚酶的最适 pH 为 6~7,当 pH 低于 3.0 时,可有效抑制酚酶的活性,因此,通常采用有机酸来控制 pH,抑制褐变的发生。常用的酸有柠檬酸、苹果酸、抗坏血酸以及磷酸等。

柠檬酸是使用最广泛的食用酸,它不仅可以降低 pH,还有螯合酚酶 Cu^{2+} 辅基的作用。抗坏血酸也是一种有效的酚酶抑制剂,即使浓度极大也无异味,对金属无腐蚀作用,而且作为一种维生素,其营养价值也是众所周知的。抗坏血酸不仅能抑制酚酶活性,在果汁中还可以作为抗坏血酸氧化酶的底物,在酶的催化下将溶解在果汁中的氧消耗掉。据报道,在每千克水果制品中加入 660 mg 抗坏血酸,即可有效控制褐变并减少水果罐头顶隙中的含氧量。苹果酸是苹果汁中的主要有机酸,在苹果汁中对酚酶的抑制作用要比柠檬酸强得多。在实际应用中,为了提高对酚酶的抑制效果,通常将柠檬酸和抗坏血酸或亚硫酸盐联合使用。

（三）二氧化硫及亚硫酸盐处理

二氧化硫（SO_2）与常用的亚硫酸盐如亚硫酸钠（Na_2SO_3）、亚硫酸氢钠（$NaHSO_3$）、焦亚硫酸钠（$Na_2S_2O_5$）、连二亚硫酸钠即低亚硫酸钠（$Na_2S_2O_4$）等都可以用作酚酶的抑制剂,在蘑菇、马铃薯、桃、苹果等的加工中已广泛应用。在具体操作中,可用直接燃烧硫黄产生 SO_2 气体的方式处理水果、蔬菜,SO_2 渗入组织较快,而亚硫酸盐的优点是使用方便。不管采取什么形式,只有游离的 SO_2 才能起作用。

SO_2 在微偏酸性（pH 为 6）的条件下对酚酶抑制的效果最好。研究表明,10 mg/kg 的 SO_2 就能几乎完全抑制酚酶活性,但在实践中因有挥发损失和其他物质（如醛类）反应等,SO_2 浓度常控制在 300~600 mg/kg。目前,有关 SO_2 对酶促褐变的抑制机制尚无定论。有研究者认为是 SO_2 直接抑制了酶的活性,也有人认为是由于 SO_2 把醌还原成了酚,还有学者认为是 SO_2 和醌加合而防止了醌的聚合作用,当然,这 3 种机制也可能同时存在。

SO_2 处理法的优点是使用方便、效力可靠、成本低、有利于抗坏血酸的保存,残存的 SO_2 可用抽真空脱臭、高温炊煮等方法去除。缺点是使食品失去原有色泽而被漂白（花青素被破坏）,腐蚀铁罐的内壁,残留浓度超过 0.064% 即可被机体觉察出不愉快的嗅感与味感,并且 SO_2 会破坏 B 族维生素。

（四）隔绝氧气

隔绝氧气是一种有效的抑制酶促褐变的方法,具体措施如下:①将去皮切开的果蔬浸没在清水、糖水或盐水中。②在果蔬表面浸涂抗坏血酸溶液,使其表面形成氧化隔离层。③用真空渗入法使糖水或盐水渗入组织内部,驱除空气。如苹果、梨等水果适宜用此法,一般在 1.028×10^5 Pa 真空度下保持 5~15 min,然后迅速解除真空,使汤汁强行渗入组织内部,驱除细胞间隙中的气体。④采取抽真空或充氮包装等措施,防止外部氧气与酚酶和底物接触,从而抑制或减缓褐变的发生。

（五）添加酚酶底物的类似物

肉桂酸、对香豆酸及阿魏酸等酚酶底物的类似物是果蔬中天然存在的芳香族有机酸,食用安全性高。研究表明,在苹果汁饮料中适当添加肉桂酸、对香豆酸及阿魏酸等可有效地控制苹果汁的酶促褐变,其中以肉桂酸的抑制效果最好,当其浓度大于 0.5 mmol/L 时可有效防止苹果汁（大气环境中）褐变达 7 h。此外,肉桂酸钠盐由于具有溶解性好、售价便宜、控制褐变时间长的优点,目前也被广泛用作酶促褐变抑制剂。

（六）底物改性

邻二羟基酚类底物可在甲基转移酶的作用下转变成甲基取代衍生物,可有效抑制酶促褐变。如以 S-腺苷蛋氨酸为甲基供体,在甲基转移酶的作用下,可将咖啡酸、儿茶酚、绿原酸分别转变为阿魏酸、愈创木酚和 3-阿魏酰金鸡纳酸。

任务四 把握烹饪加工中重要的酶

任务描述

烹饪原料中存在内源酶,烹饪加工中也会适当添加外源酶制剂来提高烹饪产品的品质和风味,这些酶作为新型的高效生物催化剂,其发展和应用给烹饪行业带来了新的生机和活力。

任务目标

(1)熟悉烹饪加工中重要的酶。
(2)掌握重要的酶在烹饪加工中的合理应用。

知识精讲

烹饪领域所涉及的酶主要有两种:①新鲜生物原料中的酶类。它们的存在直接影响烹饪原料的质量变化。动、植物来源的新鲜食物均含有一定的内源酶,这些内源酶对烹饪产品的风味、质构、色泽等感官质量具有重要的影响,其作用既有有利的一面,也有不利的一面。如动物屠宰后,水解酶类的作用使肉质嫩化,改善肉质原料的风味和组织结构;水果成熟时,内源酶类综合作用的结果是各种水果具有各自独特的色、香、味,但如果过度作用,水果会变得过熟和酥软,甚至失去食用价值;在原料加工和储藏过程中,由酚酶、过氧化物酶、脂肪氧化酶、维生素 C 氧化酶等氧化酶类引起的酶促反应对食品的感官质量具有极为重要的影响。另外,这些酶的存在还会直接或间接导致一些营养成分(如维生素 C 等)的损失。②烹饪加工过程中为了改善食品的性状、风味、营养而人为加入的外源酶制剂,有淀粉酶、蛋白酶、脂肪酶等。

酶的高级结构对环境十分敏感,影响因素很多,物理、化学和生物因素均有可能影响酶而使其丧失活性,游离态酶存在稳定性差、分离纯化困难、难以回收再利用等问题,这些问题限制了酶制剂的开发和应用。固定化酶技术就是在这种背景下产生的。

固定化酶
及其方法

一、淀粉酶

淀粉酶广泛存在于动物、植物和微生物体中,其主要功能是水解淀粉、糖原及其衍生物中的 α-1,4-糖苷键和(或)α-1,6-糖苷键。根据其性质和作用可分为 α-淀粉酶、β-淀粉酶和葡萄糖淀粉酶等。

(一)淀粉酶的种类

❶ α-淀粉酶 α-淀粉酶广泛存在于动植物组织及微生物中,在发芽的种子、人的唾液、动物的胰脏内,α-淀粉酶的含量尤其高。现在工业上已经能用枯草芽孢杆菌、米曲霉等微生物制备高纯度的 α-淀粉酶。α-淀粉酶以随机方式作用于直链淀粉、支链淀粉及其他多糖内的 α-1,4-糖苷键,将淀粉水解为小分子的糊精、麦芽糖。α-淀粉酶不能水解 α-1,6-糖苷键,但能越过此键继续水解 α-1,4-糖苷键。α-淀粉酶的相对分子质量在 50000 左右,每一分子酶中结合一个 Ca^{2+},使酶具有较高的活性和稳定性。α-淀粉酶的最适温度因来源不同各有差异,一般在 50～70 ℃,但也有少数细菌(如地衣芽孢杆菌)产生的 α-淀粉酶的最适温度达 92 ℃。α-淀粉酶的最适 pH 为 4.5～7.0,不同来源的酶也存在差异。

❷ β-淀粉酶 β-淀粉酶只存在于高等植物中,如在大麦芽、小麦、甘薯和大豆中含量丰富。β-淀粉酶尚未在哺乳动物中发现,但近年来人们发现少数微生物中也存在β-淀粉酶。β-淀粉酶是一种外切酶,其只能水解淀粉的α-1,4-糖苷键,不能水解α-1,6-糖苷键。当其水解淀粉时,从淀粉非还原末端依次切下一个个麦芽糖单位,并将切下的α-麦芽糖转变成β-麦芽糖,故称为β-淀粉酶。直链淀粉中偶尔出现的1,3-糖苷键和支链淀粉中的α-1,6-糖苷键不能被β-淀粉酶水解,反应就会停止,剩下来的化合物称极限糊精。β-淀粉酶的相对分子质量高于α-淀粉酶,其热稳定性与来源有关,最适pH为5.0～6.0。

❸ 葡萄糖淀粉酶 也称为α-1,4-葡萄糖苷酶或糖化酶,主要来源于微生物中的根霉、曲霉等。葡萄糖淀粉酶的最适pH为4.0～5.0,最适温度为50～60℃。葡萄糖淀粉酶也是一种外切酶,但其不仅能水解淀粉分子的α-1,4-糖苷键,还能水解α-1,6-糖苷键和α-1,3-糖苷键,只是水解α-1,6-糖苷键和α-1,3-糖苷键的速度很慢。葡萄糖淀粉酶水解淀粉时,是从非还原末端依次切下一个个葡萄糖单位,并将切下的α-葡萄糖转为β-葡萄糖。

（二）淀粉酶的应用

淀粉酶现广泛用于商业化生产,如玉米糖浆、糊精、高果糖浆以及其他甜味料等产品的生产。陈面粉中酶活力低、发酵力低,因而用陈面粉制造的面包体积小,色泽差。向陈面粉中添加α-淀粉酶可以提高面包的质量,添加β-淀粉酶可以防止糕点的老化。焙烤产品中可加入淀粉酶。最开始有人认为,在制造面包时,面粉中的α-淀粉酶为酵母提供糖分以改善产气能力,从而改善面团结构,延缓陈化时间。淀粉酶添加到生面团中,可降解淀粉,补充低筋面粉的内源性淀粉酶活性。后来人们逐渐认识到,直接添加到生面团中的淀粉酶将降低生面团黏性、增加面包的体积、提高面包的柔软度(抗老化)以及改善外皮色泽。这些效应大多归因于焙烤期间淀粉糊化时的部分水解。黏度下降(变稀)可以加快面团调制和烘焙中的反应,帮助改善产品的质构和体积。抗老化效应被认为是淀粉特别是支链淀粉有限水解所产生的较大糊精,保持了面包中糊化淀粉网状结构的完整性(柔软但不黏糊)所致,淀粉的有限水解在一定程度上迟滞了糊化淀粉的老化。

谷物中α-淀粉酶还会影响粮食的食用质量,米放久后出现陈化现象,由陈米煮熟的饭黏度下降,没有新米好吃,主要原因之一是在淀粉酶作用下米中的淀粉发生水解。

二、蛋白酶

蛋白酶是生物体系中含量较多的一类酶,在烹饪加工中应用较广。从动物、植物或微生物中都可以提取得到蛋白酶。

（一）蛋白酶的分类

蛋白酶的种类很多,分类比较复杂。根据酶作用方式的不同可分为两大类:内肽酶和外肽酶。内肽酶从多肽链内部随机水解肽键,使之成为较小的肽碎片和少量游离氨基酸。外肽酶则从多肽链的末端开始将肽键水解,使氨基酸游离出来,其又可分为两类,从多肽链的氨基末端开始水解肽键的称为氨肽酶;从多肽链的羧基末端开始水解肽键的称为羧肽酶。根据蛋白酶最适pH的不同,蛋白酶又可分为酸性蛋白酶、碱性蛋白酶和中性蛋白酶。根据蛋白酶活性中心化学性质的不同,蛋白酶可分为丝氨酸蛋白酶(活性中心含有丝氨酸残基)、巯基蛋白酶(活性中心含有巯基)、金属蛋白酶(活性中心含有金属离子)和酸性蛋白酶(活性中心含两个羧基)。蛋白酶还可根据其来源分为动物蛋白酶、植物蛋白酶和微生物蛋白酶。

（二）蛋白酶的应用

将酸性蛋白酶加到面粉中,在焙烤产品中可改变面团的流变学性质,因此也就改变了焙烤产品的坚实度。将微生物蛋白酶添加到面包制作过程中,可改善面包质量;微生物蛋白酶也可用于制造薄脆饼干;此外,微生物蛋白酶还可用来制作烹饪辅料(如酱油等),既能提高产量,又能改善质量。

丝氨酸蛋白酶包括胰蛋白酶及弹性蛋白酶等,可用来软化和嫩化肉中的结缔组织,它们通过对肌球蛋白-肌动蛋白复合物发挥作用,使肌肉变得柔软、多汁,口味细嫩。巯基蛋白酶如木瓜蛋白酶、菠萝蛋白酶及无花果蛋白酶等,被广泛应用于烹饪加工中,如可用作肉的嫩化剂,将蛋白酶溶液注射到牲畜屠体中或涂抹在小块的肉上,可使弹性蛋白和胶原蛋白部分水解,进而使肉嫩化。

三、脂肪酶

脂肪酶又称为脂肪水解酶,它能将脂肪水解为脂肪酸和甘油。脂肪酶广泛存在于动物、植物和微生物中。

(一)脂肪酶的特性

脂肪酶的最适温度为 $30\sim40$ ℃,最适 pH 一般在 8.0 左右。脂肪酶只有在甘油酯和水所构成的乳状液中才有较大的活性。脂肪酶只作用于甘油-水界面的脂肪分子,因此含脂食品体系中加入乳化剂,会大大提高脂肪酶的催化活性,加快脂肪的酸败。除了能催化甘油酯水解外,脂肪酶还能催化酯化、转酯以及酯交换等反应。脂肪酶还具有化学选择性、底物专一性、催化活性高且副反应少等特点。广义的脂肪酶还包括固醇酶和磷酸酯酶,能分别水解固醇酯和磷酸酯类。

(二)脂肪酶的应用

粮油中含有脂肪酶,不适当的加工和储藏方式常导致脂肪酶激活,并使甘油三酯水解生成脂肪酸,引起粮油酸败,降低其营养和食用品质。高压灭菌、红外辐射、干热、紫外辐射和微波处理等对米糠中的脂肪酶都有影响,其中高压灭菌对脂肪酶的钝化最有效,但很难在工业上应用。紫外辐射被认为是最有前景的钝化米糠中脂肪酶的替代方法,而且不影响米糠油的质量和营养成分。在干酪等产品加工中,由脂肪酶催化的牛乳中脂肪的适度水解,往往会产生特有的风味,被消费者所喜爱和接受。

脂肪酶可以添加于面包、馒头和面条的专用粉中。在面包专用粉中加入适量的脂肪酶可以得到更好的面团纹理,使面团发酵的稳定性提高,面包的体积增大,内部结构均匀,质地柔软,面包心的颜色洁白。脂肪酶水解脂肪形成的甘油一酯能与淀粉结合形成复合物,从而延缓淀粉的老化,提高面包的保鲜能力。在馒头专用粉中加入脂肪酶,也会起到类似于脂肪酶在面包专用粉中的效果,尤其是在使用老面发酵时,脂肪酶可以有效防止其发酵过度,保证产品质量。在面条专用粉中使用脂肪酶,可改善面带压片或通心粉挤出过程中的颜色稳定性,同时还可提高面条或通心粉的嚼劲,使面条在水煮过程中不粘连、不断条、表面光亮、滑爽。此外,在面粉中适量添加脂肪酶可以使面粉的抗拉伸能力明显增强,延伸性也有所增加。脂肪酶对面团的强度有明显的改善作用,还可解决加入强筋剂后面粉的延伸度过小的问题。

真菌脂肪酶水解非极性的脂类(如甘油三酯),产生脂肪酸和甘油二酯或甘油一酯。脂肪酸可以作为面粉内源性脂肪氧化酶的底物,通过氧化反应,将面粉中的有色物质漂白,从而提高馒头的白度。脂肪酶作用后产生的甘油一酯增加淀粉复合物的生成,从而抑制淀粉粒的溶胀,增加馒头的嚼劲和光滑感,减小黏性。脂肪酶还可以增加面团的稳定性,从而增加馒头的耐醒发性,在过醒发时不出现塌陷。

四、色素降解酶

色素降解酶包括叶绿素酶和花青素酶等,广泛存在于植物体中。在食物原料收割或采摘后,如果不设法控制色素降解酶的活性,就会导致叶绿素和花青素等天然色素受到破坏,这不仅影响产品的色泽,还会降低其营养价值。

(一)叶绿素酶

叶绿素酶存在于植物和一些藻类生物体中,它是一种酯酶,能够催化叶绿素脱植基和脱镁,生成脱植基叶绿素和脱镁叶绿素。叶绿素酶在水、乙醇、丙酮溶液中均有活性,在果蔬中适宜温度为 $60\sim$ 82 ℃,超过 80 ℃时酶活性降低,达到 100 ℃时则完全失去活性。从加热到酶活性丧失时间的长短对叶绿素的保留有重要的意义,这决定了菜品的色泽。时间长会加快叶绿素的分解;时间短则叶绿素保留率较高。因此,烹饪蔬菜时宜采用大火、短时的爆炒方式,以减少叶绿素的损失。

研究表明,煮熟的西蓝花绿度明显增加,蒸和炒制的西蓝花绿度有所下降。绿度的增加可能是由于细胞排出了气体,改变了蔬菜的表面反射特性和光穿透深度;绿度的下降与上文提到的叶绿素降解成脱镁叶绿素有关。研究还表明,随着菠菜炸制时间的延长,叶绿素的含量显著降低,而叶绿素异构体含量增加,推测该异构体可能包含焦脱镁叶绿素。在储藏过程中,由于叶绿素酶的作用,植物性原料的色泽由绿色转变为黄色,通常采用降低温度和水分活度的方法,阻止或减缓颜色的变化。

（二）花青素酶

花青素很不稳定,通常与糖以糖苷(花青苷或花色苷)的形式存在。花青素酶是 β-葡萄糖苷酶的一种,它能将花色苷水解成糖类物质和花青素,花青素不稳定,继续分解成无色物质。花青素酶的最适 pH 为 4.0,最适温度为 $40\sim45$ ℃。一般在果汁(如桃汁和葡萄汁)榨出后,添加 0.1%～0.4%的花青素酶在 $40\sim45$ ℃下作用 $1\sim2$ h,可使已经变紫的果肉脱色,与螯合剂共同作用。桃多因含花青素而呈红色,花青素与罐头材料溶出的锡相互作用,使桃表面及糖汁变成紫色,在装罐前用花青素酶(用量为 0.2%～0.5%)在 $40\sim45$ ℃下浸渍 $1\sim2$ h可避免此现象发生。研究表明,不同的烹饪方式会导致紫薯中花色苷损失,损失量较大的烹饪方式是炒制和炸制,其次是焙烤、煮制、微波处理和蒸,较温和的温度、与水较少的接触可能使花色苷的保留效果更佳。

五、脂肪氧化酶

脂肪氧化酶属于氧化还原酶,广泛存在于植物中,如大豆、绿豆、小麦、燕麦、玉米及马铃薯等。豆科植物中的脂肪氧化酶具有较高的活性,以大豆中的活性最高。

（一）脂肪氧化酶的特性

脂肪氧化酶能专一催化具有顺,顺-1,4-戊二烯结构的多不饱和脂肪酸,通过分子内加氧,形成具有共轭双键的氢过氧化衍生物。脂肪氧化酶对其作用的底物具有高度的特异性,含有顺,顺-1,4-戊二烯结构的不饱和脂肪酸及甘油酯的物质都可以作为脂肪氧化酶的底物。亚油酸、亚麻酸和花生四烯酸都含有这种结构,所以很容易被脂肪氧化酶催化,特别是亚麻酸,是脂肪氧化酶的良好底物。脂肪氧化酶来源不同、底物不同,会导致其加氧位置不同,所生成的产物也就有所不同。

（二）脂肪氧化酶的应用

脂肪氧化酶对烹饪原料及产品的色泽、风味、质地和营养价值都有较大影响,它是大豆、玉米、蘑菇、黄瓜等烹饪原料产生不良气味的主要原因。如大豆和大豆制品中的豆腥味,就是由脂肪氧化酶催化其亚麻酸所生成的氢过氧化物继续裂解而产生的。在未经热烫而直接冷冻的豌豆中,羰基化合物的累积也是由脂肪氧化酶引起的,而且热烫不彻底的植物组织中仍含有此酶,同样会产生异味。因此,为了抑制储存在蔬菜中脂肪氧化酶的活性,在冷冻或干燥前必须进行热烫处理。

通心面在加工过程中,其中的脂肪氧化酶能对色素产生一种不良的漂白效果,能催化破坏 β-胡萝卜素、叶黄醇、叶绿素及维生素。小麦中的脂肪氧化酶对面粉的流变学性质也有很大的影响,揉面时由于混入了空气中的氧,脂肪氧化酶催化蛋白质中的巯基,使其氧化成二硫键而形成网状结构,改善了面团的弹性。此外,面粉中常常加入大豆粉,这不仅可以增加面粉的蛋白质含量,还可利用大豆粉中的脂肪氧化酶加强漂白效果,同时改善面团的流变学性质。

控制加工温度是使脂肪氧化酶失活的有效手段。例如,在大豆加工时,将原料在 $80\sim100$ ℃热水中研磨 10 min,可以消除豆浆的不良气味;也可以将大豆浸泡 4 h后热烫处理 10 min,使脂肪氧化酶失活。其次是酸处理,大豆原料在 pH 3.8 左右时进行研磨,可以使脂肪氧化酶失活。一些酚类抗氧化剂(如维生素E、没食子酸丙酯等)对脂肪氧化酶也有抑制作用。

超高压处理对西瓜汁中的脂肪氧化酶有一定的影响,经超高压处理的脂肪氧化酶活性均低于对照组;相同压力下,保存时间越久,脂肪氧化酶活性越低;在相同保存时间下,压力越大,对脂肪氧化酶活性的钝化作用越强。超高压处理可以有效保证冷藏西瓜汁储藏过程中的香气品质。

项目小结

　　本项目主要是学习酶的基本概念、分类,了解酶的催化特点和作用机制,探索影响酶促反应的因素以便于控制酶促反应,探讨烹饪加工中的酶促褐变机制及控制方法,并结合烹饪加工过程阐述重要的酶类及其对烹饪加工产品或烹饪原料的影响规律。

思考题

1. 酶和一般的催化剂相比,有哪些异同点?
2. 酶的活性中心一般具有哪些结构特征?
3. 影响酶促反应的因素有哪些?
4. 举例说明什么是内源酶和外源酶。
5. 简述酶促褐变的机制和控制措施。
6. 酶促褐变发生的条件有哪些?
7. 焙烤产品中常用的酶有哪些? 其作用分别是什么?
8. 叶绿素酶对绿色蔬菜的颜色有什么影响?
9. 举例说明蛋白酶在烹饪加工中的应用。
10. 举例说明脂肪氧化酶对烹饪原料及产品品质的影响。

在线答题

认知食品的色素

项目描述

食品颜色是人们评价食品质量的重要感官指标之一,它刺激着消费者的感觉器官,会引起人们对味道的联想,还会影响人们对食品风味的感受。食品色素是食品烹饪加工中色泽变化的一个重要因素。本项目重点介绍食品中常见的天然色素,学习其分子结构与理化性质,探讨烹饪加工与食品色泽变化之间的关系以及色素调配相关知识。

项目目标

(1)了解食品色素的呈色机制。
(2)熟悉食品中常见的天然色素种类以及烹饪加工中颜色的变化。
(3)学会科学、安全、规范使用食品色素。

项目导入

春节是中国人最向往、最期盼,也是寓意最丰富的节日。南、北方春节饮食风俗不尽相同。作为居住在南方的北方人,杨帆一家的家宴菜肴兼具南、北方饮食的特点。杨帆妈妈把红心火龙果汁、芹菜汁、荞麦面分别加入白面粉中,制作出了紫红色、绿色、巧克力色的饺子皮,做了一锅彩色的水饺。杨帆爸爸则把糯米分别浸泡在黄花液汁(黄色)、紫藤汁(紫色)、红藤汁(红色)、枫叶汁(黑色)中,染上了黄、紫、红、黑四种颜色,做了一份壮族传统的"五彩糯米饭"(黄、紫、红、黑、白五种颜色)。五彩斑斓的色泽别有一番风味。杨帆家巧妙地运用了天然色素,给食物"上妆"打扮了一番。那么,天然色素有哪些种类,各有什么特点,在烹饪加工中会发生什么样的变化,是非常有趣的问题。本项目主要介绍食品色素的种类与性质、色素在烹饪加工过程中的颜色变化,熟练掌握色素的性质将有助于提高食品的感官评分,提升消费者的食欲和购买欲。当然,色素的使用,尤其是合成色素的使用,应符合食品添加剂及食品安全相关法律法规的要求。

任务一 走进食品色素

> **任务描述**

食品色素有天然色素和合成色素两大类。食品的色泽主要由其所含的色素决定。任务一主要介绍食品色素的作用和食品色素的呈色机制,以及食品色素的概念和分类。

→ 任务目标

(1)了解食品色素的作用和呈色机制。
(2)掌握食品色素的概念和分类。

→ 知识精讲

一、食品色素的作用

中国饮食文化以"色、香、味、形、器"来衡量食品的优劣,更以其作为考验厨师技能的综合标准。颜色以其先入为主的感官冲击,成为饮食文化中重要的元素。

(一)食品色泽的作用

食品的颜色主要由所含的色素决定。食品中能够吸收或反射可见光,进而使食品呈现各种颜色的物质,统称为食品色素。如肉及肉制品中的肌红蛋白及其衍生物、绿色蔬菜中的叶绿素及其衍生物均为天然色素。蛋糕上的彩色裱花则主要是通过添加或调配各种食品着色剂实现的。

(1)食品的颜色是食品质量的主要感官指标之一,是人们评估的首要参数。

人们可能根据经验将颜色与其他相关品质联系起来,判断食品的优劣和新鲜度、成熟度,从而决定对某一种食品的"取舍"。研究表明,消费者通常会因为某种食品色彩绚丽而购买,例如橙色的果汁、透明包装的鲜切水果更受消费者的欢迎,这些都表明适当的色彩可增加食品的可接受性。一般情况下,特定食品在人们心中有固定的颜色范围,若超出该认知范围,则可能导致人们难以接受。例如,优质的香蕉呈黄色并且不带有褐色斑点;成熟的番茄呈红色或红橙色,颜色越深成熟度越高。

(2)色彩对人们的心理活动有着重要影响,特别是和情绪有非常密切的关系。

食品的颜色可以刺激消费者的感觉器官,引起人们对食物味道的联想。如红色的食品给人味浓、成熟、好吃的印象,红色是人们普遍喜欢的一种食品颜色。人们常将颜色与特定健康属性的产品联系在一起,如看到明亮的橙色和黄色的柑橘类水果,就认为它们可能富含维生素 C;紫色的薰衣草和柠檬草凉茶会带来舒缓的感觉;可可、肉桂和生姜香料的中性色调,则是热葡萄酒等带来温暖的季节性佳品的完美搭配。不同的食品颜色对人感官的影响见表 8-1。

表 8-1 食品的颜色对人感官的影响

颜色	感官印象	颜色	感官印象
红色	味浓、成熟、好吃	灰色	难吃、脏
黄色	芳香、成熟、清淡、可口	紫红色	浓烈、甜、暖
橙色	甜、滋养、味浓、美味	淡褐色	难吃、硬、暖
绿色	新鲜、清爽、凉、酸	暗橙色	陈旧、硬、暖
蓝色	新鲜、清爽、凉、酸(食品中很少直接用蓝色)	奶油色	甜、滋养、爽口、美味
咖啡色	风味独特、质地浓郁	暗黄色	不新鲜、难吃
白色	有营养、清爽、卫生、柔和	淡绿色	清爽、清凉
粉红色	甜、柔和	黄绿色	清爽、新鲜

(3)食品的颜色会影响人们对食品健康与美味度的判断。

例如,人们认为红色饮料具有草莓、黑莓和樱桃的风味,黄色饮料具有橙子的风味,绿色饮料具有柠檬的风味。包装色彩鲜艳且饱和度高的食品看起来更新鲜,而色彩柔和、饱和度低且外观清新的食品看起来更健康和美味。相对而言,颜色饱和度对口味的影响大于其对健康的影响。

(4)食品的颜色可以影响人们的食欲。

有人曾经对颜色和食欲之间的关系做过调查,结果表明,颜色鲜艳的食品可以增进食欲。最能引起食欲的颜色是从红色到橙色之间的颜色。淡绿色、青绿色能使人的食欲增加,而黄绿色是一种使人倒胃口的颜色,紫色能使人的食欲降低。这些颜色对人的食欲的影响,实际上与长期以来人们对食品的喜好有关。例如,红色的苹果、橙色的蜜橘、黄色的蛋糕、嫩绿的蔬菜,都能给人好吃的感觉;一些腐败变质的食品颜色会使人产生厌烦的感觉,因此一些不太鲜亮的颜色给人的印象一般不好。即使同一种颜色,用在不同的食品上也会让人产生不同的感觉,如紫色的葡萄汁很受人们的欢迎,但是没有人喜欢紫色的牛乳。

(5)食品色彩的饱和度、亮度值、彩度等可以与其他感官的感知互相影响。

一些研究发现色彩饱和度可能对味觉产生影响。例如,当食品的色彩饱和度较低时,视觉对味觉的影响更加明显。当看到彩色食品时,消费者会对高热量食品出现注意力偏见;若去掉该高热量食品中的颜色,则这种注意力偏见消失。

(6)食品的颜色与食品的性味有一定的关联性。

古代医学家将中药的"四性""五味"理论运用到食物之中,认为每一种食物也具有"四性""五味"。食物的"四性"是指食物有寒、热、温、凉这四种性质,"五味"是指食物具有辛、甘、酸、苦、咸五种味道。狗肉、猪肉等畜肉类以及樱桃等红色食物,多偏热性;香蕉、小米等黄色食物和黑米、黑豆等黑色食物,偏温性;绿色、白色食物偏寒凉性质。绿色食物常带有苦味,黄色食物常带有辛味,白色食物总体偏咸。

在食品烹饪加工或储藏过程中,可能会发生美拉德反应、酶促褐变、非酶促褐变等化学反应,导致食品颜色发生变化。如韭菜存放时间较长时会变黄,烹调后会变成褐绿色;切开的土豆、莲藕切面颜色会变暗;生肉在储存过程中会失去新鲜的红色而变成褐色;虾、蟹等煮熟后变成红色;紫芸豆炒熟后会变成绿色;北京烤鸭烤熟后表皮会变成金黄色等。

我国在很早以前就有使用天然色素改变食品颜色的习惯。如我国的"胶东花饽饽"制作时,用菠菜汁、紫薯汁、胡萝卜汁等将面团染成绿色、紫色、橙色,然后经过发酵蒸制,做成各种不同形状的小动物或寿桃面点。除了在面点中使用外,很多地方还用天然色素制作豆腐乳、酿酒。在现代烹饪中天然色素的使用更普遍,如用墨鱼汁调制面团,制作水饺、面条;用辣椒红制成红油添加在凉拌菜中;用火龙果、菠菜、南瓜等榨汁调制糯米团,制作汤圆等。

(二)食品色素呈色机制

众所周知,自然光是由不同波长的射线组成的。波长在390～770 nm的光被称为可见光。波长小于390 nm和大于770 nm的光被称为不可见光。如果一种物质吸收的光,其波长在不可见光区域,那么这种物质是无色的。在可见光区域内,如果物质能吸收一定波长的光,则该物质就会呈现一定的颜色,其颜色是由未被吸收的光所反映出来的,即被吸收光颜色的互补色。例如,一种食物能吸收的光波长为510 nm,即绿色光谱,那么人们看到它的颜色是绿色的互补色——紫红色。物质的颜色与吸收光颜色之间的关系见表8-2。

表8-2　物质的颜色和吸收光谱的关系

物质颜色(互补色)	吸收光	
	颜色	波长范围/nm
黄绿色	紫色	400～450
黄色	蓝色	450～480
橙色	蓝绿色	480～490

续表

物质颜色(互补色)	吸　收　光	
	颜　色	波长范围/nm
红色	绿蓝色	490～500
紫红色	绿色	500～560
紫色	黄绿色	560～580
蓝色	黄色	580～600
蓝绿色	橙色	600～650
绿蓝色	红色	650～750

食品的主要色素属于有机化合物,其分子结构中往往具有发色团(生色基或生色团)和(或)助色团。发色团在紫外及可见光区域内(200～770 nm)具有吸收峰。

❶ **发色团**　常见的发色团是含有多个—C＝C—的共轭体系,其中可能会有几个—C＝O、—N＝N—、—N＝O、—C＝S等含有杂原子的双键。分子中含有一个发色团的物质,由于它们的吸收波段在200～400 nm之间,所以仍无色。如果化合物分子中有两个或两个以上的发色团共轭,可使分子对光的吸收向长波方向移动。当物质吸收光的波长移至可见光区域内时,该物质呈现颜色。共轭体系越大,该物质吸收光所对应的波长越长,见表8-3。

表 8-3　共轭多烯化合物吸收光波长与双键数的关系

体系	化合物名称	共轭双键数/个	吸收光波长/nm	颜色
$\text{[CH}＝\text{CH]}_2$	丁二烯	2	217	无色
$\text{[CH}＝\text{CH]}_3$	己三烯	3	258	无色
$\text{[CH}＝\text{CH]}_4$	二甲基辛四烯	4	296	淡黄色
$\text{[CH}＝\text{CH]}_5$	维生素A	5	335	淡黄色
$\text{[CH}＝\text{CH]}_8$	二氢β-胡萝卜素	8	415	橙色
$\text{[CH}＝\text{CH]}_{11}$	番茄红素	11	470	红色
$\text{[CH}＝\text{CH]}_{15}$	去氢番茄红素	15	504	紫色

❷ **助色团**　色素中的—OH、—OR、—NH₂、—NR₂、—SR、—Cl、—Br等基团,它们本身的吸收波段在远紫外区,但这些基团与共轭键或发色团相连接,可使共轭键或发色团的吸收光向长波方向移动,这些基团称为助色团。助色团与化合物吸收光波长移动范围的关系见表8-4。

表 8-4　助色团与化合物吸收光波长移动范围的关系

助　色　团	波长移动范围/nm
—NR₂	40～95
—SR	23～85
—OR	17～50
—X(Cl、Br、I 等)	2～30

二、食品色素的分类

食品色素按来源的不同可分为天然色素和合成色素两大类。

(一)天然色素

天然色素根据其来源又可分为三类:①植物色素:如叶绿素、类胡萝卜素、花青素等。②动物色

发色团
与漂白剂

素:如血红素、胭脂虫红、蛋黄和虾壳中的类胡萝卜素等。③微生物色素:如红曲色素、核黄素等。

天然色素根据其化学结构可分为五类:①四吡咯类(或卟啉类):如叶绿素和血红素等。②异戊二烯类:如类胡萝卜素和辣椒红素。③多酚类:如花青素和花黄素等。④酮类:如红曲色素和姜黄素等。⑤醌类:如虫胶色素和胭脂虫红等。

天然色素根据其溶解性可分为两类:①脂溶性色素:如胡萝卜素、叶绿素等。②水溶性色素:如花青素、黄酮类化合物等。食品中常见天然色素的分类和特点见表8-5。

表8-5 食品中常见天然色素的分类和特点

类别和结构特征	色素名称	亚类(具体色素)	溶解性	存在方式	种类数量	颜色	主要来源
四吡咯类(卟啉类)	叶绿素	叶绿素a / 叶绿素b	脂溶	叶绿体	25	绿色、褐色	绿色蔬菜
	血红素	血红素铁 / 血红素铜	水溶	血红蛋白 / 肌红蛋白	6	红色、褐色	禽畜肉
四吡咯衍生物	藻色素	藻红素等	水溶	色素蛋白	15	红色到绿色	海藻
	胆色素	胆绿素等	水溶	游离	6	红色、绿色、黄色	畜禽肉
异戊二烯类	类胡萝卜素(多烯色素)	叶红素类(番茄红素、胡萝卜素等)	脂溶	脂肪或蛋白质复合物	450	黄色到红色	蔬菜、水果等植物性原料
		叶黄素类(辣椒红素、虾青素、卵黄素等)	脂溶				植物、部分动物
多酚类	花青素	天竺葵色素等	水溶	糖苷形式	150	红色、紫色、蓝色	花、水果等
	花黄素(黄酮类)	芹菜素、橙皮素等			800	黄色	植物
	儿茶素(黄烷醇)	儿茶素、没食子酸等			30	反应型	茶叶
	鞣质	儿茶酚、黄木素等	水溶或不溶	单体或聚合体	200	反应型	植物
	甜菜红	甜菜红素、天然苋菜红素等	水溶	糖苷形式	70	黄色到红色	红甜菜等许多植物
醌类	虫胶色素	—		—	1	橙黄色到紫色	紫胶虫
	胭脂虫红	—		—	1	红色	胭脂虫
	黑色素	—	水不溶	聚合物、蛋白质复合物	16	黑色	动物

Note

续表

类别和结构特征	色素名称	亚类(具体色素)	溶解性	存在方式	种类数量	颜色	主要来源
酮类衍生物	红曲色素	红斑素等	脂溶	—	15	红色	微生物(红曲)
	姜黄素	—	水溶脂溶	—	1	黄色	姜黄、芥末
异咯嗪	核黄素	—	水溶	酶蛋白辅基	1	黄绿色	动物

（二）合成色素

合成色素根据其分子中是否含有—N ＝N—，可分为偶氮类色素（如胭脂红和柠檬黄）和非偶氮类色素（如赤藓红和亮蓝）。合成色素大多数是水溶性色素。

任务二　探究食品中的天然色素

任务描述

食品中的天然色素根据其化学结构分为四吡咯色素、类胡萝卜素、多酚类色素等，它们是食品呈色的主要来源，也是烹饪加工中食品色泽发生改变的主要原因。本任务以叶绿素、血红素、类胡萝卜色素、叶黄素类色素、多酚类色素和类黄酮色素为代表，介绍其分子结构与理化性质，探讨烹饪加工与食品色泽变化之间的关系。

任务目标

（1）掌握叶绿素护绿技术，掌握常见食品色素的名称。
（2）熟悉食品色素在烹饪加工过程中发生的重要化学变化及影响因素。
（3）了解常见食品天然色素的结构、性质，学会其在烹饪加工中的实际应用。

知识精讲

食品中的天然色素主要是存在于动物、植物和微生物中的色素成分，其中植物色素的种类相对来说比较丰富。按其化学结构可分为吡咯类、异戊二烯类、多酚类、酮类和醌类五种类型。本任务重点介绍食品中常见的四吡咯色素、类胡萝卜素和多酚类色素。

一、四吡咯色素

四吡咯色素是自然界中存量最大、分布最广的一类色素。四吡咯色素是由四个吡咯环通过次甲基桥（＝CH—）互联而形成的大分子杂环化合物，称为卟啉类化合物。这一类分子的色彩与衍生物的共轭体系有关，稳定性与中心螯合的金属离子有关。叶绿素、血红素均具有四吡咯衍生物类分子结构（图 8-1）。

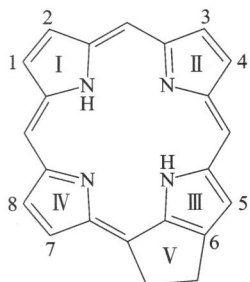

图 8-1 环戊烷并卟啉

（一）叶绿素

①叶绿素的结构 叶绿素广泛分布于绿色植物、藻类和光合细菌中。叶绿素有多种,如叶绿素 a、b、c 和 d,以及细菌叶绿素、绿菌属叶绿素等,是自然界中最重要的天然色素。日常生活中常见的绿色果蔬中均含有丰富的叶绿素,如猕猴桃、菠菜、黄瓜、韭菜等。

与食品有关的叶绿素主要是高等植物中的叶绿素 a 和叶绿素 b 两种。其中,叶绿素 a 呈蓝绿色,而叶绿素 b 呈黄绿色,高等植物中叶绿素 a 和叶绿素 b 含量之比约为 3∶1。叶绿素 a 和叶绿素 b 在结构上的差别仅在于 3 位碳原子上的取代基不同,叶绿素 a 含有一个甲基,而叶绿素 b 则含有一个甲醛基。叶绿素 a 和叶绿素 b 的结构式如图 8-2 所示。

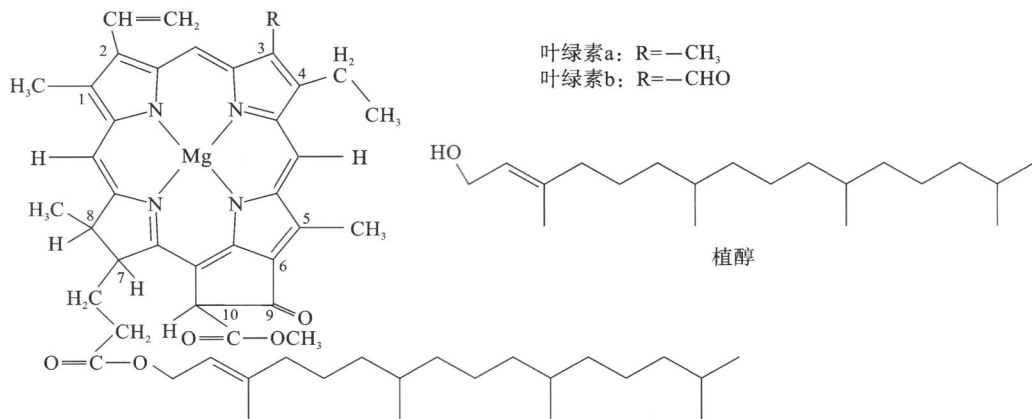

叶绿素a：R=—CH₃
叶绿素b：R=—CHO

植醇

图 8-2 叶绿素 a 和叶绿素 b 的结构

叶绿素是含镁的四吡咯衍生物,分子核心结构由卟啉环"头部"和酯化醇"尾部"构成。卟啉环是由 4 个吡咯环(Ⅰ、Ⅱ、Ⅲ、Ⅳ环)和 4 个甲烯基（=CH—）连成的一个大环,另外还有一个含羰基和羧基的副环(同素环 Ⅴ)。

镁原子位于卟啉环的中央,偏向于带正电荷,与之相连的氮原子偏向于带负电荷,因而卟啉环具有极性,可以与蛋白质结合。同素环上的羧基以酯键和甲醇结合。以酯键与第Ⅳ吡咯环上的丙酸相结合的部分称为叶绿醇或植醇,此部分称为叶绿素的"尾部"。叶绿醇是由四个异戊二烯单位组成的双萜,尾部是亲脂的,所以叶绿素是脂溶性色素,但叶绿酸是水溶性的。

②叶绿素的性质

（1）物理性质。

叶绿素 a 是蓝黑色的粉末,溶于乙醇而呈蓝绿色,并有深红色荧光。叶绿素 b 是深绿色粉末,其乙醇溶液呈绿色或黄绿色并有荧光。二者都不溶于水,溶于有机溶剂。

（2）化学性质。

①取代反应:叶绿素镁卟啉环结构中的镁可被 H⁺ 和其他金属离子取代,从而发生变色。在酸性环境中,叶绿素镁被两个氢原子取代,生成橄榄绿色的脱镁叶绿素;被铜离子取代,形成绿色鲜亮且稳定的铜叶绿素,该色素可用作人工着色剂。植醇被羟基取代会生成水溶性的脱植叶绿素,其颜色为绿色(图 8-3)。

②水解反应:在酸的作用下,叶绿素的二酯结构可水解,生成叶绿醇、甲醇及水溶性的叶绿酸。在弱碱性条件下,叶绿素可分解成醇(叶绿醇和甲醇)和相应的叶绿酸碱金属盐,而叶绿素分子中结合的镁离子可以保留,使绿色蔬菜能保持绿色。

叶绿素也可通过植物体内存在的叶绿素酶等的作用,生成脱植叶绿素,再脱去镁离子生成脱镁

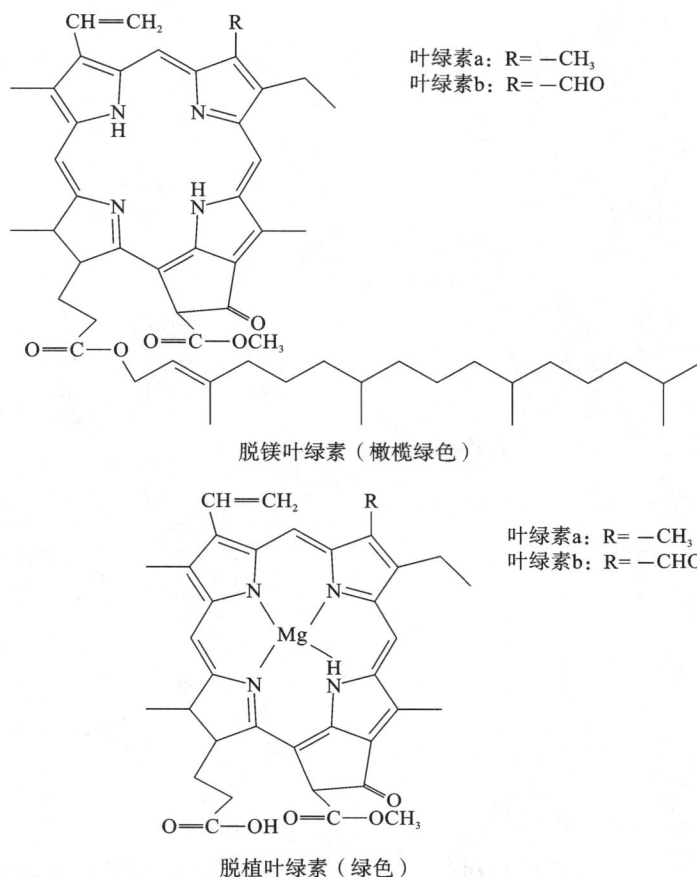

脱镁叶绿素（橄榄绿色）

叶绿素a：R= —CH₃
叶绿素b：R= —CHO

脱植叶绿素（绿色）

叶绿素a：R= —CH₃
叶绿素b：R= —CHO

图 8-3　脱镁叶绿素和脱植叶绿素的结构

脱植叶绿素。脱镁叶绿素、脱镁脱植叶绿素由于都失去镁离子，不再呈绿色，这是烹调加工过程中绿色蔬菜的叶绿素被破坏的根本原因。叶绿素的主要衍生物结构与颜色见图 8-4。

③其他反应：当组织衰败时，叶绿体蛋白与其辅基叶绿素分离，在光、辐射或酶的作用下，叶绿素分子中的卟啉环上可发生氧化、还原、加成或裂解等反应，从而引起颜色的巨大变化。

❸ **叶绿素在烹饪加工中的颜色变化**

（1）热和酸引起的颜色变化：烹调加热会引起蔬菜中叶绿素不同程度的变化。短时间的快速加热会引起蛋白质变性。由于叶绿素与蛋白质共存于绿色蔬菜中，叶绿素从叶绿体中分离出来，游离于植物中，叶绿素本身没有变化，所以蔬菜的绿色更加明显。这个现象是烹饪加工蔬菜时判断制熟程度的重要标志。例如，海带加工过程中要进行热烫处理。热烫处理后，海带颜色由黄褐色迅速变成鲜绿色，这时需要立即终止热烫，防止颜色逐渐变为褐色。

长时间的加热会使游离叶绿素和蔬菜组织中的有机酸作用，发生脱镁反应。如果叶绿素遇到弱酸（如乙酸、吡咯烷酮羧酸），酸会与叶绿素分子中的镁结合，叶绿素转变成脱镁叶绿素，蔬菜色泽暗淡。如果叶绿素遇到强酸，会使植物醇基脱落，生成脱镁脱植叶绿素，菜肴就会由绿色转变成褐色，这是蔬菜久煮变黄的原因（图 8-5）。同时叶绿素加热会发生水解反应，产生水溶性成分。因此，在烹调绿色蔬菜时加点碱，可以保持叶绿素原有的鲜绿色。但加碱不能过量，否则会使多余的碱与水解产物叶绿醇反应生成叶绿酸钠盐，使菜肴变黄。

烹调时也可加入适量料酒，降低原料中有机酸的含量，从而保护叶绿素，使成菜翠绿悦目、鲜艳美观。也可加入适量食醋，使菜肴脆嫩，但加醋过多会使绿色蔬菜在烹调后变成暗黄色。

（2）烹调方式引起的颜色变化：同一种蔬菜，采用不同方法烹调，叶绿素含量、菜肴色泽也可能

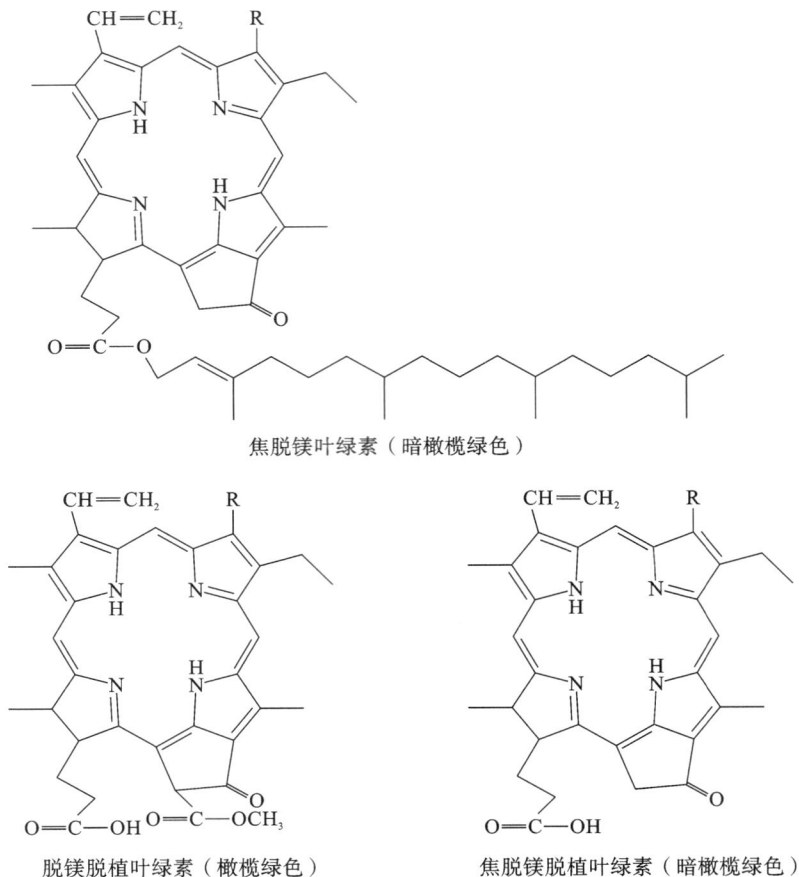

焦脱镁叶绿素（暗橄榄绿色）

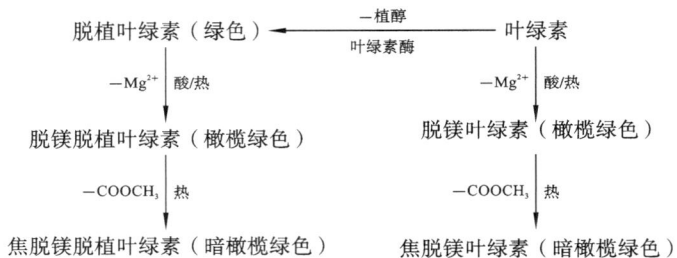

脱镁脱植叶绿素（橄榄绿色）　　　　　焦脱镁脱植叶绿素（暗橄榄绿色）

图 8-4　叶绿素的主要衍生物结构与颜色

图 8-5　叶绿素及其衍生物在酶、酸和热作用下的衍生物

不同。研究发现，蒸、微波处理、煮、炒的烹饪方式均会使娃娃菜、西芹和西蓝花中的叶绿素含量显著降低，微波处理对西蓝花叶绿素含量的影响要较其他几种烹调方式小。

蒸菠菜与煮菠菜相比，颜色变化更明显，有相当一部分的叶绿素损失；炸制菠菜时，随着炸制时间的延长，叶绿素 a、叶绿素 b 的含量显著降低。扬州长白芹和湿栽水芹在油炒之后叶绿素含量有所降低，但成品颜色变深，显得更有光泽。

叶绿素 a 和叶绿素 b 的稳定性不同，通常蔬菜经冷冻、干燥或热烫等处理后，叶绿素 a 转化为脱镁叶绿素 a 的速度是叶绿素 b 转变速度的 2.5 倍。有研究表明，西蓝花中的叶绿素 a、叶绿素 b 和叶绿素总量在煮制后分别比生西蓝花高出 2 倍左右。在该研究中除了煮制之外，蒸制、微波处理也增加了叶绿素含量。但另一项关于微波处理、煮制、蒸制对南瓜、青豆、豌豆、韭菜、西蓝花和菠菜叶绿素及色泽特性影响的研究，发现叶绿素 a 的损失最多，达到了 81%，而叶绿素 b 的损失在 $20\%\sim61\%$。

食用海藻含有丰富的叶绿素，研究发现煮制和微波处理均会对紫菜、海白菜、海带的叶绿素谱产生影响。在这些研究中,与烹饪相关的叶绿素的主要转化反应是脱镁叶绿素化和脱羧甲基化反应。不同种类的海藻中,不同烹调方法对叶绿素含量的影响也不同,这可能是由能量传递机制不同导致。

（3）酶促变化引起的颜色变化:在酶的作用下,叶绿素会发生降解反应,经过一系列复杂的化学变化,产生许多颜色不一的叶绿素衍生物,多为褐色。叶绿素降解的早期是叶绿素-脂蛋白复合体解体,释放出叶绿素,叶绿素 b 被叶绿素还原酶还原为叶绿素 a,随后叶绿素 a 的卟啉环被还原,脱去镁离子,形成橄榄绿色的脱镁叶绿素,这一步骤被广泛认为是导致叶绿素呈现橄榄绿色的关键步骤。除此之外,叶绿素 b 本身也会发生脱镁反应,变为橄榄绿色的脱镁叶绿素 b。

引起叶绿素破坏的酶促变化有两类,一类是直接作用,另一类是间接作用。直接以叶绿素为底物的酶只有叶绿素酶。叶绿素酶是一种酯酶,能催化叶绿素和脱镁叶绿素的植醇酯键水解而分别产生脱植叶绿素和脱镁脱植叶绿素。

具有间接作用的酶有酯酶、蛋白酶、果胶酯酶、脂肪氧化酶、过氧化物酶等。酯酶和蛋白酶的作用是破坏叶绿素-脂蛋白复合体,使叶绿素失去脂蛋白的保护而更易被破坏。果胶酯酶的作用是将果胶水解为果胶酸,从而降低体系的 pH 而使叶绿素脱镁;脂肪氧化酶和过氧化物酶的作用是催化它们的底物氧化,氧化过程中产生的一些物质会引起叶绿素的氧化分解。

脱镁叶绿素酶等酶类在酸性环境、60~80 ℃催化活性较高。蔬菜在烹饪加工中细胞破损,释放出有机酸。在适宜的温度和酸性条件下,脱镁叶绿素酶催化氢离子取代叶绿素卟啉环中的镁离子,甚至在没有酶的催化作用下镁离子也极容易被氢离子取代从而脱去,形成脱镁叶绿素,在持续的高温环境下继而形成暗橄榄绿色的焦脱镁叶绿素 a,导致蔬菜色泽严重发黄。有研究显示,低温处理（≤80 ℃）可较好地保持绿芦笋的质构特性、延缓叶绿素降解;高温处理（≥90 ℃）可提升绿芦笋的颜色、抑制叶绿素酶及脱镁螯合酶活性。

（4）光解作用引起的颜色变化:在鲜活植物中,叶绿素和脂蛋白结合,以复合体的形式存在,受到良好的保护。当植物衰老、色素从植物中萃取出来后或者在储存加工中细胞受到破坏时,其保护作用丧失,会因受到光、酸碱、氧、酶等作用而发生分解。游离叶绿素对光照很敏感,在氧气参与下可导致叶绿素卟啉环和吡咯链的分解而造成褪色。例如,菠菜生鲜面由于叶绿素的光降解和酶促褐变、非酶促褐变作用,在储藏过程中会逐渐变黄变暗。湿热处理结合茶多酚可以抑制其叶绿素和类胡萝卜素的降解,抑制其光照条件下的褐变。

叶绿素降解速度与氧气浓度呈正相关,且在叶绿素酶的作用下,叶绿素结构中的植醇酯键被催化水解而生成脱植叶绿素。相关研究表明,叶绿素酶在 80 ℃以上活性下降,100 ℃时完全失活。

❹ 护绿技术 菜肴色泽是评价菜肴质量的一个重要指标,悦目的色泽不仅带给人视觉上的享受,而且可以增进食欲。然而,在绿叶蔬菜储存、烹饪加工过程中,热、光、酸、酶等均会造成绿叶蔬菜中叶绿素的降解或破坏,导致蔬菜发黄、失绿,不仅绿色得不到保护,还会影响到菜肴的风味。在绿叶蔬菜储存、烹调加工过程中,可以从以下几个方面注意护绿。

（1）缩短放置时间。

烹饪加工过程中应选用新鲜的绿叶蔬菜,绿叶蔬菜的放置时间不宜过长。所有的植物处于活体状态时,具有微酸性的反应,但由于细胞中的叶绿素受蛋白质或脂质的保护,并没有脱镁脱植叶绿素生成,故呈绿色。当绿色植物不是活体时,随着水分的蒸发和酶的作用,一段时间后,水分含量下降,新鲜度降低,脱镁脱植叶绿素生成,蔬菜发黄。在烹饪加工中选用储存时间较长的蔬菜,是无法烹制出颜色翠绿的菜肴的,因此,选用新鲜的绿叶蔬菜是先决条件。

（2）控制加热的时间和温度。

叶绿素在新鲜的蔬菜细胞液中,与蛋白质结合后以叶绿体的形式稳定存在。加热以后,蛋白质发生变性,叶绿体被破坏。加热时间对变色程度的影响表现如下:时间长则变色程度大,短则小。因此,控制好加热的温度和时间,可保护绿叶蔬菜的颜色。

有研究发现,绿叶蔬菜在 77 ℃ 的热水中短时间加热,叶绿素酶会被破坏,蔬菜仍能保持鲜艳的绿色。实际操作中,可将绿叶蔬菜在烹制前放在 65~75 ℃ 的热水里焯一下。焯水后,即使再经过高温烹制,绿叶蔬菜仍能保持鲜艳、碧绿的色泽。高静压(HHP)处理能较好地保持菠菜的视觉绿色、稳定叶绿素含量,且储存过程中保持绿色的效果优于热处理后的样品。

(3)采用稀碱定绿法。

除了加热时间外,pH 也是影响绿叶蔬菜变色的主要因素。pH 越低,变色越容易,一般在 pH<4 时,很快变色;pH>8.6 时,蔬菜呈青绿色。因此,加醋烹调的蔬菜很快变成黄绿色,而稍加碱对保持菜色有利。稀碱能中和有机酸,防止叶绿素脱镁,保持叶绿素原有的鲜绿色,这种方法称为稀碱定绿法。

在烹制绿叶蔬菜前,可将蔬菜用弱碱溶液(食碱或食用小苏打)处理,防止发生脱镁反应。叶绿素在碱性溶液中能水解生成叶绿酸盐、叶绿醇及甲醇。叶绿酸盐为水溶性,比较稳定。弱碱溶液焯水的方法同样适用于中央厨房热链配送餐饮中绿叶蔬菜的护绿。但碱对维生素 C、维生素 B_1、维生素 B_2 等具有一定的破坏作用,所以碱溶液的浓度不宜过高。

酸性较大的调味品应在菜肴接近出锅时加入,如加工青椒炒猪肝时先炒青椒,后入主料勾芡,起锅后加醋,有利于保持蔬菜的绿色。

(4)灵活运用烹调方法。

烹调绿叶蔬菜时,应根据不同绿叶蔬菜的特点,灵活使用烹调方法。例如,姜米菠菜使用炒的方法;开洋炒青菜使用烧的方法;烩三鲜使用烩的方法。

绿叶蔬菜与其他烹饪原料一同使用时,可运用焯水和焐油的预熟加工的方法。如肉圆汤、烧杂素都先将菜心进行焯水处理;也可用焐油的方法,如制作拆烩鲢鱼头时先对菜心进行焐油处理,可使菜心既发绿又发亮,效果很好。

绿叶蔬菜焯水时,火力一定要旺,水量要多,水要高温。加热处理后,可用冷水冷却。焐油处理时要注意油的温度不宜过高。也可使用"浮油焯水法",加工后的蔬菜颜色更加翠绿鲜亮。要注意的是,焯水加热的时间不宜超过 5 min。温度过高,时间过长,反而会有利于脱镁叶绿素的生成,所以绿叶蔬菜焯水时水不能烧开;但若温度过低,时间不够,则达不到保色的目的。因此,需根据蔬菜的情况掌握好焯水的温度与时间。当以油为传热介质时,应当采用 80 ℃ 左右的油进行低温处理。

另外,在烹调制作过程中不宜加锅盖,以使蔬菜中的有机酸受热挥发,保持蔬菜的翠绿颜色。

(5)其他方法。

目前较好的蔬菜护绿方法还需多种技术联合使用,例如在采用高温短时间处理的同时,辅以碱式盐、脱植醇的处理方法,低温储藏,以及二氧化碳气调保藏等方法。使用微酸性电解水结合真空预冷可有效延缓采后鸡毛菜黄化衰老进程。微酸性电解水可有效缓解采后西蓝花中叶绿素的降解,维持叶绿素 a、叶绿素 b、脱植叶绿素 a、脱植叶绿素 b、脱镁叶绿素 a 和脱镁叶绿酸 a 的含量。BHT(2,6-二叔丁基对甲酚)、BHA(丁基羟基茴香醚)、维生素 C 和维生素 E 都能减少自由基对叶绿素的攻击,显著提高海带中叶绿素的稳定性。添加叶绿素铜钠盐、叶绿素锌钠盐和叶绿素铁钠盐等叶绿素衍生物对果蔬产品染色,护绿效果好,色泽保持时间久,是目前较为提倡的护绿保色方法。

(二)血红素

血红素是动物肌肉和血液中的主要红色色素,是呼吸过程中氧气、二氧化碳载体血红蛋白的辅基。

❶ 血红素的结构 血红素是天然存在的铁卟啉化合物。血红素在肌肉中主要以肌红蛋白(图 8-6)的形式存在,而在血液中主要以血红蛋白的形式存在。蛋白质部分称为球蛋白,由 153 个氨基酸残基组成。

肌红蛋白的主要作用是在肌细胞中接受和储存血红蛋白运送的氧,并分配给机体组织,以供代

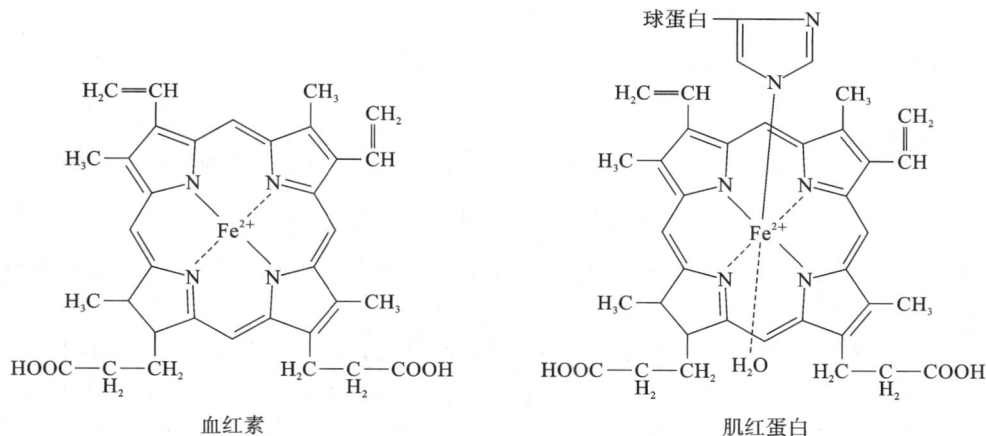

血红素　　　　　　　　　　　　肌红蛋白

图 8-6　血红素与肌红蛋白的结构

谢用,其含量因动物种类、年龄和性别以及部位的不同存在很大差异。血红蛋白可以粗略地看成肌红蛋白的四聚体,其主要功能是在血液中结合并转运氧气。

肌肉还含有少量的其他色素,如细胞色素、黄素蛋白和维生素 B_{12}。由于它们含量很低,新鲜肌肉的颜色主要由肌红蛋白决定,呈紫红色。虾、蟹及昆虫体内的血色素是含铜的血蓝蛋白。

❷ 血红素的性质

(1)物理性质:血红素及肌红蛋白都是水溶性的红色成分,存在于肌肉的肌质中。

(2)化学性质:

①结合反应:正常情况下,肌红蛋白中的血红素铁为二价状态,它能够通过配位键与 O_2、CO、NO 等结合,分别形成氧合肌红蛋白(MbO_2)、碳合肌红蛋白(一氧化碳肌红蛋白($MbCO$))、亚硝基肌红蛋白($MbNO$),都是红色物质。氧合肌红蛋白(MbO_2)也可以脱氧变回肌红蛋白状态。

②氧化还原反应:血红素铁在低压氧时,能够被氧化为三价状态,形成褐色的高铁血红素肌红蛋白或称为变肌红蛋白(MMb),在有还原物质存在时,变肌红蛋白还可能被还原为二价状态。

③铁卟啉环的破坏和脱铁反应:血红素铁卟啉环发生氧化、还原、加成等反应,会破坏卟啉环的稳定,出现脱铁、脱球蛋白、卟啉开环等严重后果,肉色发生很大变化。

❸ 血红素与动物肌肉的颜色变化　在肉品加工和储存中,肌红蛋白会转化成多种衍生物,其种类主要取决于肌红蛋白的化学性质、铁的价态、肌红蛋白的配体类型和球蛋白的状态。

(1)新鲜肉的色泽变化:新鲜肉的颜色由氧合肌红蛋白、肌红蛋白、变肌红蛋白三种色素的动态平衡所决定。

新鲜肉中的肌红蛋白(Mb)保持为还原状态,肌肉的颜色呈紫红色。鲜肉存放在空气中时,肉表面的肌红蛋白处于高氧分压下,容易与氧结合形成鲜红的氧合肌红蛋白(MbO_2)。氧合肌红蛋白是比较稳定的,因为肌红蛋白中的球蛋白部分具有防止血红素氧化的作用。因此,氧合肌红蛋白的鲜红色可以保持相当时间,但肉的内部,特别是次表层,因为处于低氧分压下,亚铁(Fe^{2+})血红素可被氧化成高铁(Fe^{3+})血红素,形成褐色的变肌红蛋白(MMb),此时若鲜肉中的还原性物质还存在,就能不断使变肌红蛋白还原为肌红蛋白。只要有氧存在,这种循环过程即可以连续进行。反应简式如图 8-7 所示。

如果新鲜肉在空气中放置过久,由于表面干结,防止了氧的渗透,加上还原性物质耗尽和细菌的繁殖生长,氧压降低,最终肉内外都变成褐色。可见,肉的颜色与其存放时间紧密相关,可作为判断肉新鲜程度的重要指标。

鲜肉用膜包装时,低氧分压会加快血红素的氧化速度,如果薄膜对氧穿透性小而且肉组织耗氧量超过透入的氧量,则可造成低氧分压,促使氧合肌红蛋白变成褐色变肌红蛋白。如果薄膜包装材

蛋白质 → Fe²⁺ ← O₂ ⇌ 蛋白质 → Fe²⁺ ← H₂O ⇌ 蛋白质 → Fe³⁺ ← HO

（鲜红色）　　　　　　　　（紫红色）　　　　　　　　褐色
氧合肌红蛋白（MbO₂）　　　肌红蛋白（Mb）　　　　　变肌红蛋白（MMb）

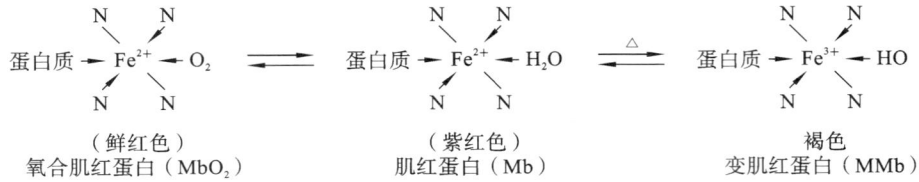

图 8-7　分割肉中的色素变化

料完全不透气,肉类的血红素将全部还原成紫红色肌红蛋白,当打开包装膜使肉品暴露于空气中时,即形成鲜红色的氧合肌红蛋白。

（2）肉类在加热过程中色泽的变化:鲜肉加热时,肌红蛋白和变肌红蛋白的球蛋白会变性,此时的肌红蛋白和变肌红蛋白分别称为肌色原和高铁肌色原。加热时,肉中温度升高,氧分压降低,促进肌色原和高铁肌色原的产生,使肉的颜色发生变化,特别是高铁肌色原的产生,使肉变为褐色。这是烹调加热肉类时最常见的变色现象。

（3）腌制肉的色泽:火腿、香肠等在腌制过程中,常加入亚硝酸盐或硝酸盐作为护色剂。亚硝酸盐或硝酸盐可产生 NO,肌红蛋白与 NO 反应生成亚硝基肌红蛋白(MbNO)。亚硝基肌红蛋白较肌红蛋白和氧合肌红蛋白更稳定,加热时,球蛋白部分发生变性,生成鲜红色的一氧化氮肌红蛋白,或称亚硝基肌色原,保证了腌制肉的鲜红色,这一原理也被称为肉色固定原理。腌制肉加热时,颜色不再发生变化的原因就在于此。

抗坏血酸存在时,可以防止亚硝基肌红蛋白进一步与氧结合,使其形成的色泽更稳定。但亚硝基肌红蛋白对可见光线的照射不稳定,因此腌制后的肉类制品的切口暴露于光线下时,亚硝基肌红蛋白会发生分解,由鲜红色变成褐色高铁肌色原。

（4）腐败肉的颜色:肉经过久存后,肉中过氧化氢酶的活性消失,过氧化氢的积累使血红素氧化而变绿,这是肉类偶尔会变绿的原因。另外,细菌活动产生的硫化氢与肌红蛋白作用产生硫代肌绿蛋白,也会使肉呈现绿色。腐败变质的肉中还存在血红素的分解产物(如各种胆色素),从而呈现非常不好的黄色或绿色。

新鲜肉、熟肉、腌制肉和腐败肉中的主要色素见表 8-6。

表 8-6　存在于新鲜肉、熟肉、腌制肉和腐败肉中的主要色素

色素名称	生成方式	铁的价态	血红素环的状态	球蛋白的状态	颜色	存在位置
肌红蛋白	变肌红蛋白的还原和氧合肌红蛋白的脱氧	Fe²⁺	完整	天然	紫红色	鲜肉
氧合肌红蛋白	肌红蛋白的氧合	Fe²⁺	完整	天然	鲜红色	鲜肉表面
变肌红蛋白	肌红蛋白与氧合肌红蛋白的氧化	Fe³⁺	完整	天然	褐色	
亚硝基肌红蛋白	肌红蛋白与 NO 的结合	Fe²⁺	完整	天然	亮红(粉红)色	
亚硝基变肌红蛋白	变肌红蛋白与 NO 的结合	Fe³⁺	完整	天然	深红色	
变肌红蛋白亚硝酸盐	变肌红蛋白与过量的亚硝酸盐结合	Fe³⁺	完整	天然	红棕色	

续表

色素名称	生成方式	铁的价态	血红素环的状态	球蛋白的状态	颜色	存在位置
肌球蛋白血色原	肌红蛋白、氧合肌红蛋白因加热和变性试剂作用,肌球蛋白血色原受辐射	Fe^{2+}	完整(常与非球蛋白型变性蛋白质结合)	变性(通常分离)	暗红色	
变肌球蛋白血色原	肌红蛋白、氧合肌红蛋白、变肌红蛋白、血色原加热和变性试剂作用	Fe^{3+}	完整(常与非球蛋白型变性蛋白质结合)	变性(通常分离)	棕色(有时灰色)	
亚硝基血色原	亚硝基肌红蛋白加热和变性试剂作用	Fe^{2+}	完整,但一个双键已被饱和	变性	亮红(粉红)色	
硫代肌绿蛋白	肌红蛋白与 H_2S 和 O_2 作用	Fe^{3+}	完整,但一个双键已被饱和	天然	绿色	
高硫代肌绿蛋白	硫代肌绿蛋白氧化	Fe^{3+}	完整,但一个双键已被饱和	天然	红色	
胆绿蛋白	肌红蛋白或氧合肌红蛋白受过氧化氢作用、氧合肌红蛋白受抗坏血酸盐或其他还原剂的作用	Fe^{2+} 或 Fe^{3+}		天然	绿色	
硝化氧化血红素	亚硝基变肌红蛋白与过量的亚硝酸盐共热	Fe^{3+}	完整,但还原卟啉环打开	不存在	绿色	
氯铁胆绿素	受过量的变性试剂的作用	Fe^{3+}	卟啉环被破坏	不存在	绿色	
胆色素	受大量变性试剂的作用	无铁		不存在	黄色或无色	

→ **相关知识**

护色剂与肉和肉制品的护色

腊肉、火腿、香肠等作为中国传统肉制品,成品色泽鲜艳诱人,且对热和氧有更大的耐受性。在传统肉制品加工工艺中常使用硝酸盐和亚硝酸盐作为护色剂。护色剂是指本身不具有颜色,但能使食品产生颜色或使食品的色泽得到改善的食品添加剂,又称发色剂或呈色剂。护色剂能与肉及肉制品中的呈色物质发生作用,使之在食品加工、保藏等过程中不分解、破坏,呈现良好色泽。

我国《食品安全国家标准　食品添加剂使用标准》(GB 2760—2014)规定,亚硝酸钠、亚硝酸钾、硝酸钠、硝酸钾可作为护色剂用于肉及肉制品中。亚硝酸盐在微酸性的环境中经过一系列的变化,与肌红蛋白生成亚硝基肌红蛋白。亚硝基肌红蛋白在受热的条件下生成呈鲜红色的亚硝基肌色原,从而使肉制品呈现鲜艳的颜色,如图 8-8 所示。

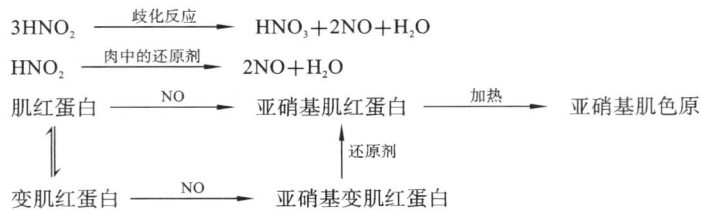

$$3HNO_2 \xrightarrow{\text{歧化反应}} HNO_3 + 2NO + H_2O$$

$$HNO_2 \xrightarrow{\text{肉中的还原剂}} 2NO + H_2O$$

肌红蛋白 $\xrightarrow{NO}$ 亚硝基肌红蛋白 $\xrightarrow{\text{加热}}$ 亚硝基肌色原

变肌红蛋白 $\xrightarrow{NO}$ 亚硝基变肌红蛋白

图 8-8　肉类腌制品中的发色反应

根据 GB 2760—2014 的标准,亚硝酸钠和亚硝酸钾可用于腌腊肉制品类,如咸肉、腊肉、板鸭、中式火腿、腊肠;酱卤肉制品类;熏、烧、烤肉类;油炸肉类;西式火腿类,如熏烤、烟熏、蒸煮火腿等;肉灌肠类;发酵肉制品类;肉罐头类等肉制品中。

亚硝酸钠为无色或微带黄色晶体,味微咸,外观与食盐相似,是食品添加剂中毒性较强的物质之一,极量一次为 0.3 g,因而要防止误用,避免中毒。同时,硝酸盐在食物、水中或在胃肠道内,会还原成亚硝酸盐。亚硝酸盐易与某些氨类物质结合,形成亚硝基二甲胺和亚硝基吡咯烷等致癌、致突变、致畸物质。因此,硝酸盐和亚硝酸盐的用量必须严格控制。使用时,可把硝酸盐和亚硝酸盐与食盐等配成混合盐。

在 2012 年国家食品药品监督管理局、中华人民共和国卫生部第 10 号公告中明确:禁止餐饮服务单位采购、储存、使用食品添加剂亚硝酸盐(亚硝酸钠、亚硝酸钾)。近年来,有许多关于硝酸盐和亚硝酸盐替代品的研究探讨,如将红曲色素用于肉脯、发酵香肠、火腿和午餐肉中,部分代替亚硝酸盐的用量;利用乳酸菌进行冷却肉的护色;在新鲜水产品加工过程中,利用一氧化碳发色金枪鱼、罗非鱼片等。乳酸、L-抗坏血酸、L-抗坏血酸钠、烟酰胺等物质常作为发色助剂用于肉制品中,以降低亚硝酸盐的用量而提高肉制品的安全性。

党的十八大以来,以习近平同志为核心的党中央坚持把食品安全工作放在"五位一体"总体布局和"四个全面"战略布局中。党的二十大将食品安全纳入国家安全体系,强调要"强化食品药品安全监管",深入推进食品安全"两个责任"落实落细。从源头遏制食品安全事故发生,是保证食品安全的首要防线。

二、类胡萝卜素

类胡萝卜素是自然界分布最广的色素,是由异戊二烯类物质组成的 C40 萜类大分子化合物,有800 多种。由于携带不同官能团,其呈现红色、粉红色、橙黄色及无色等。

红色、黄色和橙色水果及根茎类作物和蔬菜,如番茄(番茄红素)、胡萝卜(α-胡萝卜素和 β-胡萝卜素)、红椒(辣椒红素)、番茄(β-胡萝卜素)、玉米(芦丁和玉米黄素)、甘薯(β-胡萝卜素)等都富含类胡萝卜素。绿叶蔬菜如菠菜、芹菜,动物材料如蛋黄、虾壳,豆类如豌豆、绿刀豆等的类胡萝卜素含量也很丰富。某些动物中的类胡萝卜素源于其所摄取的植物,如鲑鱼肉中的粉红素,主要为虾青素,后者由含有类胡萝卜素的海生植物经消化而成。

类胡萝卜素的基本骨架结构为头-尾或尾-尾共价连接的异戊二烯单元,分子结构对称。根据分子组成,类胡萝卜素分成两类:一类是纯碳氢化合物的胡萝卜素类;另一类是含有羟基、环氧基、醛基、酮基等含氧基团的叶黄素类。

(一)胡萝卜素类

❶ 胡萝卜素类的结构与性质

(1)结构:胡萝卜素类色素包括 4 种:α-胡萝卜素、β-胡萝卜素、γ-胡萝卜素和番茄红素,分子结构中只含有碳、氢元素(图 8-9)。

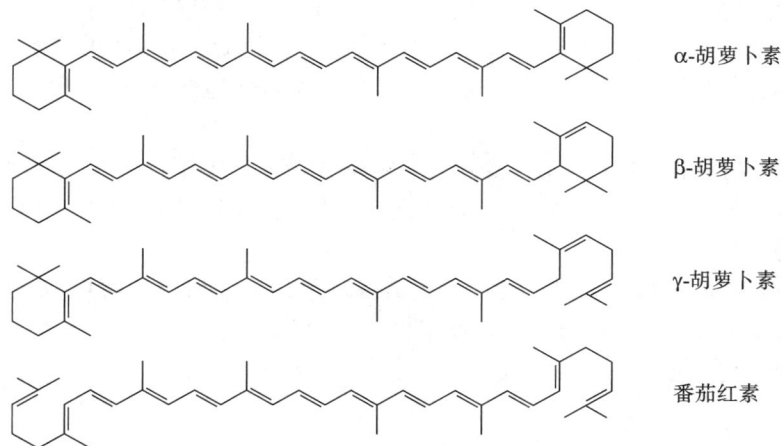

图 8-9　四种胡萝卜素的结构式

　　α-胡萝卜素、β-胡萝卜素和 γ-胡萝卜素是维生素 A 原,在体内均可转化成维生素 A。1 分子的 β-胡萝卜素可转化成 2 分子的维生素 A,1 分子的 α-胡萝卜素和 γ-胡萝卜素只能转化成 1 分子的维生素 A。番茄红素不属于维生素 A 原,在体内不能转化成维生素 A。

　　α-胡萝卜素、β-胡萝卜素广泛存在于食品和生物原料中,但含量一般不高。胡萝卜、甘薯、蛋黄和牛乳中的 α-胡萝卜素、β-胡萝卜素、γ-胡萝卜素含量相对较高。番茄红素是番茄的主要色素,广泛存在于西瓜、柑橘、杏和桃等水果以及胡萝卜、芜菁甘蓝等的根部中。成熟的番茄中,有 80%～90% 的色素成分是由番茄红素构成的。

　　(2) 胡萝卜素类的性质。

　　①溶解性:胡萝卜素类为典型的脂溶性色素,易溶于石油醚、乙醚等有机溶剂,难溶于乙醇和水。番茄红素在各种溶剂中的溶解度随着温度的上升而增大,但样品越纯,溶解越困难。

　　②氧化降解反应:胡萝卜素类的共轭双键容易被氧化。剧烈的自动氧化反应可使胡萝卜素类被漂白并使其褪色。若有亚硫酸盐和金属离子存在,则 β-胡萝卜素的氧化降解反应加剧。

　　番茄红素在一定条件下或者在有机溶剂中加热时,会迅速降解。热加工过程中会产生一些降解产物,如异戊二烯类,这些产物是重要的芳香化合物,其他产物(如丙酮)可能对人体健康有害。浓缩番茄酱热处理过程中,番茄红素的含量在 8 min 后开始下降,75 min 时含量减少 90%。

　　③热稳定性与抗氧化性:胡萝卜素类的热稳定性较好,加工或储藏过程中,pH、温度、加热时间对胡萝卜素类影响小,但胡萝卜素类结构中有许多共轭双键,因此极易被氧化,并导致食品中胡萝卜素类的褪色。

　　当植物组织受到损伤时,胡萝卜素类对氧化的敏感度增加,即使储藏在有机溶剂中,胡萝卜素类也会加速分解。脂肪氧化酶、多酚氧化酶、过氧化物酶可以加速胡萝卜素类的间接氧化降解。因为胡萝卜素类极易被氧化,所以它们常用作食品的抗氧化剂,清除单线态氧、羟基自由基、超氧自由基和过氧自由基。

　　番茄红素是胡萝卜素类中较强的抗氧化剂之一,其抗氧化活性仅次于虾青素。多项研究结果表明,与全反式番茄红素相比,番茄红素顺式异构体具有更强的抗氧化活性。在食品加工领域,番茄红素作为食品添加剂,可降低牛肉及其制品中脂质氧化速度,延长保质期,常用于法兰克福香肠、新鲜香肠、发酵香肠、汉堡包和肉末等产品的加工中。

　　④顺/反异构化:通常胡萝卜素类的共轭双键为全反式构型。在热处理、有机溶剂处理、遇酸、光照,尤其是碘存在的条件下,胡萝卜素类极易发生异构化,如 β-胡萝卜素有 272 种可能存在的异构体。但由于空间抑制作用,胡萝卜素类中仅有少量顺式异构体存在。顺、反式异构体会影响胡萝卜素类的维生素 A 原活性,但不会影响其颜色。

β-胡萝卜素的氧化降解反应过程

在热、光、催化剂等条件下,番茄红素会发生顺/反异构化。番茄红素存在多种顺式异构体,顺式番茄红素具有更高的生物活性(如抗氧化、抑制前列腺增生、抗肥胖等)和生物利用率,但稳定性较差,易发生降解及向反式构型转化。有研究发现,加热过程温度越低、时间越短,番茄酱中的番茄红素越稳定。

❷ **胡萝卜素类在烹饪加工中的颜色变化**　在大多数果蔬加工中,胡萝卜素类的性质相对稳定,但在加热条件下,胡萝卜素类会从有机体中游离出来,可能会被降解或氧化。氧化反应可以导致食品中胡萝卜素类褪色。

研究发现,胡萝卜经过煮制后,其外表面和内表面的色调角度均明显增加,发生由红色到橙色的转变。在清蒸和油炸胡萝卜的情况下,色调角度也显著增加,但仅发生在外表面。胡萝卜素类的含量以及烹饪过程中异构化形成的各种异构体,都会影响蔬菜的色泽。

(二)叶黄素类

叶黄素类是一种广泛存在于蔬菜、水果中的天然色素,其存在形式有差别。在绿叶蔬菜、水果中存在的叶黄素以游离非酯形式存在,在黄色或橙色水果、蔬菜中的叶黄素以叶黄素酯的形式存在。含胡萝卜素类的组织往往也富含叶黄素类。

❶ **结构与性质**

(1)结构:叶黄素类的种类比胡萝卜素类更多,包括叶黄素、辣椒红素、玉米黄素等。一些叶黄素类的结构见图8-10。

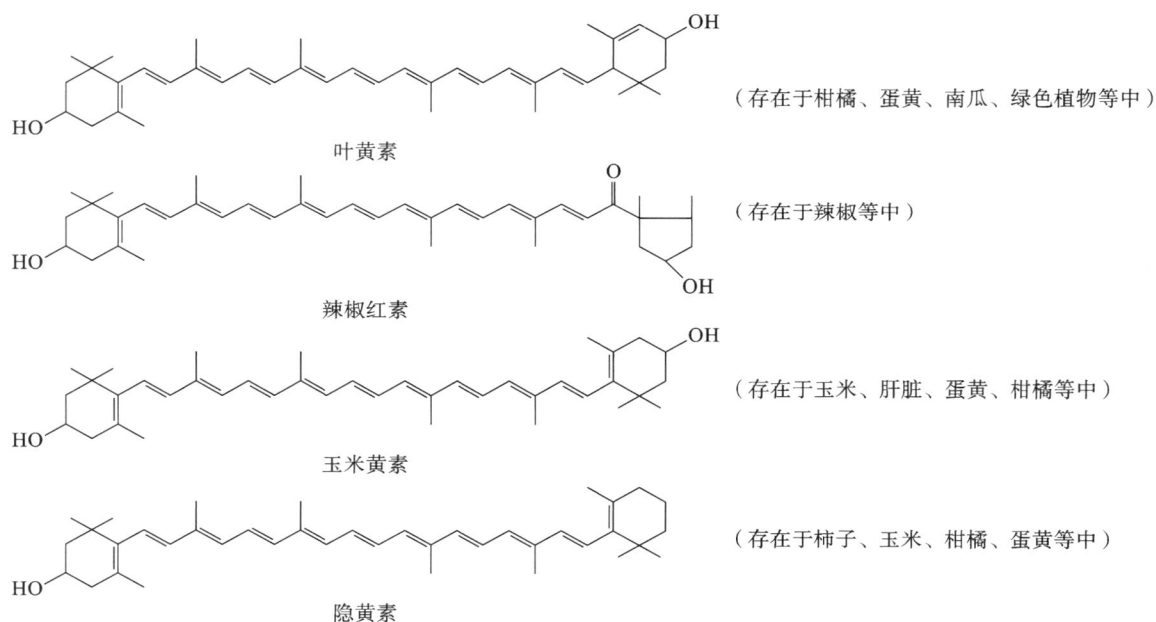

图 8-10　几种叶黄素类色素的名称和结构

(2)性质。

①溶解性:随着叶黄素类分子结构中含氧量的增加,其脂溶性下降,所以叶黄素类在甲醇或乙醇中能很好地溶解,但难溶于乙醚和石油醚,个别甚至表现出亲水性。

②顺/反异构化:叶黄素类在热、酸和光照作用下容易发生顺/反异构化,但引起的颜色改变不明显。叶黄素类易氧化,在强热条件下分解为小分子。这些变化有时会明显改变食品的颜色并影响风味。

❷ **叶黄素类在烹饪加工中的颜色变化**　叶黄素类含有的羟基、环氧基、醛基等,可能成为变化的起始部位。在加工和储藏中,光照氧化、中性和酸性条件下加热会使叶黄素类发生异构化和氧化降解反应,食品会发生缓慢褪色或褐变。

叶黄素类的颜色通常为黄色或橙黄色,也有少数为红色,如辣椒红素。叶黄素类如以脂肪酸酯形式存在,则依然保持原来的颜色。但若与蛋白质结合,则颜色可能发生改变,如虾、螃蟹、牡蛎外壳中的虾黄素。在活体组织中,虾黄素与蛋白质结合,呈蓝青色。当久存或煮熟后,蛋白质变性,与色素分离,同时虾黄素发生氧化,变成红色的虾红素。图8-11所示为虾黄素和虾红素的结构式。

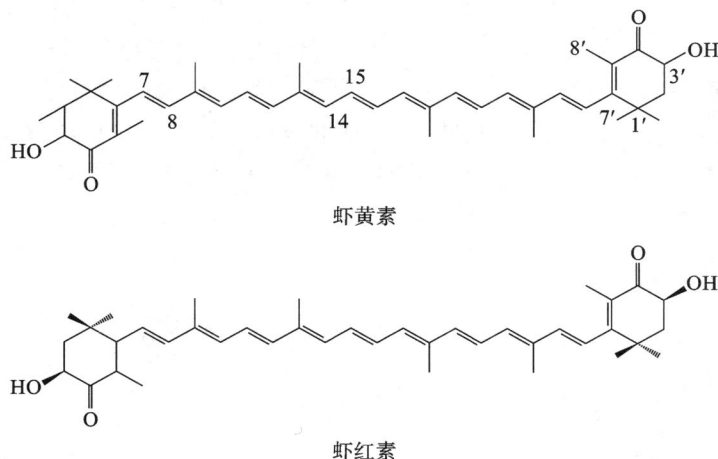

图 8-11　虾黄素和虾红素的结构式

Bureau等对青豆、甘蓝、韭菜、西蓝花、菠菜等蔬菜的研究发现,蒸制和微波处理对于蔬菜叶黄素的保留效果都比煮制要好,另一项研究也发现了这种趋势。但值得一提的是,用煮制处理冷冻的西蓝花对叶黄素的保留效果比蒸制和微波处理更好。

三、多酚类色素

多酚类色素是植物中水溶性色素的主要成分,自然界中常见的为花色苷、类黄酮色素、儿茶素和单宁四大类。多酚类色素的基本结构为 α-苯并吡喃,其由 2 个苯环(A 和 B)通过 1 个三碳链连接,形成 C_6-C_3-C_6 骨架(图 8-12)。

（一）花色苷

❶ **花色苷的结构与性质**　花色苷是花青素的糖苷,是广泛存在于植物中的一类水溶性色素(简称花色素),是果实、花卉中的主要呈色成分,可使花卉、水果、谷物和蔬菜等呈现红色、蓝色、紫色、紫红色、洋红色、橙色等不同色泽。

（1）结构:花色苷由一个花青素与糖以糖苷键相连。花青素具有典型的 C_6-C_3-C_6 骨架结构,是2-苯基苯并吡喃阳离子结构的衍生物,如图8-13所示。

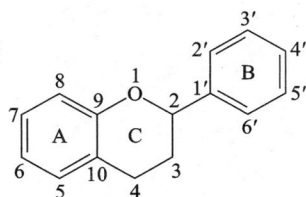

图 8-12　多酚类色素的基本结构
（C_6-C_3-C_6 骨架）

R_1、R_2＝H、OH、或OCH$_3$
R_3＝糖基或H
R_4＝H或糖基

图 8-13　花青素的结构

已知的花青素有 20 种,其中,食品中重要的花青素有 6 种:天竺葵色素、矢车菊色素、飞燕草色素、芍药色素、牵牛花色素和锦葵色素。

花青素的 C_3、C_5、C_7 位置上的羟基可以与单糖(如葡萄糖、半乳糖、木糖、阿拉伯糖)、多糖(如龙胆二糖、槐二糖)以糖苷键的形式结合,从而形成稳定的花色素,也能与有机酸(如丙二酸、苯甲酸、苹果酸、芥子酸、咖啡酸、对香豆酸)通过酯键形成酰基化的花色素。

(2)性质:自然界中游离花青素极少,多以花色苷形式存在。花色苷是植物产生的一类常见次级代谢产物,目前已报道的花色苷类化合物有 700 余种。花色苷取代基的种类和数目不同,会引起花青素的颜色出现差异。随着羟基数目的增加,光吸收波长向红光方向移动(红移),蓝色增强;随着甲氧基数目的增加,光吸收波长向蓝光方向移动(蓝移),红色增强(图 8-14)。红移和蓝移可导致花青素的颜色加深。

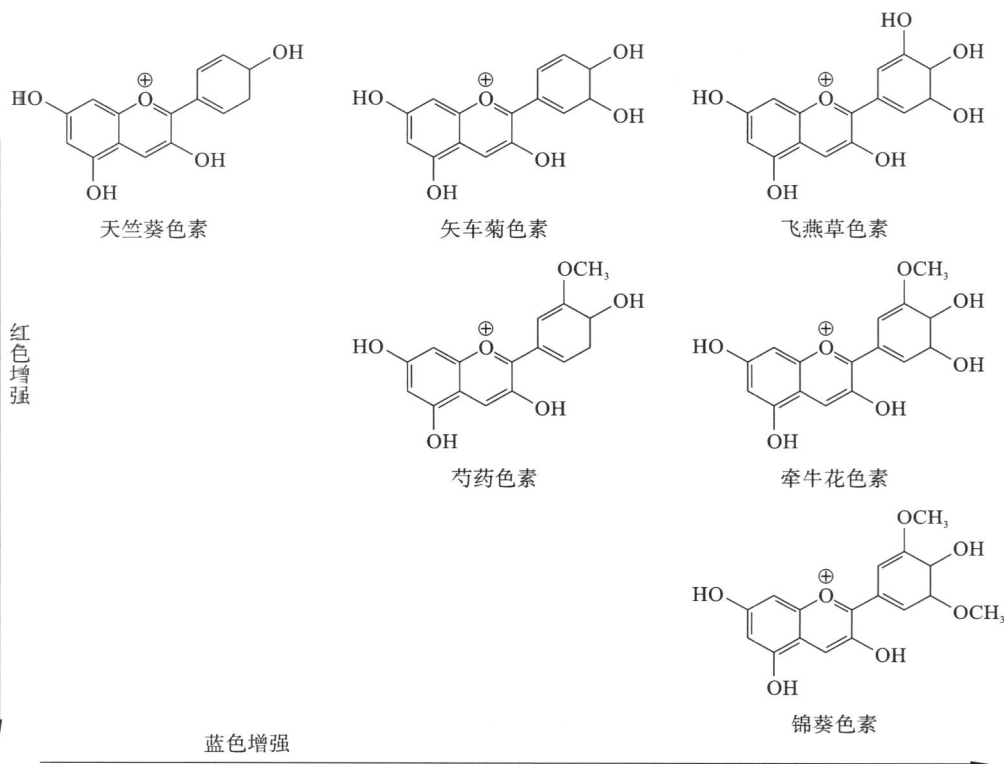

图 8-14　食品中常见的 6 种花青素及它们红色和蓝色增强的顺序

彩色糯玉米呈色的主要色素物质为矢车菊色素、牵牛花色素、天竺葵色素、锦葵色素。糯玉米籽粒的红绿夏与天竺葵色素、牵牛花色素含量呈正相关。深紫灰色、深红色和灰紫色糯玉米中天竺葵色素含量较高,深红色糯玉米中牵牛花色素含量显著高于深紫灰色和灰紫色糯玉米。深紫灰色糯玉米中芍药色素含量显著高于淡黄色糯玉米。

❷ **花色苷在烹饪加工中的颜色变化**　花青素和花色苷的稳定性差,容易受温度、光照、pH、二氧化硫、金属离子和氧等因素的影响,从而发生变色现象。花色苷的羟基越多,稳定性越差;糖基上的羟基酰化、游离羟基糖苷化有助于提高花色苷的稳定性。

(1)温度:温度会强烈影响花色苷和花青素的稳定性,影响程度还受环境氧含量、花色苷种类及 pH 等的影响。虽然目前花色苷热降解的确切机制尚未被充分阐明,但大量研究证实,常见的中式烹饪方法都会破坏花色苷和花青素的稳定性,造成它们种类和数量的损失。

一般认为,花青素的热降解受花色苷的种类和降解温度的影响。加热温度越高,花青素的颜色变化越快。110 ℃被认为是花色苷分解最快的温度,在 60 ℃以下,花色苷的分解速度较慢。

（2）光照：花青素在光照条件下会发生自身缩合或与其他有机物缩合，由于环境条件不同，其稳定性可能提高或降低。紫米酒室温储藏 30 天的研究发现，自然光条件下花色苷的降解率（83.35%）高于避光条件（69.28%）。果汁和红酒常采用深棕色、深绿色、橄榄绿色、浅绿色等颜色的瓶子盛放，以最大限度地阻隔光线，减小对花色苷的破坏作用。不同光线对花青素稳定性的影响程度不同。研究发现，室内散射光对花青素稳定性影响较大。

（3）pH：花青素是众多黄酮类化合物中唯一的一种在不同 pH 水溶液中结构可发生可逆转变的物质。一般来说，酸性条件下花青素较稳定，呈色效果最好，所以烹饪富含花青素的食品原料时要尽可能在全过程保持酸性条件。有研究发现，常规烹饪后各种蔬菜菜肴的 pH 为 6～7，经热链储藏后 pH 会出现下降趋势，会引起菜肴色泽的改变。

花青素对温度和 pH 的变化敏感，又是水溶性较高的色素，淋洗等与水的接触可能会造成花色苷的流失，这也是在烹饪加工过程中需要引起注意的。一般认为，较温和的温度、与水较少的接触可能对花青素的保留更有利，也可尝试一些如微波等干热烹饪技术，或可浓缩花青素的含量。

花青素在不同 pH 下的结构式

相关知识

花青素指示剂：花青素 pH 响应型智能包装用于食品新鲜度监测

花青素结构在不同 pH 水溶液中会相互转化。如图 8-15 所示，在酸性水溶液中，花青素同时存在三种化学平衡：2-苯基苯并吡喃阳离子与醌式碱之间的酸碱平衡、2-苯基苯并吡喃阳离子与半缩醛之间的水合平衡、半缩醛与查耳酮之间的环-链异构化。花青素在这些反应中呈四种结构：醌式碱（A：A_1，A_2，A_3 共振体）、半缩醛（B）、2-苯基苯并吡喃阳离子（AH^+）及查耳酮（C）。当 pH>7.0 时，花青素发生质子电子转移反应，形成离子化的醌式碱（A^- 或 A^{2-}）及查耳酮。

食品在储存期品质变化时会发生一系列生物或化学反应，产生有机酸、挥发性含氮化合物或硫衍生物等物质，食品的 pH 会发生改变，因此，pH 检测是评判食品新鲜或变质程度的一种方法。花青素的颜色随着 pH 的变化而发生改变，因此可以将其作为食品包装的新鲜度指示剂，用于检测食品的新鲜程度。以花青素为指示剂的 pH 响应型智能包装已被广泛研究，并应用于肉制品、乳制品和水产品等食品的新鲜度监测。

大多数基于花青素的指示膜是由天然来源的聚合物制成的蛋白质（如玉米蛋白、大豆蛋白、小麦面筋、明胶、胶原蛋白、乳清蛋白）、多糖（如壳聚糖、淀粉、纤维素、海藻酸盐、琼脂、卡拉胶、果胶和树胶及其衍生物），是典型的可降解天然聚合物。如将黑胡萝卜花青素固定在淀粉基质中，监测牛乳的新鲜度，标签由最初的深蓝色逐渐变成紫色。但是来自不同提取物的花青素因稳定性、对 pH 的敏感度、含量等不同，其指示效果是不同的。另外，指示膜的颜色变化往往会受到外界因素的影响而产生误差，肉眼观察到的颜色变化同样存在差异。

（4）氧气、水分活度：花青素结构的不饱和性，使得它对分子氧很敏感。在分子氧存在的条件下，花青素会降解生成无色或者褐色的物质。无论是烹饪加工还是储存运输，都应该避免花青素与氧气直接接触。

水分活度对花青素稳定性的影响机制尚不清楚，但研究证实，水分活度在 0.63～0.79 范围内时，花青素的稳定性最高。低温油炸紫薯时，随着水分的流失和温度的升高以及与氧气接触面积的增大，大部分花色苷被破坏，且花色苷损失程度要高于微波烘烤的紫薯。

（5）金属离子：花色苷可以与钙、镁、锰、铁、铝等金属离子形成络合物（图 8-16），产物通常为暗灰色、紫色、蓝色等深色色素，使食品失去吸引力。Mg^{2+} 与飞燕草苷型花青素络合可以形成蓝色物质，Fe^{3+} 对矢车菊色素变成蓝色起重要作用。

烹饪中常用铁锅和含铁自来水，菜肴有时会呈现蓝色和褐色，就是这个原因。水果如梨、桃和荔

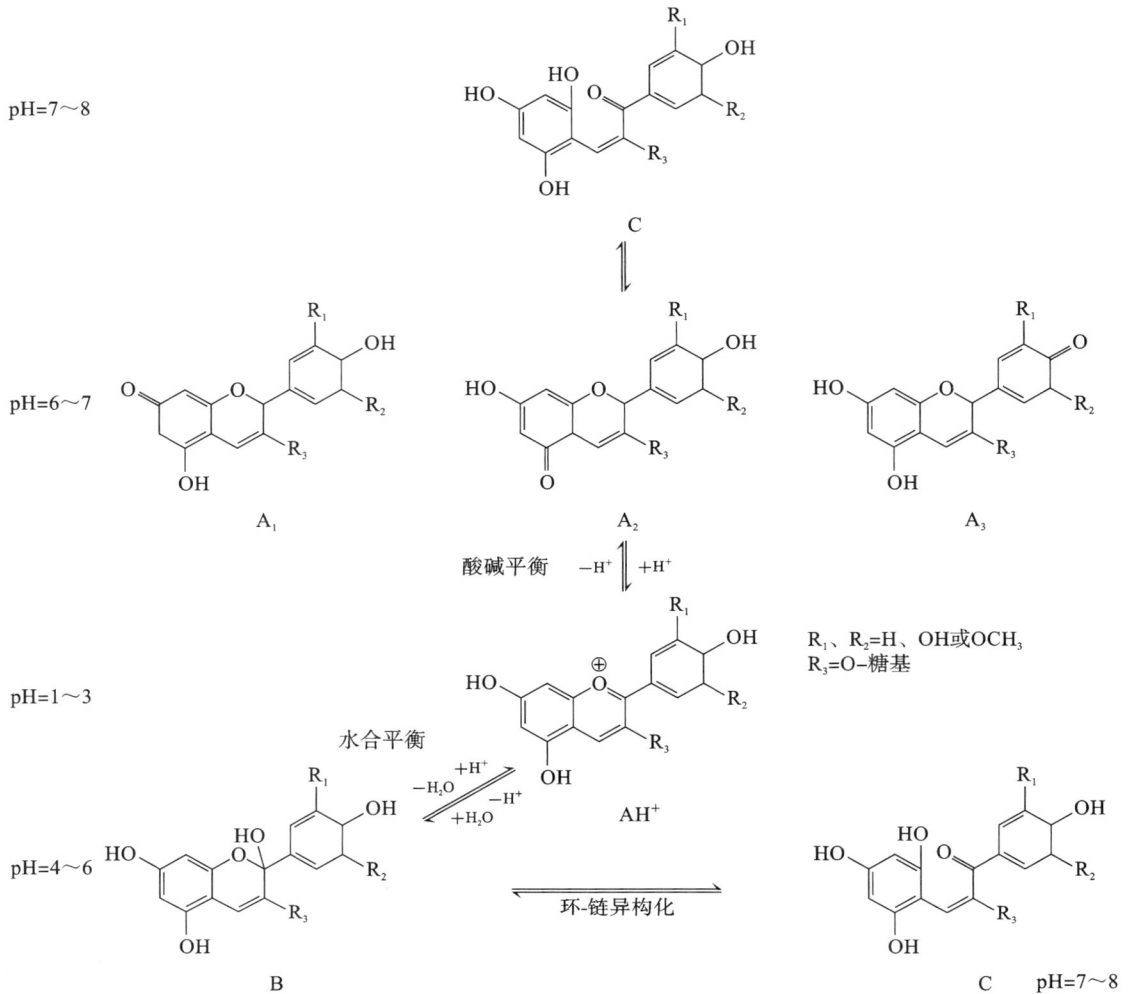

图 8-15 花青素在不同 pH 水溶液中主要结构的相互转化

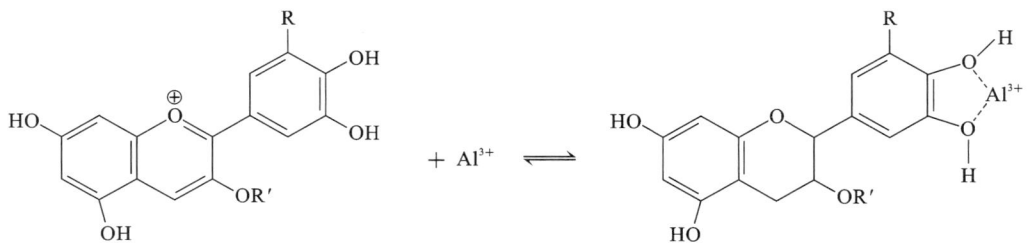

图 8-16 花色苷与金属离子形成络合物

枝容易"红变",也是因为金属离子与花色苷形成了络合物。"红变"是由于无色的原花色素在酸性条件下受热转变为花色苷,再与金属离子形成络合物。

不同的花青素在同一种金属离子作用下反应不尽相同,在不同金属离子作用下反应也不相同。一些金属离子的加入,能够有效提高花色苷的稳定性;也有部分金属离子可以和花青素发生螯合作用生成螯合物。如 Al^{3+} 对紫甘蓝花青素提取液有明显增色作用,Fe^{3+} 能直接使提取液变色,Fe^{2+}、高浓度 Cu^{2+} 对紫甘蓝花青素有明显褪色作用。

（6）其他因素:如二氧化硫、糖及糖的降解产物、维生素 C 等对花色苷的稳定性也有不同程度的影响。

164

（二）类黄酮色素

类黄酮色素是广泛分布于植物组织中的无色至黄色的水溶性色素,包括类黄酮苷和游离的类黄酮苷元。该类色素在花、叶、果中多以苷的形式存在;在木质部中,多以游离苷元的形式存在。蔬菜中含有多种类黄酮色素,如洋葱中有槲皮素,荞麦中含槲皮素、桑叶素、莰菲醇、芦丁等。已知的类黄酮(包括苷)有 1670 多种,其中有色物质 400 多种,多呈淡黄色,少数呈橙黄色。

1 类黄酮色素的结构与性质

（1）结构:类黄酮苷元的碳骨架结构与花青素一样,也是 C_6-C_3-C_6 结构,但其 4 位是酮基。类黄酮色素会使植物性原料呈现白色,但含有酚类基团的氧化产物在自然界中呈现棕色和黑色。

类黄酮从结构上可分为许多类型,其中主要有六类:①黄酮及黄酮醇类,如槲皮素及其苷类是植物界分布最广、最多的黄酮类化合物;②二氢黄酮及二氢黄酮醇类,存在于精炼玉米油中;③黄烷醇类,如茶叶中的茶多酚,主要成分为儿茶素;④异黄酮及二氢异黄酮类,主要存在于豆科、鸢尾科等植物中,如葛根素、大豆素;⑤双黄酮类,多见于裸子植物中,如银杏黄酮;⑥其他,如查耳酮、花色苷类。常见的几种类黄酮色素结构如图 8-17 所示。

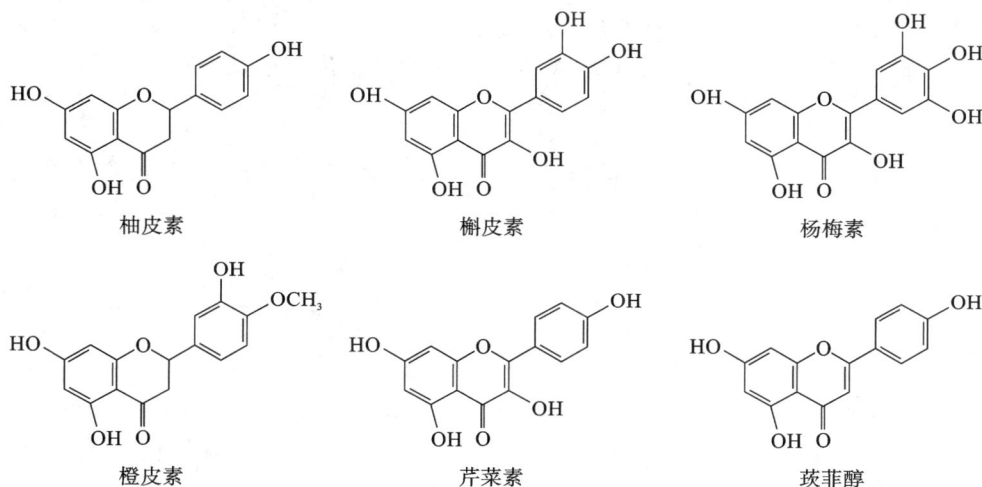

图 8-17　几种常见的类黄酮色素结构

（2）性质。

①溶解性:通常游离的黄酮类化合物难溶于水,易溶于有机溶剂和稀碱液;类黄酮苷易溶于水、甲醇和乙醇中,难溶于有机溶剂中。

②呈色性:呈色的类黄酮一般出现在黄酮、黄酮醇、异黄酮、橙酮、查尔酮和双黄酮中,它们及其苷类多呈黄色。一些类黄酮对食品的颜色有一定贡献,但由于它们色淡,浓度低时贡献很小,如花菜、洋葱和马铃薯略带的浅黄色主要由类黄酮产生。

③热稳定性:类黄酮色素对热较稳定。在大火炒制或蒸制叶菜、茎菜、果菜和根菜时,类黄酮色素的含量与未炒制时相比会增多,而且含量与温度在一定范围内呈正相关关系(表 8-7)。但叶菜在高温处理时,叶片组织更易受到破坏,叶片中的类黄酮色素更易溶出,在处理过程中也会造成类黄酮色素的流失。在烹饪蔬菜时,大火快速炒制不仅对蔬菜中的维生素破坏极少,还有利于蔬菜中类黄酮色素的析出。

表 8-7　几种蔬菜烹饪前后类黄酮色素含量的变化

单位:mg/100 g

蔬菜名称	蒸制时间/min				炒制时间/min			未加工样品
	10	15	20	30	2	3	5	
韭菜	306.30	343.40	383.04	442.16	337.77	371.25	456.41	297.09

蔬菜名称	蒸制时间/min				炒制时间/min			未加工样品
	10	15	20	30	2	3	5	
芹菜	211.20	249.20	283.43	343.22	266.77	316.97	361.80	184.17
莴苣	40.11	44.30	62.30	71.64	25.60	35.86	51.20	21.27
西葫芦	48.40	55.73	64.53	71.93	56.61	83.31	72.44	45.98
马铃薯	37.94	41.64	47.33	56.66	46.15	55.01	74.39	38.67

❷ **类黄酮色素在烹饪加工中的颜色变化**　类黄酮在遇到碱的时候,会变成查尔酮型,颜色变深,呈明显的黄色。各种查尔酮的颜色从浅黄色到深黄色不等,在酸性条件下,查尔酮可恢复成闭环结构,颜色消失。

在烹饪加工中,有时会因水硬度较高或使用苏打和小苏打,使 pH 上升,在这种条件下烹饪,原本无色的黄酮、黄烷酮或黄烷酮醇可转变为有色的查尔酮(图 8-18),如马铃薯、芦笋、荸荠、花菜和甘蓝,在碱性溶液中加工或煮的时候,都会出现由白变黄的现象,该变化为可逆变化,可用有机酸加以控制和逆转。做老面馒头时,面粉中加碱过量,蒸出的馒头外皮呈黄色,也是这个原因。

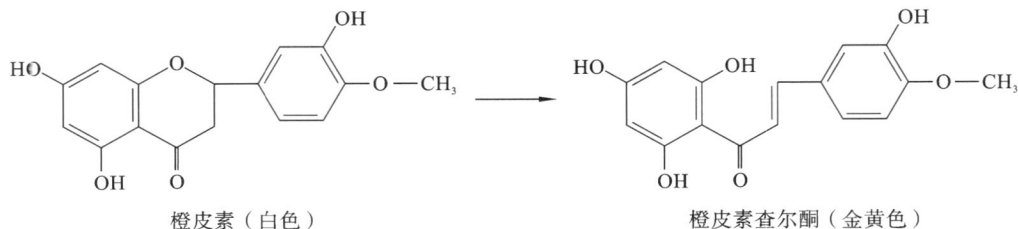

橙皮素（白色）　　　　　　　　　　　　橙皮素查尔酮（金黄色）

图 8-18　类黄酮在碱性溶液中的变化

类黄酮可以与多种金属离子形成络合物,这些络合物的呈色效应比类黄酮强。例如,类黄酮与 Al^{3+} 络合后会加深黄色,与 Fe^{3+} 络合后可呈现蓝色、黑色、紫色、棕色等不同颜色。芦笋中的芸香苷遇到 Fe^{3+} 后,会产生一种难看的深色,使芦笋产生深色斑点。

（三）儿茶素

儿茶素又名黄烷-3-醇,是茶叶中多酚类物质的主要组成成分,约占其总量的 80%。

❶ **儿茶素的结构与性质**

(1) 结构:儿茶素具有 2-苯基苯并吡喃的基本结构(C_6-C_3-C_6)(图 8-19),C 环上 C_2 和 C_3 位是手性碳原子。由于取代基及位置不同,常见的儿茶素单体有 8 种:儿茶素(C)、表儿茶素(EC)、梧儿茶素(GC)、表梧儿茶素(EGC)、儿茶素没食子酸(CG)、表梧儿茶素没食子酸(ECG)、梧儿茶素没食子酸(GCG)与表梧儿茶素没食子酸酯(EGCG)。

(2) 性质:儿茶素单体及其低聚体不溶于氯仿、石油醚、苯等非极性有机溶剂,溶于水、甲醇、乙醇、丙酮等极性溶剂。儿茶素在热处理过程中,可能会发生多种反应,如氧化、聚合及差向异构化等。pH 对儿茶素的稳定性影响较大,一般在 pH 为 4.0~6.0 时较稳定。

R_1=H或没食子酰基
R_2=H或OH

图 8-19　儿茶素的基本结构

❷ **儿茶素在烹饪加工中的颜色变化**　儿茶素本身无色,具有较轻的涩味,但与金属离子络合会产生白色或有色沉淀,如儿茶素溶液遇到乙酸铅会生成灰黄色沉淀。儿茶素非常容易被氧化生成褐色物质。红茶加工中,儿茶素的氧化产物称为茶黄素和茶红素。茶黄素色亮,茶红素色深,二者以适当比例存在就构成红茶的颜色。小麦粉的原儿茶素含量与生鲜面

亮度呈正相关。不去皮的南瓜利用烤箱烤熟对儿茶素破坏程度比用水蒸熟要小。

（四）单宁

单宁又称鞣质，在植物中广泛存在，通常存在于高等植物的根、茎、叶、花、果实、种子和树皮中，是植物可食部分酸的主要来源。

❶ **单宁的结构与性质**　单宁分为水解型和缩合型两大类。水解型单宁的碳骨架内有酯键，为葡萄糖和没食子酸/鞣花酸结合形成的多元酯类化合物（图 8-20）。水解型单宁的重要特征之一是在酸、碱及酶的作用下发生水解，其原有的化学结构被破坏。

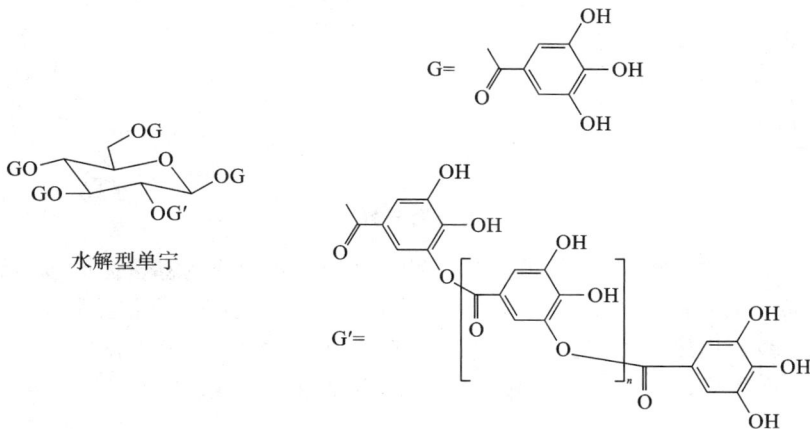

图 8-20　水解型单宁的典型化学结构

缩合型单宁即原花色素，广泛存在于植物中，如花生衣、苹果、可可豆、葡萄籽、李子、蔓越莓等。

→ 相关知识

缩合型单宁结构

缩合型单宁的结构单元及不同类型的缩合型单宁二聚体见图 8-21。

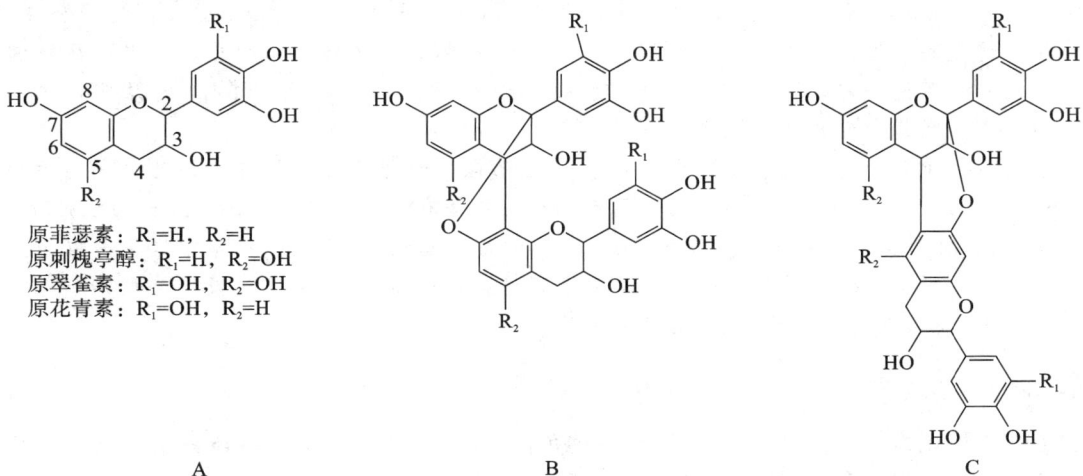

原菲瑟素：R_1=H，R_2=H
原刺槐亭醇：R_1=H，R_2=OH
原翠雀素：R_1=OH，R_2=OH
原花青素：R_1=OH，R_2=H

图 8-21　缩合型单宁的结构单元及不同类型的缩合型单宁二聚体
A. 缩合型单宁的结构单元；B. A 型缩合型单宁二聚体（C_4-C_8，C_2-O-C_7）；C. A 型缩合型单宁二聚体（C_4-C_6，C_2-O-C_7）；
D. A 型缩合型单宁二聚体（C_4-C_6，C_2-O-C_5）；E. B 型缩合型单宁二聚体（C_4-C_8）；
F. B 型缩合型单宁二聚体（C_4-C_6）

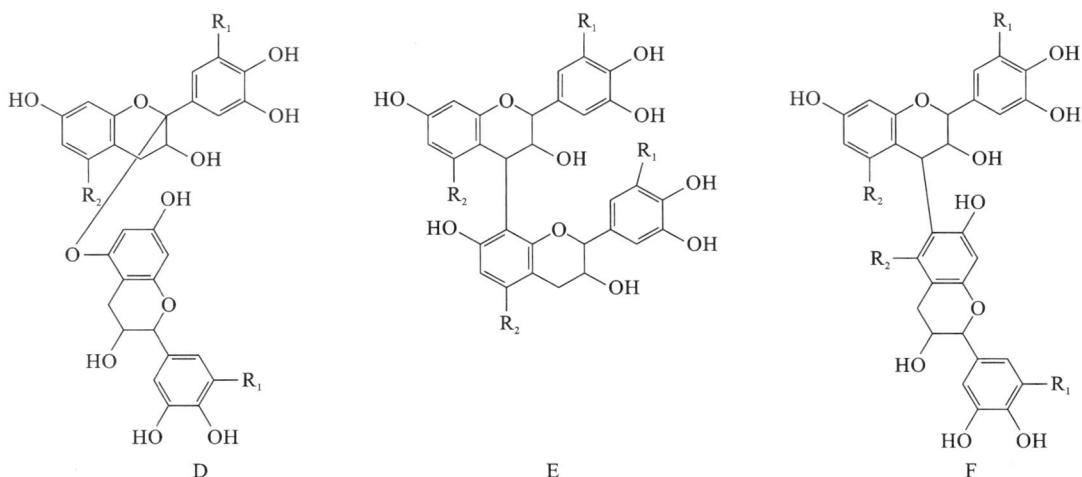

续图 8-21

缩合型单宁是由黄烷-3-醇结构单元通过 A 型或 B 型连接形成的寡聚体或多聚体(图 8-21)。根据黄烷-3-醇结构单元的不同,缩合型单宁被分为原花青素、原翠雀素、原菲瑟素和原刺槐亭醇四种。

缩合型单宁在酸性加热条件下会转变成花青素,如天竺葵色素、牵牛花色素、飞燕草色素等,而呈现一定的色泽。如苹果、梨和其他果汁中的二聚缩合型单宁,在酸性条件下加热,可以转变成花青素和其他多酚。

❷ **单宁在烹饪加工中的颜色变化** 单宁通常为米黄色、棕色或褐色无定形粉末。许多谷物(如大米、高粱和大麦等)、水果(如葡萄、柿子和莓类等)、饮料(如葡萄酒、茶和可可等)和可食海藻(如深海褐藻等)中都含有丰富的单宁。单宁具有多个酚羟基,故易被氧化。金属离子、碱性环境以及加热都能促进它褐变。

🔜 相关知识

缩合型单宁易被氧化

缩合型单宁在加工和储藏过程中会生成氧化产物,如当果汁暴露在空气中或在光照条件下,它们会转变为稳定的红棕色物质。苹果汁储藏后显示的红色就有这种产物的贡献。将葡萄籽缩合型单宁添加到马铃薯馒头中,馒头的亮度和黄度降低,红度提高,硬度增加,弹性、内聚性和回复性下降,孔隙度下降,结构愈紧致。

强酸、强碱、光照、加热、高浓度维生素 C 和过氧化氢等均会破坏葡萄籽缩合型单宁的结构。在弱酸、弱碱性条件下,缩合型单宁相对比较稳定。花生衣含有缩合型单宁,采用生拌、炸、煮 3 种烹饪方式加工时,生拌对花生衣缩合型单宁影响最小,煮的方式影响最大,缩合型单宁保留率仅为生花生衣的 10% 左右。Cu^{2+}、Fe^{3+} 对葡萄籽缩合型单宁有明显的破坏作用,Cu^{2+} 可使缩合型单宁颜色转变为棕绿色;Fe^{3+} 使其转为绿褐色,并带有轻微混浊。

四、其他天然色素

除上述天然色素外,为了更好地保持食品的色泽,在烹饪或食品加工中还常采用天然食品着色剂。天然食品着色剂来自生物体,主要由植物、动物和微生物制备或提取,如辣椒红色素、姜黄素、焦糖色素、红曲色素、胭脂虫红等。目前,我国批准使用的食用天然色素中,植物性色素占多数,但它们的色素含量和稳定性等一般不如合成色素高。

天然色素按形态分为粉状天然色素和液体天然色素。其中粉状天然色素是将有色动植物体干燥磨碎而得到的色素,如胭脂虫红、红曲色素,主要用于固体含量较高、不依赖于水的食品体系或需要高浓度色素的食品。液体天然色素分为水溶性和油溶性液体天然色素。其中水溶性液体天然色素用水、酸性溶液、碱性溶液或乙醇等经过萃取、过滤、浓缩而成，如液体姜黄素，这一类色素的溶解性比较差，色泽变化比较大。油溶性液体天然色素主要是用植物油直接浸出或者溶剂萃取得到的天然色素，如β-胡萝卜素、辣椒红色素、叶黄素等，一般只能在油性食品中使用，也可以通过乳化分散技术将其制作成水分散制剂，应用到水溶性食品中。

（一）辣椒红色素

辣椒红色素又名辣椒红、辣椒油树脂等，是从成熟的红辣椒中提取的一种色素。辣椒红色素主要的成分是辣椒红素、辣椒玉红素（图 8-22）。

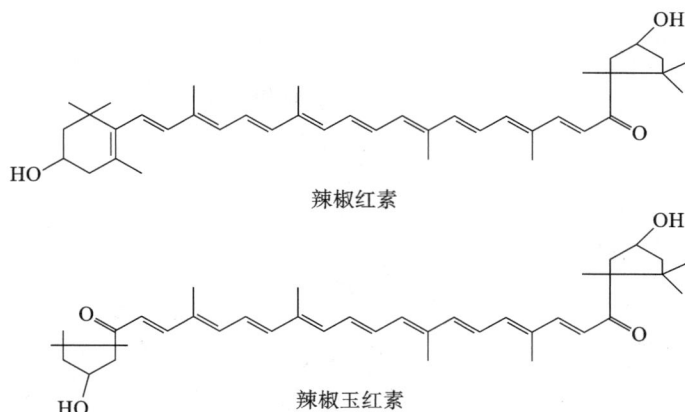

辣椒红素

辣椒玉红素

图 8-22　辣椒红素、辣椒玉红素结构式

辣椒红色素性状稳定，色泽鲜艳，着色性好，是公认的安全色素，WHO 已将辣椒红色素列为 A 类色素。调味品、油脂产品、饮品、糕饼、肉制品等食品加工过程中都可以应用辣椒红色素。用辣椒红色素处理的食品放置 3 个月后，表面几乎无漂浮分层等现象发生。另外，在仿真食品（如仿真面包、仿真水果、仿真蔬菜等）中应用辣椒红色素能有效延长仿真食品的货架期，改善食品的着色效果及储藏过程中的特性。辣椒红色素稳定性好、耐光、耐热、耐酸碱。

（二）姜黄素

姜黄素主要是从草本植物姜黄的根茎中提取而得，为多羟基 β-二酮类化合物，可以发生酮-烯醇式互变异构。自古以来，中国和印度利用姜黄素进行着色以及香料制作。在现代工业中，姜黄素被用于着色剂、酸碱指示剂、功能性食品以及膳食补充剂的制备等。除谷物产品外，饮料产品、零食产品、乳制品中都可见姜黄提取物的身影。

姜黄素难溶于水，其水溶液在中性至碱性条件下不稳定，易溶于甲醇、乙醇、碱和冰乙酸。在酸性和中性溶液中显黄色，在 pH＞9.0 的碱性溶液中显红色。姜黄素的染色能力强于其他天然色素和合成柠檬黄等，尤其是对蛋白质等有很强的染色能力。

姜黄素在光照下会发生分解反应，产生阿魏醛和香草醛，进一步氧化后生成阿魏酸和香草酸。分解后的产物遇碱不会变红，分解机制如图 8-23 所示。

（三）红曲色素

红曲色素又名红曲、赤曲等，是红曲霉利用糯米中的蛋白质、糖类在不同发酵阶段产生的生物活性物质，也是我国传统食用的天然色素。目前发现的代表物有 110 多种，其按溶解性可分为醇溶性和水溶性两类，其中醇溶性色素占 70%～80%，水溶性色素占 20%～30%。典型的醇溶性色素有 6 种，包括红色色素、黄色色素和紫色色素各 2 种（图 8-24）。

红曲色素作为一种色调自然鲜亮、安全、稳定，且具有一定医疗保健功效的着色剂，已广泛应用于食品（如肉制品、豆制品、酒、饮料、糖果、糕点）、医药、化妆品等行业中，尤其是在肉肠加工中效果

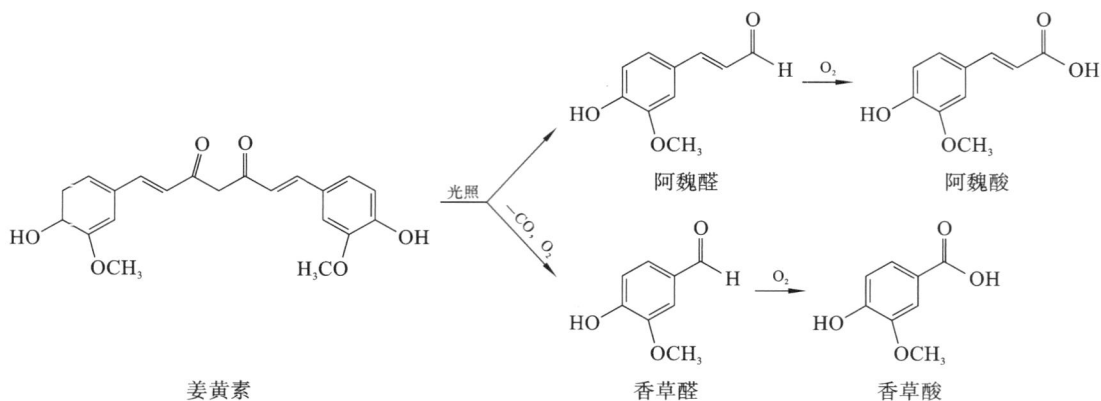

图 8-23 姜黄素的分解过程

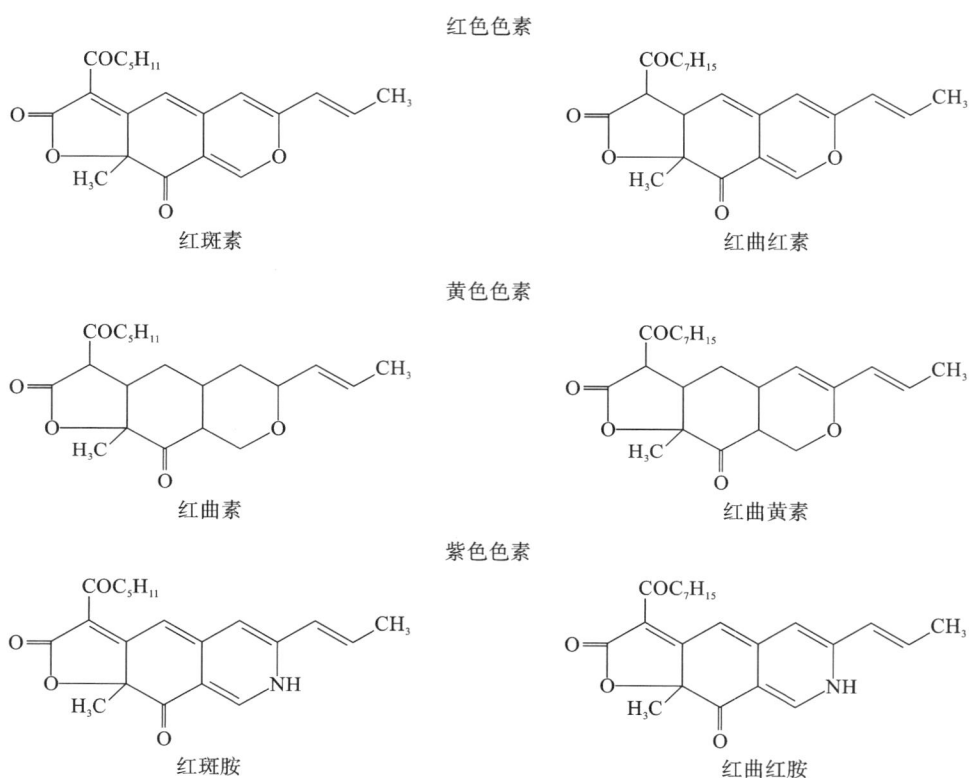

红色色素

黄色色素

紫色色素

图 8-24 红曲色素的结构

十分理想。红曲色素中的黄色色素在软饮料中保持鲜明的黄色,且可通过控制色素添加量形成不同色调的黄色;但在卡仕达酱和黄油曲奇饼干中其颜色不稳定,出现颜色偏红的现象。

（四）胭脂虫红

胭脂虫红是由雌性胭脂虫干体磨细后用水提取而得的红色色素,其主要成分为胭脂虫红酸。胭脂虫红酸分子由一个蒽醌母核连接一个葡萄糖单元构成,其发色团存在于蒽醌环中（图 8-25）。

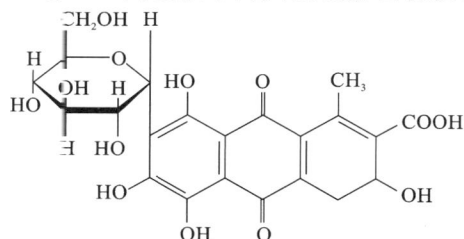

图 8-25 胭脂虫红酸结构式

胭脂虫红为带光泽的红色碎片、深红色粉末或水溶性液体色素,溶于碱性溶液,微溶于热水,几乎不溶于冷水和稀酸。染色能力强,与肉类蛋白质有良好的亲和性。用于果冻、饮料、糖衣、糖果和许多其他食品。根据食品加工过程以及用量的不同,最终成品呈红色到桃红色,特别适用于香肠、西式火腿和午餐肉的制作。如果与红曲红素配合使用,用不同比例可以制造出各种不同色泽效果的肉制品,色泽鲜艳。金属离子、pH、食品组分等均会影响胭脂虫红的呈色效果。

(五) 焦糖色素

焦糖色素也称焦糖或酱色,是目前食品工业使用的食品添加剂中最受欢迎的一种。它以蔗糖、葡萄糖或其他淀粉糖为主要原料,在一定条件下焦化而成或与氨基化合物发生美拉德反应制成。其因具有水溶性好、着色率高、稳定性好、安全无毒等优点,广泛应用于调味品、饮料、焙烤食品等食品行业。

根据生产过程中添加催化剂的不同,焦糖色素分为4大类:①普通焦糖,即不加氨生产的焦糖;②苛性亚硫酸盐焦糖;③氨化焦糖;④亚硫酸铵焦糖。

焦糖色素为深褐色或黑褐色的液状、块状、粉末状或糊状物质,具有焦糖香味和令人愉快的苦味。其易溶于水,水溶液呈透明状或红棕色,其色调受 pH 及在大气中暴露时间长短的影响。在日光照射下相当稳定,可保持至少 6 h 不变色。

➡ 相关知识

生抽与老抽

酱油是我国烹饪中常用的一种调味品,常见的酿制酱油分为老抽和生抽。两者有何区别呢?

生抽以优质黄豆和面粉为原料,经发酵成熟后提取而成,色泽淡雅,酯香、酱香浓郁,味道鲜美。老抽是在生抽中加入焦糖,经过特殊工艺制成的浓色酱油,适用于红烧肉、烧卤食品及烹调深色菜肴,色泽浓郁,具有酯香和酱香。

生抽、老抽最大的区别是老抽由于添加了焦糖而颜色浓、黏度较大;生抽盐度较低,颜色也较浅。如果做粤菜或者需要保持菜肴原味,可以选用生抽。如果想做口味重的菜肴,或者需要上色的菜肴,如红烧肉,最好选用老抽。

(六) 其他天然着色剂

我国允许使用多种天然着色剂,如红花黄、越橘红、黑加仑红、桑葚红、落葵红、黑豆红、高粱红、萝卜红、栀子黄、菊花黄浸膏、玉米黄、沙棘黄、可可壳色素等。

任务三 探寻食品中的合成色素

➡ 任务描述

合成色素主要是以从煤焦油中分离出来的苯胺染料为原料制成的有机色素,与天然色素相比具有价格低、着色稳定、易获取等优点,但同时也具有一定的风险。本任务主要介绍食品中常用的 8 种合成色素。

➡ 任务目标

(1) 了解常见合成色素的结构、性质。
(2) 熟悉合成色素的特点。
(3) 熟悉合成色素的适用范围,学会科学、规范使用合成色素。

知识精讲

合成色素是指用人工化学合成方法所制得的有机与无机色素,主要是指以从煤焦油中分离出来的苯胺染料为原料制成的有机色素。合成色素拥有各种各样的颜色和色调,比天然色素更耐热、更光亮,也更鲜艳。

与天然色素相比,合成色素具有价格低、着色稳定、易获取等优点,但其毒性尤为明显,合成色素在人体内分解形成的芳香胺代谢后与靶细胞作用,形成肿瘤。当人体摄入大量合成色素时,还会出现嗳气、偏头痛、多种过敏症状和中毒等症状,儿童的智力受影响,导致儿童智商(IQ)下降。近年来相关研究表明,一些合成色素具有一定的致癌、致畸性,需要长期评估和衡量风险才能使用。

目前世界各国允许使用的合成色素大部分是水溶性色素。我国对合成色素在食品中允许使用的品种、范围和添加量做了严格的规定。目前我国允许使用的食用合成色素有 11 种,分别为偶氮类的胭脂红、苋菜红、诱惑红、酸性红、新红、柠檬黄和日落黄,非偶氮类的赤藓红、哇啉黄、亮蓝和靛蓝。常用的合成色素有苋菜红、胭脂红、赤藓红、柠檬黄、日落黄、靛蓝、新红、诱惑红 8 种。我国规定:婴儿代乳食品不得使用合成色素。

一、苋菜红

苋菜红又称食用红色 2 号,是多年来公认安全性高,并被世界各国普遍列为法定许可使用的色素,其由 1-氨基-4-萘磺酸重氮化与 2-萘酚-3,6-二磺酸偶合产生(图 8-26)。

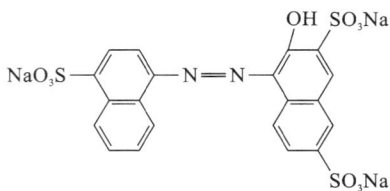

图 8-26　苋菜红结构式

苋菜红为紫红色粉末,无臭,耐光性、耐热(105 ℃)性强,易溶于水,0.01％的水溶液呈玫瑰红色,可溶于甘油及丙二醇,不溶于油脂等其他有机溶剂。耐细菌性差,耐酸性良好,对柠檬酸、酒石酸等稳定,遇碱变为暗红色。不适用于发酵食品及含有还原性物质的食品。作为食用红色色素,其着色力差,通常与其他色素配合使用。

二、胭脂红

胭脂红又称丽春红 4R、亮猩红,为红色至深红色颗粒或粉末;耐光性、耐酸性、耐热(105 ℃)性强;对柠檬酸、酒石酸稳定;抗还原性、耐细菌性差,遇碱变为褐色;易溶于水,水溶液呈红色,溶于甘油,难溶于乙醇,不溶于油脂。在应用上基本与苋菜红相同。胭脂红铝色淀在一些特性上优于胭脂红,如耐光、耐热性,但溶解性很差。

相关知识

色 淀 色 素

我国目前使用的合成色素均为水溶性色素。将水溶性色素通过沉淀、吸附到不溶性的基质上,得到的水不溶性色素即色淀色素。常用的基质有氧化铝、二氧化钛、硫酸钡、氧化钾、滑石、碳酸钙,目前主要使用的是氧化铝,由此得到的色素称为铝色淀色素。铝色淀色素与普通色素的区别在于不溶于水,就好像一件防水时装,可以用于油脂食品的着色,增强蛋糕裱花、巧克力、膨化食品、高脂糖果等食品对顾客的吸引力。如果不使用铝色淀,水溶性色素很难"爬"上油脂食品的表面,即使勉强附着在食品表面,看上去也是深一块、浅一块,让人瞬间没有购买欲。

三、赤藓红

赤藓红也称樱桃红、食用红色 3 号,属于夹氧杂蒽类水溶性色素(图 8-27),为红色至红褐色颗粒或粉末,其铝色淀为紫红色,易溶于水(10 g/100 mL,室温)、乙醇、丙二醇和甘油。中性水溶液呈红色,酸性时有黄棕色沉淀产生,碱性时产生红色沉淀,不溶于油脂。耐热(105 ℃)性、抗还原性、耐光性、抗酸性差。其具有良好的染色性,特别是对蛋白质染色性尤佳,对于需高温焙烤的食品和碱性及中性食品,着色力较其他色素强,吸湿性强。

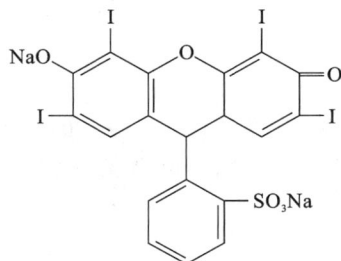

图 8-27　赤藓红结构式

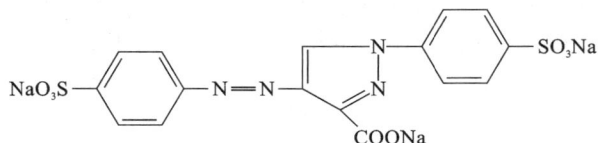

图 8-28　柠檬黄结构式

四、柠檬黄

柠檬黄又称酒石黄、肼黄,是食品色素中使用最多、应用广泛的一种偶氮类水溶性色素(图8-28),占全部食品色素使用量的 1/4 以上,易着色,坚牢度高。

柠檬黄为黄色至橙色颗粒或粉末,耐光性、耐热性、耐酸性和耐盐性均好,耐氧化性较差;易溶于水,溶于甘油、丙二醇;微溶于乙醇;不溶于油脂;在柠檬酸、酒石酸中稳定,是着色剂中最稳定的一种,可与其他色素配合使用,匹配性好。0.1%的水溶液呈黄色,遇碱稍变红,还原时褪色。

五、日落黄

日落黄又称食用黄色 5 号、橘黄、晚霞黄,是一种常用的偶氮类合成色素(图 8-29)。日落黄为橙色颗粒或粉末,耐光性、耐热性强,易吸湿;易溶于水,0.1%水溶液呈橙黄色;溶于甘油、丙二醇;微溶于乙醇;不溶于油脂;在柠檬酸、酒石酸中稳定,耐酸性强;遇碱呈红褐色,耐碱性尚好;还原时褪色。

《食品安全国家标准　食品添加剂使用标准》(GB 2760—2014)规定,日落黄在水果饮料、乳酸菌饮料中的最大允许使用量为 0.10 g/kg。长期食用含有日落黄的食品,会出现过敏、腹泻等严重症状,当摄入量超过肝脏负荷时,会对人体造成极大伤害。我国规定日落黄的添加使用范围不包括生鲜肉、熟肉制品,挪威和芬兰则规定其不准用于食品。

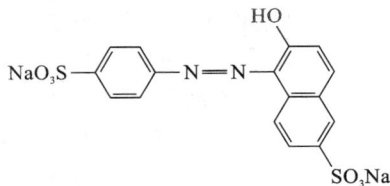

图 8-29　日落黄结构式

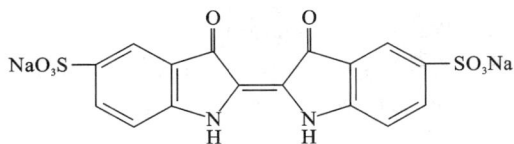

图 8-30　靛蓝结构式

六、靛蓝

靛蓝又称食品蓝,是人类较早使用的天然色素之一,最初是从靛蓝植物的叶中提取得到的。人工合成的靛蓝常用的是靛蓝的 5,5′-二磺酸盐,其属于水溶性非偶氮类色素(图 8-30)。靛蓝为深紫色至紫褐色均匀粉末或颗粒,易溶于水,在中性水溶液中呈蓝色,酸性时呈蓝紫色,碱性时呈绿色至黄绿色;溶于甘油、丙二醇,难溶于乙醇、油脂;耐热性、对光稳定性、耐碱性、抗氧化性、耐盐性和耐细菌性均较差。还原时褪色。靛蓝易着色,有独特的色调,使用广泛。

七、新红

新红为水溶性偶氮类着色剂,为红色粉末,易溶于水,水溶液呈红色,微溶于乙醇,不溶于油脂。GB 2760—2014 规定,新红可用于饮料、配制酒、糖果、可可制品等的加工中,最大允许使用量为 50 mg/kg(装饰性果蔬为 100 mg/kg)。

八、诱惑红

诱惑红是一种含有苯环或氧杂蒽等结构的光致异构偶氮类食品着色剂。GB 2760—2014 规定,诱惑红能够添加到糖果、冷饮以及固体饮料中。近年来,诱惑红也开始被应用于肉灌肠、西式火腿、果冻等食品中。

任务四 解析食品色素的调配

任务描述

在食品加工或烹饪加工中,单一色素的色调有限,为了获得满意的色泽,常对不同颜色的色素进行调配。色素调配时,要遵循相关的原则,科学、规范使用色素,保证食品的安全性。本任务对色素调配的原理、原则以及溶液配制方法进行介绍。

任务目标

(1) 了解色素溶液的配制方法和色素调配的常用方法。
(2) 掌握色素调配的原则。

知识精讲

食品亮丽的颜色可以刺激人的食欲,增加人体消化液的分泌,帮助消化和吸收食物。如果不使用色素,那些色彩缤纷诱人的冰激凌、蛋糕、饮料、糖果会变得十分乏味,不仅不方便区分口味,人们食用起来也会缺少很多乐趣。此外,通过运用食品色素赋予加工食品天然和谐的颜色,还能提供情绪价值。研究表明,红色、黄色等暖色调的食品可以给人积极的暗示,对增进食欲有一定的帮助。

烹饪调色中,可采用保持原色泽(保色或护色法),或者通过化学反应如焦糖化反应来增加色彩(上色法),或添加适当的食品色素(烹饪中称兑色法)的方法。另外,为了增加菜肴色彩的明亮程度,可涂抹油脂(烹饪中也叫润色法),如淋油、刷油等。

目前我国规定,允许作为食品色素使用的天然色素有虫胶色素、姜黄素、辣椒红色素、红曲色素、甜菜红、β-胡萝卜素、胭脂树抽提物、焦糖色素、小龙虾色素、磷虾色素等。焦糖色素、辣椒红色素、藏红花素、绿叶汁等在烹饪中经常使用。焦糖色素安全性高,烹饪中(烘焙食品)只可用普通法生产的焦糖色素。

一、色素溶液的配制

与天然色素相比,在加工和储藏过程中,合成色素更为稳定。它们有水溶性色素和水不溶性色淀两种形式。色素粉末直接使用时,不易在食品中均匀分布,可能形成色素斑点,所以最好事先将其溶于水或其他溶液中。

合成色素一般使用浓度为 1%~10%,过浓则难以调节色调。配制时,溶液应该按每次的用量配制,因为配好的溶液久置后易析出沉淀。另外,配制水溶液所使用的水通常应煮沸,冷却后再用,或者使用纯净水。

为防止着色过浓,液态色素浓度通常不超过3%。通常在液态制剂中加入柠檬酸和苯甲酸钠,以防止微生物污染。许多食品所含的水分较低,很难使色素完全溶解及分散均匀,这时可以加入溶剂,如甘油或稀丙醇。还可以使用色淀。色淀以分散体而不是以溶液的形式存在于食品中,它们的浓度范围为1%~40%。高浓度的色素,未必能呈现高强度的颜色。色淀的颗粒度很关键,粒径越小,分散性越好,颜色越深。与色素一样,事先将色淀分散于甘油、稀丙醇或食用油中,防止颗粒结块。色淀分散体中的色素浓度一般为15%~35%。

调配或储存色素的容器,应采用玻璃、搪瓷、不锈钢等耐腐蚀的清洁容器,避免与铜、铁器接触。选择色素时要注意食品中其他成分的影响,包括油脂、有机酸、其他食品添加剂,特别是氧化还原剂等成分的影响。

烹饪加工时,色素一般可采用混合法与涂刷法。混合法适用于液态、酱状或膏状食品,即将欲着色的食品与色素混合并搅拌均匀。涂刷法主要应用于不可搅拌的固态食品,可将色素预先溶于一定的溶剂(如水)中,而后将其溶液涂刷于欲着色的食品表面,糕点装饰可用此法。

二、色素调配的原理

色调的选择应考虑消费者对食品色泽的爱好和认同,应选择与食品原有色彩相似,或与食品名称一致的色调。为丰富食用合成色素的色谱,可将色素按不同的比例混合调配。理论上由红、黄、蓝三种基本色即可调配各种不同的色调。如栀子蓝与姜黄素复配调色可得豆绿、豆蔻绿和稚蓝,红曲色素与姜黄素复配调色可得到柠檬黄、橘黄和橘红,红曲色素与栀子蓝复配调色可得到紫、粉红和橘红。

各种色素溶解于不同溶剂中,可能产生不同的色调和强度,尤其是在使用两种或数种色素拼色时,情况更为显著。例如,各种酒类乙醇含量不同,色素溶解后的色调各不相同,故需要按照其乙醇含量及色调强度的需要进行拼色。此外,食品干燥时,色素亦会随之集中于表层,造成所谓的"浓缩影响"。

拼色中各种色素对日光的稳定性不同,褪色快慢也各不相同,多数情况下,避光可以显著降低色素的损失率。如靛蓝褪色较快,柠檬黄不易褪色。红曲色素与栀子蓝复配所得的紫、粉红和橘红受温度影响损失较小。

三、色素调配的原则

(一)安全问题

有些添加剂,特别是合成色素往往有潜在的风险或毒性,必须严格控制使用,包括食用对象、使用对象、色素规格和用量。原则上菜肴和主食中不可使用合成色素。

根据国家食品添加剂相关规定,合成色素只能用于果味水、果味粉、果子露、汽水、配制酒、红绿丝、罐头、糕点表面上色等,并且必须严格限制其使用比例。禁止将合成色素用于肉类及其加工品、鱼类及其加工品、水果及其制品(包括果汁、果脯、果冻和酿造果酒)、调味品、婴幼儿食品、饼干等。

一般来讲,合成色素与食材的比例不得超过1∶10000。长期大量食用合成色素,不利于身体健康。有研究表明,处于发育期的儿童,肝脏解毒功能、肾脏排泄功能均不够健全,过量进食合成色素,有可能导致消化系统疾病、过敏,注意力不集中,智力发育受影响等。但需要注意的是,合成色素只要按照法律法规要求,不超范围和超量使用,不会给身体造成健康问题。

天然色素中,红曲色素主要用于配制酒、糖果、熟肉制品、腐乳、雪糕、饼干、果冻等食品。蔗糖、葡萄糖或麦芽糖制得的焦糖色素仅限用于碳酸饮料、黄酒、葡萄酒。栀子黄、红花黄、辣椒红色素、越橘红、高粱红、萝卜红等植物类色素,可不限量使用。在烹饪过程中添加这类色素,可以改变原料的颜色,从而增进食欲。如辣椒红色素制作成红油在凉拌菜中添加,既可以增进美观度,又可以增加香气,还可以增进食欲。

天然色素
在烘焙食
品马卡龙
中的应用

（二）遵循先调色后调味的程序

添加色素时，要遵循先调色后调味的基本程序。这是因为绝大多数色素也是调味品，若先调味再调色，势必使菜肴口味变化不定，难以掌握。

（三）加热的菜肴要注意分次调色

一般合成色素难以耐受 105 ℃ 以上高温，所以应避免长时间置于 105 ℃ 以上的高温环境。需要长时间加热烹制的菜肴（如红烧肉等）要注意运用分次调色的方法。因为菜肴汤汁在加热过程中会逐渐减少，颜色会自动加深。如酱油在长时间加热时会发生糖分减少、酸度增强、颜色加深的现象，若一开始就将色泽调好，菜肴成熟时，色泽必会过深，所以在开始调色阶段只宜调至七八成，在成菜前，再来一次定色调制，使成菜色泽深浅适宜。

（四）利用互补特性改善色素的稳定性

相同条件下不同色素不稳定的因素不尽相同，利用不同种类天然色素之间互补的特性，能够在一定程度上提高天然色素稳定性。例如，栀子黄属于脂肪族天然色素，氧化、光照、介质的改变是影响其稳定性的主要因素，色素会因此而褪色。红花黄属于芳香族天然色素，pH、金属离子是影响其稳定性的主要因素。利用芳香族和脂肪族天然色素互补的特点，能够协调并改善栀子黄和红花黄的稳定性并扩大它们的使用范围。

项目小结

本项目的教学内容主要是食品色素的概念、分类、结构与性质、色素的调配。食品色素是指食品中能够吸收或反射可见光，进而使食品呈现各种颜色的物质，一般为有机化合物，分子结构中往往有发色团和（或）助色团。

食品色素按照来源不同，可分为天然色素和合成色素两类。天然色素主要来自动物、植物和微生物，按化学结构可分为四吡咯色素、异戊二烯色素、多酚类色素、醌类色素和酮类色素。合成色素有偶氮类色素和非偶氮类色素之分。

叶绿素、血红素、类胡萝卜素、叶黄素、花青素、类黄酮色素、儿茶素、单宁等天然色素是引起食品烹饪加工中色泽变化的主要原因，需要引起注意，同学们应掌握它们的变化规律，并学会运用理论知识解决实际问题。

为了更好地保持食品的色泽，在烹饪或食品加工中还常应用食品着色剂。食品着色剂的使用要遵循国家相关法律法规，控制使用范围和使用量，保证食品安全。

思考题

在线答题

1. 什么是食品色素？食品色素有什么作用？
2. 举例说明在烹饪加工中如何保持蔬菜的绿色。
3. 查阅资料，简述肉与肉制品护色技术的发展趋势。
4. 结合实例，简述影响花青素的因素。
5. 腊肉、红肠等食品加热时颜色几乎不变，而新鲜肉加热时容易变色，根据所学内容对此现象进行解释。
6. 烹饪加工时，有时需要多种色素进行调配。色素调配时要注意哪些问题？
7. 简述花青素 pH 响应型智能包装可以作为食品新鲜度指示剂的原理。
8. 作为食品添加剂，辣椒红色素、姜黄素、红曲色素的使用范围有何不同？
9. 举例说明在烹饪加工过程中，可以采取什么措施来控制类黄酮色素的稳定性。
10. 简述食品色素呈色的机制。

认知食品的风味

项目描述

　　本项目主要讲述风味的概念与特征,食品滋味的形成过程,味与味之间的相互作用,香气产生的机制及形成途径。

项目目标

　　(1) 了解风味的概念和特征。
　　(2) 掌握滋味的形成过程。
　　(3) 掌握香气的形成过程。

项目导入

　　"北京烤鸭"是具有世界声誉的北京著名菜,起源于南北朝时期,是当时的宫廷名菜,被誉为"天下美食",学完本项目内容,就会发现,美味的关键其实就是其中的"风味物质"。鸭肉具有高蛋白质、低脂肪、低胆固醇等特点,还含有较多 B 族维生素、维生素 E,其脂肪酸熔点低、易于消化吸收。现在人们非常喜欢食用鸭肉,其中风味物质是保证鸭肉高品质的关键因素。采用固相微萃取技术已经能够对食品风味中的挥发性物质进行提取,有学者检测到鸭肉中烯烃类、酮类、含氮含硫含氧类及杂环化合物等挥发性风味物质超过 27 种,这有助于更好地研究风味物质在食品中发挥的神奇作用。

任务一　走进食品的风味

任务描述

　　本任务介绍了风味的概念与发展史,风味及风味物质的特征,并阐述了风味物质具有主观性和生理适应性的特点。

任务目标

　　(1) 了解风味的概念。

（2）熟悉风味的特征。

（3）掌握风味物质的特征。

知识精讲

一、风味的概念

风味通常指"食品风味"，是指摄入人口腔内的风味物质，刺激人的各种感觉受体，使人产生的短时的、综合的生理感受。其主要包括味觉、嗅觉、触觉和视觉。

实际上，"风"指的是飘逸的挥发性物质引起的嗅觉反应。"味"指的是水溶性或油溶性物质在口腔中引起的味觉反应。嗅觉是各种挥发性成分对鼻腔神经元产生的刺激；味觉俗称滋味，是食品在人的口腔内对味觉感受器产生的刺激。风味物质是指能够改善口感、赋予食品特征风味的化学物质。

狭义上讲，食品风味是食品给人带来的味觉和嗅觉的综合感觉；广义上讲，食品风味是食品的客观性质作用于人的感觉器官使人产生的综合感受，涵盖了化学感觉、物理感觉及心理感觉等各个方面。食品的客观性质取决于食品的来源、储存条件和加工技术等可变的客观因素。人的感觉则被人的生理、心理、健康状况、习惯、种族等主观因素和环境所左右。因此，食品风味是一个多学科的复杂研究领域。

二、风味及风味物质的特征

（一）风味的特征

❶ **具有一定的主观性** 人们对风味的理解和评价往往带有强烈的个人、地区或民族倾向性和习惯性。同一种"酒"，不同人品评，可能会有不同的结果。不同民族喜好不同，苗族人喜欢吃狗肉，壮族人喜欢吃火把肉、兔肉，回族人喜欢吃涮羊肉、烤羊肉。

❷ **具有一定的生理适应性** 只要是长期适应了的风味，如酸、甜、苦、辣，人们都能接受，譬如有人喜欢果汁的甜味，有人喜欢小龙虾的辣味，还有人喜欢苦瓜的"苦"味及臭豆腐的"臭"味。人们对自己喜欢的风味会感到舒服、愉悦，不喜欢的风味会使人产生厌恶和拒绝的情绪。

（二）风味物质的特征

❶ **种类繁多，结构复杂** 食品风味物质由多种不同类别的化合物组成，如目前已报道的咖啡中的风味物质达 800 多种，茶叶中的风味物质有 300 多种，葡萄酒中的风味物质也有 200 多种。

❷ **含量极微，作用显著** 除少数几种味感物质作用浓度较高外，绝大多数风味物质作用浓度很低，甚至在 $10^{-12}\sim10^{-6}$ 数量级，虽然浓度很低，但它们会对人的食欲产生极大的影响。

❸ **稳定性差，易被破坏** 很多风味物质易挥发、受热易分解、易与其他物质作用，在加工过程中，工艺条件改变会导致风味物质发生变化。另外，储存条件对风味物质也有显著的影响。

相关知识

食品风味的发展史

食品风味的发展与化学、物理、生物等多学科的技术发展密不可分，如奥托·瓦拉赫在萜类化合物研究领域做出了杰出贡献，并于 1910 年获得诺贝尔化学奖。各种分析检测仪器的出现、计算机技术及网络系统的发展、化学合成技术的进步、新加工技术的层出不穷、风味感官生理基础理论研究的突破等都大大推进了食品风味领域的进步。

对于风味物质的研究，企业都会设立独立的研发中心，并配备极好的分析仪器设备。典型的仪器有气相色谱仪、高效液相色谱仪、傅里叶变换红外光谱仪、核磁共振仪、气相色谱-质谱联用仪、高效液相色谱-质谱联用仪、气相色谱-傅里叶变换红外光谱联用仪、气相色谱-质谱-质谱联用仪、高效液相色谱-磁共振联用仪等。企业能够利用这些仪器从各种各样复杂混合物中分离出目标物且能说明未知组分的化学结构,然后通过设计与研发,提高食品感官特性。研究的重点在于新型香味成分的发现,香味组分的分离与固定化技术,并在食品加工技术专家的帮助下,确保风味物质和香味成分能够在产品中稳定存在并有效释放,从而有效添加到目标食品产品中。

习近平总书记曾提出把"科技创新"作为培养人才的重要手段。食品风味领域是科学发展高度驱动的领域,科学技术,如基因工程、生物技术、酶学、物理学和电子学等交叉学科在安全、环保等创新性香料的发展过程中将起到重要作用。企业开发新型产品必须瞄准"安全、生产过程环保、市场定位清晰、绝对创新性"这四大特点,企业意识到当今成功的关键在于尽可能快地为市场带来新的研究成果。

任务二　探究食品滋味的影响因素

→ 任务描述

本任务介绍了味觉的生理基础,味觉的形成与特征,味的分类与阈值,味觉的影响因素及呈味物质的相互作用等内容。

→ 任务目标

(1) 了解味觉的生理基础。
(2) 熟悉味的分类与阈值。
(3) 掌握常见的呈味物质特点。
(4) 理解呈味物质的相互作用。

→ 知识精讲

一、味觉概述

(一)味觉的生理基础

广义的味觉包含心理味觉,如形状、颜色等;物理味觉,如软硬、冷热、黏稠、脆嫩等;化学味觉,如咸、甜、鲜等,这是三种不同的味觉。当我们品尝菜肴时单纯用舌头所感觉到的味觉属于化学味觉。

味觉的形成一般被认为是呈味物质作用于舌面上的味蕾而产生的。味蕾即味觉感受器,每个味蕾都是由一组味觉细胞组成的梨形结构,属于化学感受器,分布在舌头的表面,能够辨别滋味,由味觉细胞和支持细胞组成卵圆形小体。味蕾主要分布于轮廓、菌状和叶状乳头中,软腭、会厌和咽的上皮内也有少量味蕾存在。

味蕾顶端有一小孔,称味孔,与口腔相通。当溶解的食物进入小孔时,味觉细胞受刺激而兴奋,经神经传到大脑而产生味觉。

(二)味觉的形成与特征

呈味物质会刺激口腔内的味觉感受器,通过收集和传递信息的神经感觉系统传导到大脑的味觉中枢,最后通过大脑的综合分析而产生味觉。不同的味觉有不同的味觉感受器,味觉感受器与呈味

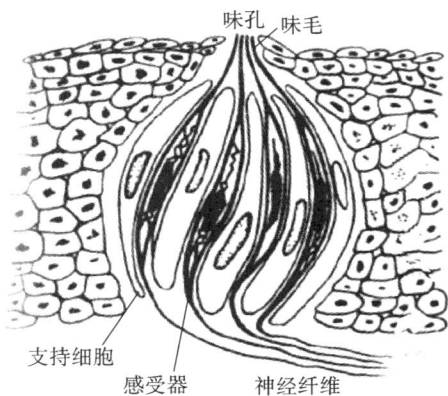

味孔 味毛

支持细胞

感受器　神经纤维

图 9-1　味蕾解剖图

电子舌技术

物质之间的作用力也不相同。人对味的感觉主要依靠口腔内的味蕾,以及游离神经末梢。味蕾大部分分布在舌头表面的乳头状突起中。舌头表面分布有四种不同的乳头状突起,数量最多的丝状乳头没有味蕾,故不能感受味。菌状乳头、叶状乳头和轮廓乳头都有味蕾,具有味觉功能。人味蕾的数量随年龄的增长而减少,婴儿期味蕾数目最多,随着年龄达到 70～80 岁,味蕾数量就只剩下婴儿期的 1/3 了。味蕾(图 9-1)一般由 40～150 个香蕉形的味细胞构成,10～14 天更换一次,味细胞表面有许多味觉感受分子,包括蛋白质、脂质及少量糖类、核酸和无机离子,不同物质能与不同的味觉感受分子结合而呈现不同的味道。

蛋白质是甜味物质的受体,脂质是苦味和咸味物质的受体,有人认为苦味物质的受体可能与蛋白质相关。

无髓神经纤维的棒状尾部与味细胞相连,把味的刺激传入大脑。由于味觉通过神经几乎以极限速度传递信息,因此人的味觉从呈味物质刺激到感受到滋味仅需 1.5～4.0 ms,比视觉传导(13～45 ms)、听觉传导(12.7～21.5 ms)、触觉传导(2.4～8.9 ms)都要快。

唾液与味感关系极密切,因为味感物质必须溶于水才能进入而刺激味细胞,口腔内的唾液是食物的天然溶剂。唾液分泌的数量和成分,受食物种类的影响。唾液的清洗作用,有利于味蕾准确地辨别各种味。

(三)味的分类与阈值

从生理学的角度可以把味分为甜味、酸味、苦味、咸味四种基本味。有时也将这四种基本味称为"四原味"。在四种基本味中,人对咸味的感觉最快,对苦味的感觉最慢,但就人对味觉的敏感性来讲,人对苦味比对其他味都敏感,苦味更容易被察觉。但是不同国家和民族因为饮食习惯和生活习惯的不同以及风味爱好的差异,对味的分类也有所区别。日本把味分为五味(甜、酸、咸、苦、辣),欧美等国把味分为六味(甜、酸、咸、苦、辣、金属味),而印度则把味分为八味(甜、酸、咸、苦、辣、淡、涩、不正常味)。但通常情况下,根据人们的饮食习惯,我国常常把味分为酸、甜、苦、辣、咸、鲜、涩七种常见的味道,除此之外还经常有金属味、腥味、清凉味、碱味等表述。

由于舌头不同部位的味蕾结构有差异,因此,不同部位对不同的味感物质敏感度不同,舌尖和边缘对甜味和咸味较为敏感,而腮两边对酸味敏感,舌根部则对苦味敏感。

衡量呈味物质对舌头味觉感受器所产生刺激的强弱可以用阈值表示。我们把人可以感觉到的某种特定味的最低浓度称为某种呈味物质的阈值。阈值实际上是指为获得感觉上的不同而必须越过的最小刺激值。"阈"的意思是刺激的划分点或临界值。例如,我们把食盐溶解在有限的水中,可以感觉到这时水是咸的,但是如果把少量食盐溶解在大量水中,也就是把食盐稀释至极淡,这时再品尝就会发现溶有食盐的水与清水没有任何口味上的差别。这就是说,人的味觉感受器能够感觉到的咸味的浓度必须在一定浓度以上。当然,这种浓度在不同人和不同试验条件下也存在着一定的差别,而只要在有许多人参加评味(如评食盐溶解于水后的咸味)的条件下,当半数参评者感到食盐溶液具有咸味时,这时的食盐溶液浓度就被称为食盐的阈值。所以,某种呈味物质能使人的味觉感受器产生刺激反应的概率达到 50% 时的数值,就被定为该种呈味物质的阈值。对咸、酸、甜、苦这几种基本味来说,不同的呈味物质之间,其呈味阈值是不同的。即使是在同一种味觉的不同呈味物质之间,其呈味阈值也是各不相同的,有时差异甚至很大。表 9-1 列出了几种常见呈味物质的阈值。呈味物质的阈值越小,人体对其敏感性越高。

表 9-1　几种常见呈味物质的阈值(25 ℃)

味(物质)	阈值	味(物质)	阈值
酸(柠檬酸)	0.0025	咸(食盐)	0.08
甜(蔗糖)	0.5	鲜(谷氨酸钠)	0.03
苦(盐酸奎宁)	0.0001	涩(青苹果)	0.0023
辣(辣椒素)	0.0002		

（四）味觉的影响因素

❶ 环境、气候因素　正常人晨起味觉差,晚上味觉强。北方人喜咸味是因为气候寒冷,南方人喜清淡是因为气候温和。川、湘、黔等地喜食麻辣,是因为气候潮湿,麻辣味能增高皮肤表面张力,促进骨骼、关节多余水分渗出。西北地区喜食酸味,是因为西北地区干燥,酸可使皮肤黏膜收缩,体内水分不至大量外逸。

❷ 健康状态　人们常因感冒、发热、病毒感染而食欲减退、厌食。如很多人因感染新冠病毒而味觉或嗅觉出现短暂性消失,甚至更严重的后果。

当人恐惧、愤怒时,胃及其他消化腺分泌物显著减少而影响味觉。过度疲劳、紧张工作的人,也会感到"食之无味",心里紧张会引起人的味觉下降。

人的血液中缺氨基酸时想吃肉,缺糖时想吃饭,缺维生素时想吃蔬菜瓜果,但一旦吃多了又会有味觉厌食情况。健康人味觉强,生病时味觉差,这是因为口腔舌黏膜发生变化,引起味觉发生障碍。

缺锌会使身体功能出现诸多障碍,表现最明显的就是常常感到味觉异常,吃东西不香。其原因除了舌头上味蕾数目减少和牙齿缺损影响咀嚼外,锌的缺乏也是重要原因之一。体内缺锌越多,味觉就越差。这是因为锌有参与味觉素合成、增强味蕾功能、营养味蕾以及促进食欲的作用。

❸ 年龄　婴儿的味蕾多达上万个,不仅舌头上有,脸颊内侧的黏膜和嘴唇黏膜上都有。随着婴儿的成长,味蕾的数目会减少,成人舌头上的味蕾大约有 5000 个,其他部位约有 2500 个。

随着年龄的增长,人的味觉也在逐渐衰退,有学者通过实验发现,通过感受器把刺激传到味觉中枢的能力并不会随年龄增长而下降,与中枢神经的信息处理能力相比,味觉的衰退可能与味蕾数目的变化关系更密切。从 60 岁开始,味觉的敏感度呈下降趋势,尤其是 75 岁以后,味蕾的数目会明显减少。这就可能给老年人带来不便,他们无法更好地品尝出食物的味道,而且会导致吃什么都不香,无法享受到吃美食的快乐,从而对一些有利于健康的食物不感兴趣,无食欲,最终影响身体健康。

此外,人老了以后,唾液分泌也大为减少。人的唾液不仅能起到润湿食物和溶解食物的作用,而且还具有随时洗涤口腔的作用。洗涤口腔可以使味蕾不容易受其他夹杂物质的影响,以达到更精确地辨别食物滋味之目的。所以,老年人由于味蕾数目和唾液分泌这两个生理因素随着年龄的增长而降低,味觉敏感度大为减退,有时甚至对咸味失去正确的判断,将咸味与酸味错误地等同起来。

因此,基于老年人味蕾数目减少而引起味觉敏感度迟钝这一现象,我们在制作老年人食用的食品或菜肴时,可以有意识地、人为地加重一些食物的口味,以适应老年人的口味需要,但过多的盐会增加肾的负担,增高发生高血压的风险。

❹ 温度　由于物质的溶解度受温度的影响较大,即使同一种食物,在不同温度下品尝时,其味感也是有差异的。对于大多数食物,温度越高,味觉感受越敏感,30 ℃时最敏感,高于或低于此温度时味觉感受都将变得迟钝。温度对呈味物质的阈值也有明显的影响,因此新鲜出炉的蛋糕和面包口感最好,冷却后口感欠佳。

Note

对于那些适合冷吃的食品,制作时可以人为地将口味调重一些。尤其在冬季更应注意这一点,以弥补由于食品的温度低而产生口味不足的影响。但这必须以不影响人们品尝食品的舒适感为限。

❺ 浓度　呈味物质的浓度不同,味感不同。呈味物质浓度越高,味感越强烈。适当地增加甜度,人们能够欣然接受,而若苦味、咸味过重,往往使人产生不愉快的感觉。

当我们制作那些适合冷吃的食品时,调味偏重就是提高了溶液中呈味物质的浓度,这样品尝时就可使舌头表面单位面积内呈味分子的数量增多,这些呈味分子进入味孔的机会也就增多,因而刺激味觉神经的作用增强,食物中呈味物质的呈味强度提高。

❻ 醇厚感与颗粒度　除淀粉、胶体等物质因黏度增大,进而增强菜肴的醇厚感外,很多情况下是因为食物中的呈味物质成分多,并含有肽类化合物及芳香类物质,能够使味感相互均衡协调而留下良好的厚味。传统鲁菜熬制高汤的口诀就是"无鸡不鲜,无肘不浓,无骨不香,无水不纯"。如果食物的汤汁中缺少水解动物蛋白(HAP)、水解植物蛋白(HVP)等成分,则很难有醇厚感。与黏度不同,醇厚感是指味觉丰满、厚重的感觉,涉及味的本质,属于化学现象。良好的黏度可以导致或改善食物的醇厚感。例如,适当浓度的味精和食盐的水溶液只能产生非常单薄的鲜味,但是加入适量水解动物蛋白或者水解植物蛋白,则不仅提高了鲜味强度,而且可以产生一定的醇厚感。现在食品行业中的调味师还广泛使用酵母抽提物(商品名为酵母浸膏)来使食物产生均衡的味感,以促进诸味协调,形成醇厚感,并留有良好的厚味,提高食物的品质。这是因为酵母浸膏中含有核苷酸类鲜味成分和较多肽类化合物及芳香类物质。因而酵母抽提物也成为常用的风味醇厚调整剂之一。可见产生醇厚感的原因之一是诸多呈味成分的协调作用。

烹饪中常见的鸡汤、高汤虽为液体的汤汁,但淡而不薄,给人以鲜美醇厚的感觉。品尝时味感连绵不绝,后劲不断,越品尝越有味。因此在烹饪中鸡汤、高汤的应用,实际上有助于促进菜肴醇厚感的形成。因为在鸡汤、高汤中除了含有一定量的谷氨酸钠以外,还含有其他多种鲜味物质(如肌苷酸钠、呈鲜味的氨基酸和短肽等),这些鲜味物质之间又可以发生鲜味的相乘作用。这些呈鲜成分的存在和相互作用,使得鸡汤、高汤的鲜味变得格外醇厚浓郁。此外,鸡汤中还含有动物性脂类、矿物质和其他一些辅助呈鲜成分,这些辅助呈鲜成分有的虽然含量甚微,但在呈现鸡汤的醇厚感上却起到了很好的味感辅助作用和诱导作用。

给予有些食品适当的醇厚感与颗粒度会提高其味感。因此,很多品牌酸奶、果汁、饮料常常会通过增加颗粒度来提高产品的口感和风味。

❼ 颜色　有学者研究发现,在甜味溶液中添加绿色色素会显著提高味觉敏感度,而添加黄色色素则会降低味觉敏感度。有趣的是,红色色素对甜味味觉敏感度没有显著影响;在酸味敏感度方面,溶液的黄色和绿色都降低了参与者的敏感度,而红色同样没有影响。在透明溶液中加入红色色素可以降低苦味敏感度,而加入黄色色素和绿色色素则没有这种效果。颜色对盐溶液的味觉检测阈值没有影响。

餐具的颜色也会影响味觉,淡红色、淡黄色会使人感觉有甜味,绿色一般与酸味有联系,黑色则让人感觉有苦味。明色调的食物比暗色调的食物看起来更使人感觉轻松,而混浊的暗色调食物一般难以引起人们的食欲。颜色对味觉的影响,直观地影响着食品消费。例如,食品的包装、盛放食物的餐具、就餐的环境等都会直接或间接地对食品消费选择产生影响。许多研究认为,食品的外包装在形成消费者的预期性味觉体验,决定并导致最终的实际购买行为等方面具有重要的作用。绝大多数消费者是通过食品包装或者食品广告中的色彩信息来感知味觉的。如蛋糕类食品的包装设计最好用淡黄色,这样可以很好地表现蛋糕香甜、松软的口感。另外,消费者会更多地将包装的某种颜色与某特定味道关联在一起。

❽ 溶解速度　溶解速度会直接影响产生味觉的时间,一般情况下,呈味物质溶解快的,味感产生得就快,但消失得也快。溶解慢的物质,味感持续时间比较长。

（1）呈味物质的结构：一般来说，不同的物质结构会引起不同的味感，糖类引起甜味，酸类引起酸味，盐类引起咸味，生物碱类引起苦味。

（2）物质的水溶性：物质必须有一定的水溶性才可能引起味感，完全不溶于水的物质是无味的，溶解度小于阈值的物质也是无味的。水溶性越高，味觉产生得越快，消失得也越快，一般呈现酸味、甜味、咸味的物质有较高的水溶性，而呈现苦味的物质水溶性较差。

❾ **油脂**　油脂不起直接的呈味作用。它对味感的影响是间接的、隐性的。这是因为油脂往往给人以弱的、反应较慢的味感印象。油脂在口腔中的味觉是受诸多影响因素支配的，如油粒的大小、舌头表面形成油膜的厚度、溶解性、扩散性、乳化性等。我们在品尝含有油脂的食物时之所以感觉到它的味道，实际上是含有油脂的乳浊液或混浊液对我们的味觉神经作用的结果。水溶性的呈味物质与油脂形成乳浊液（有时形成混浊液）后，这些乳浊液或混浊液将会粘连在菜肴或面点上，使得我们进食时产生味感。

食物中的油脂会减弱甚至短暂地改变食物的味道。因为食物中的呈味物质都是水溶性的，油脂在口腔内形成的薄膜通过屏蔽作用阻碍了水溶性呈味物质与味觉器官的接触，但是油脂薄膜不可能将口腔内所有味觉器官全部覆盖住，而且油脂薄膜也受到唾液的动态冲刷作用。所以在有油脂存在时，人的味觉感官对各种呈味成分的感知是不同的，是动态变化的，如此便使得风味有了很好的层次感和立体感。油脂的这种作用缓和了呈味物质对味觉器官的刺激强度，使食物的味更加可口。例如，蛋黄酱是一种水包油型的典型乳浊液，而人造奶油与蛋黄酱不同，它是油包水型的乳浊液，即油脂在体系中是大量存在的。由于这两种形态的乳浊液不同，品尝时呈味的特点也不同。蛋黄酱中的呈味物质直接作用于味觉感受器，所以品尝时，能够马上感觉到有明显的滋味。

❿ **形状**　视觉信息对味觉的影响并不仅仅局限于颜色，还包括形状、空间方位、整体效果等。视觉中的几何形状会影响人们的味觉信息处理过程，有大量证据表明，形状会在一定程度上影响味觉评价强度和效价，这些研究大多集中在形状对甜味、苦味和酸味的影响方面。人们会将具有甜味的食物和圆形匹配，苦味的食物则与多角的形状相匹配。现有研究普遍认为，圆润形与甜味相关联，酸味等其他味道与棱角形相关联。人们普遍认为，食品的包装形状越圆润，其味道越甜，而棱角形包装则比圆形包装感觉更酸。

除此之外，人的味觉还受很多因素影响。俗话讲"饥不择食"，当你处于饥饿状态时，吃什么都感到格外香；当情绪欠佳时，总感觉食物没有味道，这是心理因素在起作用。刚刚进入鱼店时，会嗅到强烈的鱼腥味，可是随着在鱼店逗留时间的延长，所感受到的鱼腥味渐渐变淡，长期在鱼店工作的人甚至可以忽略这种鱼腥味的存在。味觉也有类似现象，例如，吃第二块糖总觉得不如第一块糖甜。经常吃鸡鸭鱼肉，即使山珍海味、美味佳肴也不感觉新鲜，这是味觉疲劳现象。味觉疲劳发生在感官的末梢神经、感受中心的神经和大脑的中枢神经上，疲劳的结果是感官对刺激感受的敏感度急剧下降。嗅觉器官若长时间嗅闻某种气体，就会使嗅觉感受体对这种气味产生疲劳，敏感度逐步下降，随着刺激时间的延长，机体甚至达到忽略这种气味存在的程度。感觉的疲劳程度依所施加刺激强度的不同而有所变化，在去除产生感觉疲劳的强烈刺激之后，感官的敏感度会逐渐恢复。一般情况下，感觉疲劳产生得越快，感官敏感度恢复得越快。要注意的是，强烈刺激的持续作用会使感觉产生疲劳，敏感度降低，而微弱刺激的结果会使感官敏感度提高。我们可以利用后者进行感官评价员的培训，使其感官敏感度得到大大提高。

二、滋味及呈味物质

风味物质有多种分类方法，通常人们习惯按照风味物质的来源对风味物质进行分类，如天然风味物质和人造风味物质。《美国联邦法规》（CFR）对天然风味物质的定义：天然风味物质是指精油、油性树脂、提取物、蛋白质水解物、馏出物、任何焙烧产物、热裂解或酶催化产物等，这些物质包含一些特殊风味组分，来自香料，水果或果汁，蔬菜或蔬菜汁，食用酵母，香草，树皮、根、叶或类似的植物性原料,肉类,海鲜,家禽,蛋品,乳制品,发酵产品等天然原料。这些天然原料的作用主要是贡献风味物质,而不是营养品。这些天然原料要在国家认可的物质安全列表中。CFR对人造风味物质的定义:一类风味物质,赋予食品风味,但不是天然风味物质。一般来说,人造风味物质多是化学法合成的、具有比天然风味物质更强的香气或滋味的化合物单体或混合物。这类非天然的风味物质允许使用的种类不多,用量也有严格限制。

另外,根据风味物质的挥发性可将风味物质分为挥发性风味物质和非挥发性风味物质。与此分类方法密切相关的另一分类方法是将风味物质分为香味物质(挥发性)和呈味物质。香味物质是刺激人的嗅觉感受器产生嗅觉的物质,而呈味物质是刺激人的味觉感受器产生味觉的物质。

（一）酸味及酸味物质

酸味是由舌黏膜受到质子(H^+)刺激而引起的感觉。食物中常见的酸味剂有食醋、柠檬酸、苹果酸、乳酸、葡萄糖酸等。酸味物质是食品和饮料中的重要成分或调味品。酸味能促进消化,防止食物腐败,增进食欲,改良风味。酸味是由质子(H^+)与存在于味蕾中的磷脂相互作用而产生的味感。因此,凡是在溶液中能离解出质子的化合物都具有酸味。在相同的pH下,有机酸的酸味一般强于无机酸,这是因为有机酸的酸根、阴离子在磷脂受体表面的吸附性较强,从而减少受体表面的正电荷,降低其对质子的排斥能力,有利于质子与磷脂作用,所以有机酸的酸味强于无机酸。有机酸的酸味阈值为pH 3.7～4.9,而无机酸的酸味阈值为pH 3.5～4.0。有机酸种类不同,其酸味特性一般也不同。

酸味的品质和强度除取决于酸味物质的组成、pH外,还与酸的缓冲作用和共存物的浓度、性质有关,甜味物质、味精对酸味有影响。酸味强度一般以结晶柠檬酸(一个结晶水)为基准,定为100,则无水柠檬酸的酸味强度为110,苹果酸为125,酒石酸为130,富马酸为165。

（二）甜味及甜味物质

甜味是人们最喜欢的基本味感。它能够用于改进食品的可口性和某些食用性质。甜味物质种类很多,烹饪中常用的甜味剂是蔗糖,包括白糖、红糖、冰糖,除此之外还有乳糖和麦芽糖。

甜味的强弱称作甜度。甜度只能靠人的感官品尝进行评定,一般以蔗糖溶液作为甜度的参比标准,将一定浓度蔗糖溶液的甜度定为1(或100),其他甜味物质的甜度与它比较,根据浓度关系来确定甜度,这样得到的甜度称为相对甜度。评定甜度的方法有极限法和相对法,前者是品尝出各种物质的阈值浓度,与蔗糖的阈值浓度相比较,得出相对甜度;后者是选择蔗糖的适当浓度,品尝出其他甜味剂在该相同甜味下的浓度,根据浓度大小求出相对甜度。

影响甜度的因素包括以下几个方面。

❶ **聚合度的影响** 单糖和低聚糖都具有甜味,其甜度顺序是葡萄糖＞麦芽糖＞麦芽三糖,而淀粉和纤维素虽然基本构成单位都是葡萄糖,但无甜味。聚合度高时,甜度反而小。

❷ **糖异构体的影响** 异构体之间的甜度不同,如α-D-葡萄糖＞β-D-葡萄糖。

❸ **糖环大小的影响** 如结晶的β-D-吡喃果糖(六元环)的甜度是蔗糖的2倍,溶于水后,向β-D-呋喃(五元环)果糖转化,甜度降低。

❹ **糖苷键的影响** 如麦芽糖是由两个葡萄糖通过α-1,4-糖苷键形成的,有甜味;同样由两个葡萄糖组成而以β-1,6-糖苷键形成的龙胆二糖,不但无甜味,反而还有苦味。

❺ **结晶颗粒的影响** 商品蔗糖结晶颗粒小。一般绵白糖的甜度比白砂糖高。

❻ **温度的影响** 在较低的温度范围内,温度对大多数糖的甜度影响不大,尤其对蔗糖和葡萄糖影响很小,但果糖的甜度随温度的变化较大,当温度低于40 ℃时,果糖的甜度较蔗糖高,而在温度大于50 ℃时,其甜度反而比蔗糖低。这主要是由于高甜味的果糖分子向低甜味异构体转化。甜度随温度变化而变化,一般温度越高,甜度越低。

沙伦伯格
理论

❼ **浓度的影响**　糖的甜度一般随着糖浓度的增大而增高。在相等的甜度下，几种糖的浓度从小到大的顺序是果糖、蔗糖、葡萄糖、乳糖、麦芽糖。

食品中的甜味物质种类很多，按来源分为天然甜味物质和人工合成甜味物质，按种类可分为糖类甜味剂、非糖天然甜味剂、天然衍生物甜味剂、人工合成甜味剂。

糖类甜味剂包括糖、糖浆、糖醇。该类物质是否甜，取决于分子中碳原子个数与羟基个数的比值，碳原子个数与羟基个数的比值小于 2 时为甜味，比值为 2～7 时产生苦味或甜而苦，比值大于 7 时则味淡。

非糖天然甜味剂是一类天然的、化学结构差别很大的甜味物质，主要有甘草酸（glycyrrhizin，相对甜度为 100～300）、甜叶菊苷（stevioside，相对甜度为 200～300）、苷茶素（相对甜度为 400）。以上几种甜味剂中甜叶菊苷的甜味最接近蔗糖。

（三）苦味及苦味物质

苦味是分布广泛的味感，食品中有很多苦味物质。单纯的苦味让人感到不适，人们是不喜欢的，但当苦味与甜味、酸味或其他味感物质适当调配时，其能起到丰富或改进食物风味的特殊作用。例如，苦瓜、白果、咖啡、啤酒、茶中的苦味是许多人所喜欢的。存在于食物中的苦味物质，来源于植物的主要有生物碱、萜类、糖苷、苦味肽四类，来源于动物的主要有苦味肽、某些氨基酸、胆汁。此外，一些含氮有机物（如苦味酸、甲酰苯胺、甲酰胺、苯基脲、尿素等）以及一些无机盐类（如 Ca^{2+}、Mg^{2+}、NH_4^+ 等离子）也有苦味。烹调加工不当也可能产生苦味，如焦糖化反应或美拉德反应过度产生焦苦味，有的原料加热时产生苦味氨基酸或苦味肽等。

苦味物质的结构特点如下：生物碱碱性越强，苦味越重；糖苷类碳原子个数与羟基个数的比值大于 2 时有苦味；D 型氨基酸大多有甜味，L 型氨基酸有苦有甜，当 R 基团大（碳原子个数大于 3）并带有碱基时以苦味为主。

（四）辣味及辣味物质

辣味是刺激口腔黏膜、鼻腔黏膜、皮肤、三叉神经而引起的一种痛觉，是一种尖锐的刺痛感和特殊的灼烧感的总和。适当的辣味也有增进食欲、促进消化液分泌的功能。天然食用辣味物质按其味感的不同大致分为热辣（火辣）味物质、麻辣味物质、辛辣味物质等。属于热辣味的有辣椒中的辣椒素；属于麻辣味的有花椒中的花椒素；属于辛辣味的有姜中的姜醇、姜酚、姜酮肉，肉豆蔻和丁香中的丁香酚，胡椒中的胡椒碱等。

（五）咸味及咸味物质

民以食为天，食以味为先，味以咸为首。咸味是人类最基本的味感，人们常将咸味称为"百味之首"。

咸味是中性盐所呈现的味感，或者说咸味在食物中是矿物质的信号。在所有的中性盐中，氯化钠的咸味最醇正，在化学上属于中性盐的物质还有许多种，它们都能在一定程度上产生咸味，如氯化钾、氯化铵、溴化钠、溴化钾、碘化钠等，都具备咸味的特征。苹果酸钠、葡萄糖酸钠也具有醇正的咸味，可用于制作无盐酱油和满足肾脏病患者的特殊需要。

（六）鲜味及鲜味物质

鲜味是十分复杂的综合味感。菜肴之所以称为山珍海味，鲜味起着至关重要的作用。菜肴的鲜味是由一定量的鲜味物质呈现出来的。能够呈现鲜味的物质很多，大体可以分为三类：氨基酸类、核苷酸类和有机酸类。目前市场上作为商品鲜味调料出现的主要是谷氨酸类和核苷酸类。在亚洲，味精是很流行的调味品，它能增加食物的鲜味。味精的主要成分是谷氨酸钠。谷氨酸钠是一种氨基酸——谷氨酸的钠盐，氨基酸能够组成蛋白质，而蛋白质在生命活动中起着非常重要的作用，因此氨基酸也被称为蛋白质的"砖块"，它们是人体必需的物质。鲜味是蛋白质的信号，人一旦缺乏蛋白质，就迫切想吃鲜味的东西,含蛋白质多的食物通常会给人们带来鲜味,比如肉、肉汤、鱼、鱼汤、虾蟹类、蛤蜊等,都有很多鲜味成分。这些鲜味成分不是一种物质就可以概括的,氨基酸、含氮化合物、有机酸等都有。味精的鲜味相对比较单一,主要成分是谷氨酸钠,所以说,鲜味不像咸味那样,主要由氯化钠产生而比较典型。面对复杂的含鲜味的食物,很简单地去讲明白是非常困难的事情。鲜味是食物的一种复杂而醇美的感觉,是体现菜肴滋味的一种十分重要的味。鲜味通常不能独立作为菜肴的滋味。在应用过程中,鲜味一般在咸味的基础上,方可呈现最佳效果。咸可增鲜,酸可减鲜,甜鲜混合,而形成复合的美味,可使鲜味较弱或基本无鲜味的原料经过烹调后增加鲜美滋味。

（七）涩味及涩味物质

涩味实际上是舌黏膜、口腔黏膜收缩引起的粗糙褶皱的收敛感觉。食品中涩味物质主要有单宁、金属（如铁盐）、明矾、醛类等。单宁是最突出的涩味成分,如黄瓜皮的涩味源于单宁;茶叶、葡萄酒、柿子、香蕉、菠菜、石榴等果实中都含有涩味物质,茶叶、葡萄酒的涩味是人们可以接受的,但未成熟柿子的涩味必须脱除,它的主要涩味成分是以缩合型单宁为基本结构的糖苷,属于多酚类物质。柿子成熟过程中,在酶的催化下多酚类化合物氧化并聚合成不溶性物质,涩味就会消失。可以用焯水法去除竹笋中的单宁或菠菜中的草酸,从而脱除涩味。

三、呈味物质的相互作用

技术高超的烹饪大师,在制作菜肴的调味过程中,常常需在同一菜肴中加入两种或两种以上的不同调味料。这时菜肴所呈现出来的味已不是单一的味,而是复杂的综合味。由两种或两种以上呈味物质混合后所呈现出来的味称为复合味。丰富多样的各种菜肴所呈现出来的绝大多数味属于复合味。各种单一味道的物质在烹调过程中以不同的比例、不同的加入次序、不同的烹调方法,就能够产生众多的复合味。不同的单一味相互混合在一起,这些味与味之间可以发生相互作用,使其中每种味的强度在一定程度上发生改变。例如,我们调味时在咸味中加入微量的食醋,就可以起到使咸味增强的作用。又如我们在酸味中加入具有甜味的食糖,则可以产生使原来的酸味强度变弱并达到酸味柔和的效果。

我国菜肴的品种琳琅满目,口味丰富多样,并且变化范围很广,烹调中常见的复合味有酸甜味、甜咸味、鲜咸味、麻辣味、酸辣味、香辣味、咸辣味、糟香味、鲜香味、怪味等。这些复合味的产生,有些是在调味制品厂预先加工好的,如甜面酱、山楂酱、辣油、虾籽酱油等;大多数复合味是在烹调过程中产生的,当原料下锅后,选择适当的时机,按照菜肴口味的需要依次加入不同调味料;有些是厨师在烹调菜肴前预先调配好的调味汁或调味用品,如椒盐、香糟汁、花椒油、芥末汁、粮醋汁等。

不同呈味物质之间的相互作用,会对味觉的变化产生一定的影响,主要可分为以下几种情况。

（一）对比作用

对比作用是指两种或两种以上的呈味物质以适当的数量混合在一起,导致其中一种呈味物质的味感变得突出的现象。经验告诉我们,当我们品尝咸的食物后,再去品尝甜的食物,即使它的甜度在最低呈味浓度以下,我们仍能感觉到甜。我们就餐时如果先吃甜食,再去吃别的东西,明显感觉酸味更重,咸味更咸。吃菠萝的时候若加入少许盐就会感觉到菠萝特别甜。另外,鲜味中适当加入食盐会增加原有的鲜味,咸味物质中加糖也会起到适度的提鲜作用,苦味可使酸味更加明显。烹饪中常讲的"要得甜,加点盐"也是这种味的对比现象在调味中的具体应用。又如,味精只有在食盐存在的情况下才能显示出鲜味,如果不加食盐,味精不但毫无鲜味,甚至还有某种腥味的感觉,给人以一种不愉快感。这种鲜味与咸味之间的相互作用也属于味的对比现象。

在烹调菜肴过程中,我们常常有意或无意地利用到这种味的对比现象。如在制汤时,其鲜汤的鲜美滋味一定要在加入适量的食盐以后才能显现出来,行业中称为"提鲜增味"。又如在面点制作中,豆沙馅中常常要加点盐以增加甜味,并降低成本,这种情况在制作大量甜味馅心时尤为多见。

（二）相乘作用

相乘作用是指两种或两种以上同种味觉的呈味物质混合在一起,可使味觉猛增的现象。这一现象在生活中应用广泛,味精是常用的增鲜剂,它与肌苷酸、鸟苷酸协同作用,可起到增鲜、提鲜的作用。市售的味极鲜就是利用呈味物质的相乘作用将两种或两种以上呈味物质按照一定的比例复配而制得的。

人们常用仔鸡炖蘑菇,作为宴席中的佳肴,由于鸡肉中含有谷氨酸,蘑菇中含有鸟苷酸钠,两者混合,鲜味可增加几十倍,这是味觉的一种相乘现象。更有趣的是,有人将两种糖混合后,其甜味竟也大大增加了,如将 13% 的葡萄糖与 27% 的蔗糖混合,它的甜味竟与 40% 的蔗糖相似。

在烹调中我们为了增强菜肴的鲜味,也常常运用这种味的相乘作用。如在制作某些炖、煨的菜肴时,经常要选用数种不同的原料,一般是将富含肌苷酸的动物性原料(鸡、鸭、蹄髈、猪骨、鱼、蛋等)与富含鸟苷酸、鲜味氨基酸和酰胺的植物性原料(竹笋、冬笋、香菇、蘑菇、草菇等)混合在一起进行炖、煨,利用这些原料中不同物质之间发生鲜的相乘作用,使整个菜的鲜美滋味在很大程度上有所提高。

（三）相消作用

相消作用是指某种呈味物质因加入了另一种呈味物质,而使得味感变弱或消失的现象。当厨师在烹饪时,不小心盐加多了,他会适当再加入一些糖或味精来减弱这种咸味或使咸味变得更加柔和。另外,咸味的存在会减弱辣味,糖中加醋会降低甜度,苦味中加入甜味会抑制苦味,酸味能使咸味减弱,鲜味也能使酸味缓和,产于西非的神秘果会阻碍味觉感受器对酸味的感觉。食用过神秘果后,再食用带酸味的物质,会感觉不出酸味的存在。匙羹藤酸能阻碍味觉感受器对苦味和甜味的感觉,但对咸味和酸味无影响。日常生活中,因为有谷氨酸的存在,盐腌制品同相同浓度的食盐溶液相比,感觉咸度不高,如酱油、咸鱼等含有 20% 左右的食盐和 0.8%~1.0% 谷氨酸。糖精是常用的合成甜味剂,但其缺点是有苦味,如果添加少量谷氨酸钠,其苦味就会明显缓和。

烹饪过程中,如果不慎将菜肴的口味调得过酸或过咸,有经验的厨师常常用添加适量食糖的方法来减弱酸味或咸味,实际上就是利用了糖与食盐或乙酸之间具有味的相消作用的原理来达到菜肴口味减酸或减咸的目的。又如,糖醋味的形成,也是人们有意识地利用砂糖与食醋之间发生了味的相消作用而产生的一种味型。

（四）变调作用

变调作用是指受某种呈味物质的影响,另一种味觉的呈味物质较其原有的味觉发生改变的作用。当两种刺激先后施加时,一种刺激造成另一种刺激的感觉发生本质变化时的现象,称为变调现象。例如,尝过氯化钠或奎宁后,即使再饮用无味的清水也会感觉有甜味。对比现象和变调现象虽然都是前一种刺激对后一种刺激的影响,但后者影响的结果是本质的改变,上例中的清水本质是无味的,由于刺激的相互影响,机体感觉到清水的本质发生变化,有了甜味。

味觉的变调现象有三种情况。一是简单变调,如吃了苦的东西后,再喝普通而无味的水,会感到甜。二是适应性变调,如常吃苦瓜的人,不觉苦瓜之苦;常喝蜂蜜之人,不觉蜂蜜之甜。又如初次喝啤酒,往往说是马尿味,喝几次就习惯了,这是一种味觉的适应。三是混合变调,人的单纯味觉只有基本的酸、甜、苦、咸四种,其他味道都是它们混合后产生的不同变化,如白酒的酿制、酱油的配方、多味的制作等,都是混合变调后出现的独特风味。

食品感官评定时,评判员们往往在品尝了某道菜肴后,要用无味的白开水漱口多次,间歇数秒后,再继续品尝下一道菜肴,其目的之一就是防止在连续品尝不同的菜肴时发生味的变调作用,洗涤口腔可使舌头表面的味蕾不再受到前一道菜肴中某些残存的呈味物质的影响,以达到更精确地辨别下一道菜肴的口味之目的。

→ **任务描述**

人们通常从色、香、味三个方面去评价烹饪,食品的香味往往起着决定性的作用。在很多时候,能够让我们产生饥饿感、吊起我们食欲的,大多是菜肴的香气。食品加工过程中,常伴随着气味的增强或减弱,有些甚至会有所改变,学习了本任务中食品香气的形成过程后就可以解释这些现象。

→ **任务目标**

(1)了解嗅觉产生的生理基础。
(2)熟悉嗅觉的特征。
(3)掌握香气的分类与评价。
(4)理解烹饪中香气的形成途径。

→ **知识精讲**

一、嗅感概述

(一)嗅觉产生的生理基础

几乎所有生物都会在其外部环境中对气味做出反应,无论是简单的单细胞生物(如细菌和原生生物),还是复杂的后生动物(如哺乳动物和软体动物),都具有气味的感知能力。这种感知能力的存在提供了大量有关食物、危险、交配、保卫其领土等非常具体而有用的信息。因此,大多数生物依靠它们的嗅觉系统来保证生存和繁衍。

嗅觉是一种由感官感受的知觉。它由两个感觉系统参与,即嗅神经系统和鼻三叉神经系统。嗅觉和味觉会整合和相互作用。嗅觉是外激素通信实现的前提,被认为是一种特殊的化学感觉。从气味物质进入鼻腔开始到最终在大脑中形成诸如"甜味""麝香味""鱼腥味"等嗅觉感受的过程,在动物的生命活动中起着重要作用,是生物体感受外界环境的一种生理过程。生物嗅觉系统依靠自身极高的敏感度和特异性可以识别环境中成千上万种不同的气味分子,以获得对外界环境的直观感觉联系,帮助我们感知周围环境中的气味。许多动物在很大程度上依赖嗅觉协助活动,来完成交配、觅食、避开天敌、识别有毒物质以及群体交流等。此外,嗅觉在配偶的选择、母子识别以及信号交流中也发挥着重要作用。

❶ **嗅觉的形成** 嗅觉是由挥发性物质刺激鼻腔中的嗅细胞,引起嗅觉神经冲动,冲动沿嗅神经传入大脑皮质而引起的感觉。嗅觉的刺激物必须是气体物质(嗅感物质),只有挥发性物质的分子,才能成为嗅细胞的刺激物。嗅觉感受器位于鼻腔顶部,称为嗅黏膜,面积约为 5 cm²,在鼻腔上鼻道内有嗅上皮,嗅上皮中的嗅细胞是嗅觉器官的外周感受器。人类鼻腔每侧约有 2000 万个嗅细胞。嗅细胞的黏膜表面带有纤毛,可以与有气味的物质接触。人在正常呼吸时,嗅感物质随空气流进入鼻腔,溶于嗅黏液中,与嗅纤毛相遇而被吸附到嗅黏膜的嗅细胞上,然后通过内鼻进入肺部。溶解在嗅黏膜中的嗅感物质与嗅细胞感受器膜上的分子相互作用,生成一种特殊的复合物,再以特殊的离

嗅觉的生活意义

无处不在的嗅觉受体

Note

子传导机制穿过嗅细胞感受器膜,将信息转换成电信号。经与嗅细胞相连的三叉神经的感觉神经末梢,将嗅黏膜或鼻腔表面感受到的各种刺激信息传递到大脑。

❷ **嗅觉的产生机制**　一般来说,气味分子由位于嗅细胞树突末端的嗅觉纤毛所接受,然后传送到细胞质,接着到达神经元的输出延伸物——轴突。轴突会穿越筛骨板,与前脑叶下侧的两个嗅球会合,嗅球本身借嗅脚与大脑相连;嗅神经在此开始分支,向内嗅中枢和外嗅中枢分布,直到大脑的嗅觉区。嗅觉神经系统传递到脑神经的神经通路大致分为三个部分:前段、中段以及后段。前段是基本的嗅觉神经系统,负责气味信息的基础处理,地球上的化合物中约 20% 具有独特气味,如自然界的花香味、青草味、水果味等。气味剂与气味受体结合,受体就会发生结构变化,随后嗅上皮将化学信号转换为电信号,传递到嗅球层,嗅球层对气味信息进行编码,再由嗅皮质对气味信息做进一步的处理,为嗅觉的产生、记忆等做准备,前段的嗅皮质主要是指前嗅核和梨状皮质。中段也是嗅皮质的一部分,包括杏仁核和内嗅皮质,接受来自嗅球层和梨状皮质的投射。杏仁核根据气味信息引发一系列的情绪反应,例如,当机体闻到清甜的花香时,杏仁核调节产生积极的情绪反应,心情变得愉悦。内嗅皮质处理气味信息,为输入海马形成记忆做准备。后段指的是海马和下托,海马主要由齿状回、海马结构等组成,是形成记忆的场所,经下托返回至内嗅皮质,最后,内嗅皮质将记忆信息投射到相关皮质区域进行储存(图 9-2)。

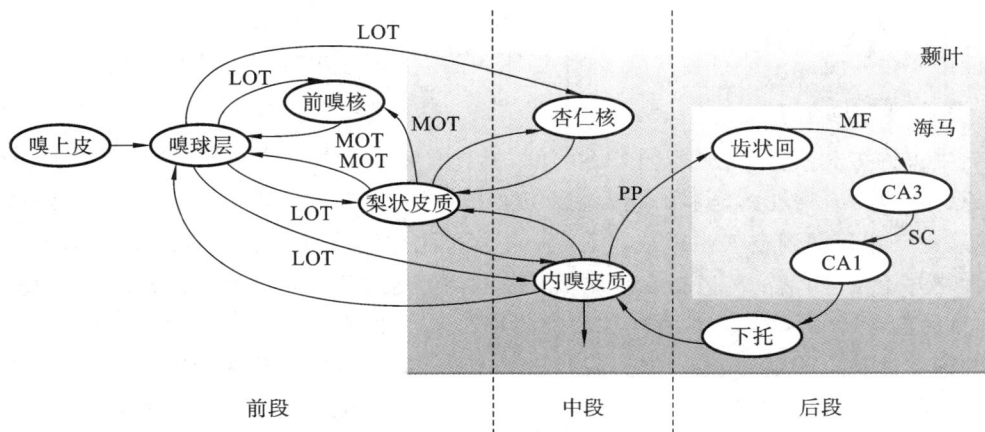

图 9-2　嗅觉神经通路

LOT 为外侧嗅束(lateral olfactory tract),MOT 为中嗅束(medial olfactory tract),PP 为前穿质通路(perforant path),MF 为苔藓纤维(mossy fiber),SC 为谢弗侧支(Schaffer collateral),CA 为海马(cornu ammonis)。海马的横断面(人脑的冠状切面)被人为地分成了 CA1、CA2、CA3、CA4 四段,cornu ammonis 主要用于对这一组织学切面进行描述

(二)嗅觉的特征

❶ **敏锐性**　人嗅觉的敏感度是很高的,比味觉敏感度高很多,通常用嗅觉阈来评定。最敏感的气味物质甲基硫醇只要在 $1\ m^3$ 空气中有 4×10^{-5} mg 就能被感觉到,而最敏感的呈味物质马钱子碱的苦味要达到 1.6×10^{-6} mol/L 的浓度才能被感觉到。这是嗅觉很重要的一个特征,人嗅觉的敏感度,在很多时候甚至超过仪器分析方法测量的灵敏度。嗅觉的个体差异很大,对于同一种气味物质的嗅觉敏感度,不同人具有很大的差别。嗅觉敏感度受到多种因素的影响,例如,身体状况,心理状态,实际经验,环境中的温度、湿度和气压等的明显变化等。某些疾病对嗅觉也有很大的影响,感冒、鼻炎都可以降低嗅觉的敏感度。例如,人患萎缩性鼻炎时,嗅黏膜上缺乏黏液,嗅细胞不能正常工作,可造成嗅觉减退。

❷ **易疲劳、易恢复**　嗅觉是极容易疲劳的,对某一气味闻得过久,嗅觉就会迟钝、不敏感,即疲劳,这是因为当嗅觉中枢神经由于一些气味的长期刺激而陷入负反馈状态时,嗅觉便受到抑制而产生适应性,嗅觉适应有选择性,其进程受气味种类、气味作用时间及气味强度的影响。人对某一种气

味发生嗅觉迟钝之后,对其他气味的嗅觉敏感度仍可保持不变。也就是说,即使处于某一气味环境中,人对该环境气味是疲劳的,并不意味着人对其他气味也疲劳,人的嗅觉对其他气味仍保持敏感,且人对不同气味适应的快慢不同,对有些气味甚至完全不能适应,对一种气味的适应会影响对其他气味的适应。另外,当人的注意力分散时会感觉不到气味,时间长了便对该气味形成习惯。疲劳、适应和习惯这三种现象会共同发挥作用,很难区别。

❸ **差异性** 不同物种之间嗅觉的差异性很大。在嗅觉敏感度上,与传统认知相反,人类与动物相比毫不逊色。嗅觉敏感度通常由测定的嗅觉觉察阈值来评估,即人类受试者或动物能够觉察到特定气味的最低浓度。人类嗅觉觉察阈值约有 3300 个气味物质,相比之下,动物测试中的气味物质总数要低得多。人类对脂肪族羧酸、脂肪族 1-醇和脂肪族乙酸酯的嗅觉觉察阈值,比大多数其他测试物种低。犬类对羧酸敏感;非人灵长类动物由于高度食果性,对水果相关气味(如乙酸酯)高度敏感。

不同的人嗅觉不同,对同一气味的嗅觉敏感度因人而异,即使同一个人,其嗅觉敏感度的波动范围也是较大的。外界条件和人体的内在因素,包括人、标样、溶剂及其环境条件都能对嗅觉产生影响。即使嗅觉敏锐的人也会因气味而异,女性的嗅觉一般比男性敏锐,小孩的嗅觉比成人敏锐,随着年龄增大,嗅觉敏感度会逐渐下降。

❹ **变动性** 嗅觉觉察阈值是指半数评价员能够觉察到嗅觉气味存在的最低浓度值。当人的身体疲劳或营养不良时,嗅觉功能会降低;人在生病时会感到食物平淡不香;女性在月经期、妊娠期或更年期可能会发生嗅觉减退或过敏现象,这都说明人的生理状况对嗅觉有明显影响。

(三)嗅感物质与分子结构

大自然中有许多天然芳香物质,如芳香的鲜花、具有香味的果实等,食品也有独特的芳香气味。许多食品原料本身含有潜在的能够引起人们食欲的气味,并且某些食品经过烹饪之后会散发出更诱人的气味,这种气味扩散到空气中就成了香气,由于这种香气发自食品原料内部,故又称为内发香气。有些食物并不见得有香气,但在食品加工、烹饪、调配等过程中,人们外加香味剂,使其呈现出香气,以增加食品的花样和风味,这种香气称为外源香气。因此,食品的香气是由食品原料本身或外加香味剂中的挥发性物质产生的,人们把这些能够嗅出味的挥发性物质称为嗅感物质。

嗅感物质的一般特征:①具有挥发性;②既具有水溶性(能透过嗅觉感受器的黏膜层),又具有脂溶性(能通过感受细胞的脂膜);③相对分子质量在 26~300 之间。

嗅感物质的气味与分子结构有密切关系,分子结构中对形成气味有贡献的基团(原子)称为发香团(原子)。嗅感物质的发香团主要有—OH、—COOH、—C=O、R—O—R′、—COOR、—C₆H₅、—NO₂、—CN、—ONO、—RCOO—。发香原子主要位于元素周期表中Ⅳ族至Ⅶ族,如 P、As、Sb、S、F。自然界中的基本气味与代表性化合物见表 9-2。

表 9-2　自然界中的基本气味与代表性化合物

基本气味	代表性化合物
薄荷香	薄荷醇、环己酮、叔丁基甲醇
花香	香叶醇、α-紫罗酮、苯乙醇、松油醇
焦糖香	吡喃酮、呋喃酮、环酮
麝香	环十六烷酮、雄甾烷-3-α-醇
樟脑香	D-樟脑、桉树脑、龙脑、叔丁醇、戊基甲基乙醇
鱼腥味	三甲胺、二甲基乙胺、N-甲基吡咯烷
汗味	异戊酸、异丁酸
腐烂味	戊硫醇、1,5-戊二胺、吲哚、3-甲基吲哚

二、香气的分类与评价

（一）香气的分类

香气是重要的食品感官品质之一，决定了消费者的接受度。香气感知是人对香味化合物的化学刺激、生理反应以及心理作用的总和，是人与食品相互作用的结果。香气感知包括前鼻腔和后鼻腔两种路径且互不干扰，前鼻腔路径指通过鼻孔感知环境中的香气，提供对外界环境的预警信号和食品可食用性信息；后鼻腔路径强调在咀嚼食品过程（口腔加工）中所感知的食品香气，提供了对食品接受度、感官享受的信息，也体现了人类的行为学特征。从组成成分来看，香气由多种挥发性的香味物质组成，各种香味的发生与食品中存在的挥发性物质的某些基团有密切关系。香味化合物的化学本质、食品的组成和结构是影响香味化合物在食品中迁移和释放的主要因素。香味化合物的分布取决于它们对不同相的亲和力和它们释放到气相中的能力，其分布将会改变嗅闻食品时或者消费过程中的感官感受。这种分布取决于气相与基质的分配系数，它决定了每种气味在气相中的最大可感知量，反映某类型气味存在与否及香味化合物与相应基质间相互反应的程度。不同非挥发性成分，如蛋白质、脂质、糖类和矿物质的性质在很大程度上影响着香味化合物在食品基质中的保留程度。近年来，为满足消费者对低糖低脂产品日益增长的需求，食品工业不得不从多方面改进食品配方。然而，食品成分的改变可能会引起其结构和风味特性的改变，特别是食品的整体香味强度和个体在鼻腔、口腔感知到的香味特征。

食品香气可直接反映食品的类型和质量，不同食品所产生的挥发性物质的成分和数量不同，其香气存在很大差异。构成香气的化合物主要有酯类、醇类、酸类、醛类、酮类、酚类、杂环类、萜类等，有 200 多种，这些物质不仅气味各异，而且它们之间通过量加作用、协同作用、分离作用以及抑制作用等，使香气多种多样。食品中的香味物质虽然含量很低，但仍能被人的嗅觉器官感觉到。由于香味物质种类繁多，结构复杂，含量极微，还没有测定和分析食品中多种香味物质的仪器，评价食品的香气主要依靠人的嗅觉器官。

任何一种食品的香气都并非由一种呈香物质单独产生，而是多种呈香物质的综合反映，对香气贡献最大的物质，被称为"头香物"。此外，呈香与否还与呈香物质的含量有关。可根据香气的来源不同将其划分为植物性食物香气、动物性食物香气以及发酵食品香气，同时将含有某种特殊香气的原料划分为植物性香料和动物性香料。

❶ **植物性食物香气**　植物性食物香气主要由有机化合物中的烃类、醇类、醛类、酮类、酚类、醚类、酸类、酯类、内酯类、氧化物、含氮化合物、含硫化合物 12 类物质呈现。依据化学分类，呈香物质分子可分为开链化合物、芳香族化合物、氰化芳香族化合物（环萜类）、倍半萜类 4 种，其结构中大多含有双键、羟基（—OH）、醛基（—CHO）、酮基（—CO—）、酯基（—COOR）、氰基（—CN）、硝基（—NO）等。

食品的香气是由多种化合物混合后呈现出来的。比如菠萝味是乙酸至辛酸的酯类，特别是己酸丙烯酯的气味；苹果味是脂肪酸酯类、脂肪醇、芳香族醇以及丙二酸酯类等挥发性物质的气味；苹果中有 100 多种挥发性组分，其中含量较多的是醇、酯、醛和酮类；杏味和桃味主要是乙酸及丁酸与低级脂肪醇所形成的酯的气味；梨香是果类酯、乙酸香叶酯等的气味；橘香是脂肪族醇类和醛类（C_8、C_{10} 和 C_{12}）等的气味。葡萄酒香主要由脂肪酸酯类、邻氨基苯甲酸和桂酸酯类、香叶酯类等的气味组成；白酒香主要来源于酿造原料自身特有的香气和生产过程中形成的外来香气，其香气组分为有机酸、高级醇、酯、醛以及部分酚类物质。紫罗兰香气由紫罗酮的气味组成，香辛料香气由水芹烯等萜类的气味组成。含硫化合物中的硫化丙烯化合物多具有香辛气味。如葱、蒜、韭菜等蔬菜中的香辛成分的主体是二烯丙基硫醚、二硫化二烯丙基等硫化物。此外，杂环化合物中的噻唑类化合物具有米糠香气或糯米香气，维生素 B_1 也有这种香气。

❷ 动物性食物香气与臭气　肉香形成的前体物有氨基酸、多肽、核酸、糖类、脂质、维生素等。肉香中的主要化合物有内酯类、呋喃衍生物、吡嗪衍生物及含硫化合物等。鸡肉香主要由羰基化合物和含硫化合物的气味组成,若除去 2t,4c-癸二烯醛、2t,5c-十一碳二烯醛,鸡肉就失去了独特香气。牛、羊肉的膻气味来源于脂质中特有的脂肪酸,如羊肉中含有的 4-甲基辛酸和 4-甲基壬酸。

新鲜乳香气的主要来源是二甲基硫醚(阈值为 12 $\mu g/L$),其含量稍高就会产生异味;此外,还有低级脂肪酸、醛类、酮类等。鲜乳中分离出的 δ-癸酸内酯具有乳香气,现已用作人工合成调香剂和增香剂;酸奶中丁二酮是其特征风味成分;奶酪的风味在乳制品中是最丰富的,含有酯类、羰基化合物、游离脂肪酸等前体物。

❸ 发酵食品香气　生活中饮用的酒主要由酵母发酵形成。白酒中的香味成分有 300 多种,呈香物质以各种酯类为主体,而羰基化合物、羧酸类、醇类和酚类也是重要的香味成分。

酱油、酱类利用曲霉、乳酸菌和酵母发酵。酱油呈香物质的主体是酯类,甲基硫是构成酱油特征香气的主要成分。食醋是用酵母和醋酸菌发酵而成的,食醋中乙酸含量高达 4%,香味成分以乙酸乙酯为主。

(二)香气的评价

❶ 香气阈值　香气阈值是指在同空白试验进行比较时,能用嗅觉辨别出该种物质存在的最低浓度,在此浓度下要鉴别香气性质往往是不大可能的。香气阈值还会受到其他香味物质的影响,例如取适当的配比时,两种香味物质的香气可能会互相抵消;或者一种香味物质的较强香气,会受到另一种较弱香气或无香气成分的影响而改变其原来的香气。因此除了无气味的气体和水以外,一切挥发性物质都应当被称为香味物质,有些香味物质在食品中以较高浓度存在;或者有的香味物质因具有强香,即使在较低浓度时,也能产生很好的香气。

❷ 香气值　判断一种物质在食品香气中所起作用的数值称为香气值,它是香味物质浓度与香气阈值之比:

香气值＝香味物质浓度/香气阈值

香气值<1 时,通常人的嗅觉器官对该物质的香气就无感觉。因此,也可利用香气值来判别一种未知香气的性质。

大多数食品中含有多种香味物质,其中某一种组分往往不能单独表现出食品的整个香气(香辛料例外)。食品中香味物质总含量大致为 1～1000 mg/kg(如水果中为 10～100 mg/kg)。通常香味物质在食品中的含量是极微的。近 20 年来,利用色谱分析方法,特别是联合运用气相色谱与质谱、红外光谱、薄层色谱等分析方法,已能鉴别出食品香气中的复杂组成成分。

三、烹饪中香气形成的途径

烹饪食品中香气由多种挥发性化合物组成,对于人们对食品的口感、满意度和偏好性有重要影响。不同类型和来源的食品具有不同特征和复杂的香气,其形成途径也各不相同。下文列举了五种常见的烹饪香气形成途径,即生物合成作用、酶的作用、微生物发酵作用、热分解作用以及调香作用。

(一)生物合成作用

❶ 糖源气味物质　在糖源气味物质中,大部分气味物质是以初级代谢(糖酵解、三羧酸循环、戊糖磷酸循环等)过程产生的初级代谢产物为前体合成的次级代谢产物。其中较突出的例子是呋喃酮和呋喃酮甲醚,它们是草莓和菠萝的主要芳香物质。

❷ 萜类化合物　植物精油中的许多化合物是由活性异戊二烯单元、二甲基烯丙基二磷酸和异戊烯焦磷酸合成的。因此,这些化合物属于最多样化的天然产物家族——萜类化合物,也称之为类异戊二烯。草本植物和柑橘类水果等产精油植物可在特定组织如腺毛、油管或分泌囊中积累萜类化合物。不含精油的水果和蔬菜中也存在一部分低浓度的萜类化合物。因其觉察阈值低,故有助于形

评香的流程

成特殊的水果和蔬菜香气。

❸ **脂肪酸源气味物质**　脂肪酸是形成水果香味物质的主要前体物质,支链脂肪族醇、醛、酮和酯类物质主要来源于脂肪酸的代谢。水果的清香型气味主要来自 C_6 和 C_9 的醛类及醇类物质,它们是由前体物质脂肪酸经脂氧合酶途径逐步过氧化、裂解及还原形成的。脂氧合酶途径是植物应激反应的一种,这种途径可以产生绿叶挥发物,这些挥发物是不饱和脂肪酸的局部氧化和不同底物产生氢过氧化物的结果。

❹ **氨基酸源风味剂**　支链和芳香族氨基酸、半胱氨酸和蛋氨酸或生物合成过程中的中间体,通常是花香和果蔬香气中丰富的气味前体。特别是来源于支链氨基酸的支链挥发物,如乙酸异戊酯、2-甲基乙酸丁酯和2-甲基丁酸甲酯。

(1)酸、胺、醇、醛和酯:氨基酸类气味化合物的主要生成途径如图9-3所示。源自苹果的醇酰基转移酶催化产生与苹果果实风味有关的酯类,重组酶可以利用源自短至中等长度的直链、支链、芳香族和萜烯醇等的一系列醇类底物。

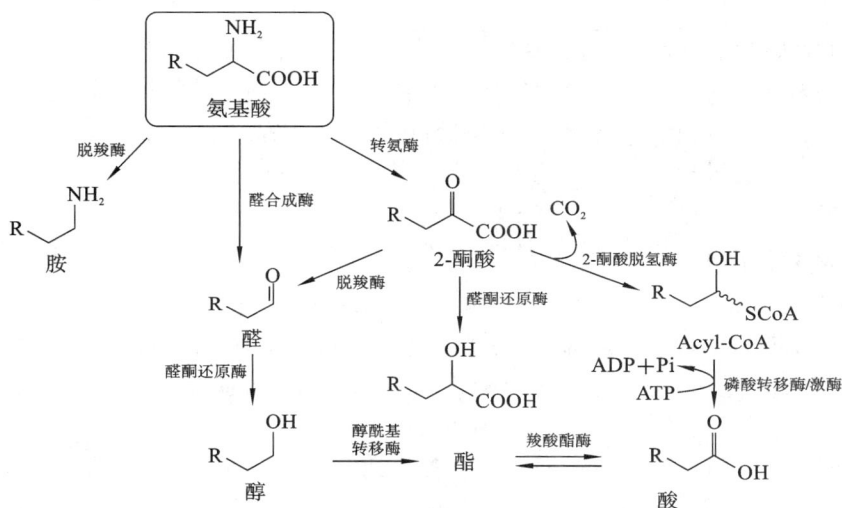

图 9-3　氨基酸类气味化合物的生物合成

(2)脂肪族硫醇:热带水果如黄果西番莲的香味关键化合物是挥发性硫醇,这些分子是由非挥发性前体如 S-谷胱甘肽和 S-半胱氨酸化前体物质(如 S-3-(己烷-1-醇)-半胱氨酸(Cys3MH)或 S-3-(4-巯基-4-甲基戊-2-醇)-半胱氨酸(Cys4MMP))等生成的。

(3)苯类化合物:苯类化合物,尤其苯丙烷,是植物颜色和香气的主要来源,它们帮助植物吸引传粉动物或阻止外敌侵害。茶叶之所以成为一种受欢迎的非酒精饮料,其多样性和丰富的香气是两个重要的因素,茶叶中的主要挥发性化合物为类苯和类苯丙烷。

(4)杂环气味物质:甲氧基吡嗪是一种有效的气味物质,可以给蔬菜提供独特的清香和土质香味,如甜椒中的 2-甲氧基-3-异丁基吡嗪、马铃薯和豌豆中的 2-甲氧基-3-异丙基吡嗪,苏维农白兰地和赤霞珠葡萄酒的植物口感也是由于甲氧基吡嗪的存在。

(二)酶的作用

带支链的羧酸酯是水果香味的主要来源,可以由支链氨基酸经酶促斯特雷克(Strecker)降解得到。异型发酵乳酸菌产生的乳酸、乙醛、丁二酮决定了酸性奶油和酸性奶酪的风味,葡萄酒和啤酒的风味来源于酵母产生的直接风味。

酶直接作用是指酶直接作用于香味前体物质形成香味成分,酶间接作用是指食品原料中所含有的酶或加入的酶被活化,使食品原料中的香味前体物质直接形成香味物质而生香,如葱、蒜等香气的产生就是属于这种作用机制。一般来说,在食品中加入特定的酶,通过在玻璃容器内使酶液与基质作用生成香气的方法可以筛选出能生成特定香味成分的酶。用于这种目的的酶类通常称为"增香酶",如黑芥子硫苷酸酶、蒜氨酸酶等。

当蔬菜脱水干燥时,由于黑芥子硫苷酸酶也失去了活性,这时即使将干燥蔬菜复水,也难以再现原来的香气。将黑芥子硫苷酸酶液加入干燥的卷心菜中,就能得到和新鲜卷心菜大致相同的香气风味。经热烫、脱水后的水芹菜,也可通过加入从另一种蔬菜中提取的酶制剂的办法,来恢复水芹菜特有的香气。

用酶处理过的加工蔬菜,香气不但接近新鲜菜,而且突出了天然风味中的某些特色,往往更受人们喜爱。又如,为了提高某些乳制品的香气特征,有人利用特定的酯酶,来使乳脂肪分解出更多有特征香气的脂肪酸;或者在食品中加入特定的去臭酶。有些食品往往含有少量具有不良气味的成分,从而影响了风味。利用酶反应去掉这种气味不好的成分,可以改善食品香气。例如,大豆制品中由于含有一些中长碳链的醛类化合物而有豆腥气味。这些醛类大部分和大豆蛋白结合在一起,用化学或物理方法完全除掉相当困难。而利用醛氧化酶来将这些醛类氧化,便有可能除去它们产生的豆腥气味。

采用加酶的方法使加工食品恢复某些香气或消除某种异味的技术,目前尚未得到广泛应用。其主要原因有三:一是从食品中提取酶制剂经济成本较高;二是将酶制剂纯化以除去不希望存在的酶类的技术难度较大;三是将加工后的食品和酶制剂分装在两个容器中出售,会带来麻烦。因此,对于酶控制的利用前景,不同科学家的意见并不一致。当前看来,风味酶对那些只需产生一两种有代表性香味化合物的场合,还是可行的。

（三）微生物发酵作用

发酵香气主要来自微生物的代谢产物。例如,发酵乳制品的微生物有三种:一是只产生乳酸的细菌;二是产生柠檬酸和发酵香气的细菌;三是产生乳酸和香味成分的细菌。其中第三类细菌能将柠檬酸在代谢过程中产生的 α-乙酰乳酸转变成具有发酵乳制品特征香气的丁二酮,故有人将它称作芳香细菌,因此,可以通过选择和纯化菌种来控制香气。

传统的发酵类食品或调味品,如黄酒、面酱、食醋、腐乳、酱油等都是通过微生物作用于糖类、蛋白质、脂类及原料中某些风味前体而产生呈香物质的,这些呈香物质是微生物的代谢产物,一般包括醇、醛、酮、酸、酯类等化合物。吡嗪类为含氮的杂环化合物,是加热食品中所具有的典型香味成分,谷氨酸棒状杆菌是四甲基吡嗪的产生菌。将吡嗪类化合物加入食品中,能够产生坚果味、咖啡味、巧克力味和香蕉香气。内酯化合物具有浓郁的香气,在各种具有水果味、可可味、奶酪味及坚果味的食品体系中都曾分离得到内酯。假丝酵母在含有丙酮液的培养基中具有产生内酯的能力。另外萜烯类化合物是赋予香精油特殊香味的重要组分,产萜烯类化合物的微生物多为真菌,通过真菌发酵产生的萜烯类化合物主要有香茅醇（鲜玫瑰香）、香味醇（玫瑰香、甜果香）、里那醇（鲜花香、甜柑橘香）等。香兰素在食品中的应用很广泛。

（四）热分解作用

一般食品在烹饪过程中由于热分解作用会形成香味物质,这与美拉德反应、焦糖化反应有关。1912年,法国化学家发现了美拉德反应。美拉德反应是烹饪过程中食品色泽和浓郁芳香的主要来源。美拉德反应是指氨基化合物和羰基化合物之间发生的反应。几乎所有含有羰基（来源于醛、酮、糖或油脂氧化酸败所产生的醛、酮）和氨基（来源于游离氨基酸、多肽、蛋白质、胺类）的食品在加热条件下均能发生美拉德反应。美拉德反应能赋予食品独特的风味和色泽。反应机制如下:首先由还原糖与氨基化合物缩合,然后通过一系列的缩合与聚合形成含氮的复杂多分子色素（即黑色素）。美拉德反应过程可以分为初期、中期和末期,每一阶段又可细分为若干反应。通过选择氨基酸和糖类（表9-3）可以有目的地合成含有吡嗪类、吡咯类和呋喃类的不同香型香精。美拉德反应、焦糖化反应均可产生呈香物质,油脂、含硫化合物等的热分解作用也能生成各种特有的香气。

表 9-3　等量葡萄糖与氨基酸混合物烹饪产生的香气

序号	氨基酸	斯特雷克醛类	香气	
			100～105 ℃	180 ℃
1	无	无	无	焦糖味
2	甘氨酸	甲醛	焦糖味	糖的焦香
3	丙氨酸	乙醛	焦糖味	糖的焦香
4	氨基丁酸	丙醛	焦糖味	糖的焦香
5	缬氨酸	异丁醛	焦糖味、槭树汁味	沁鼻的巧克力香
6	亮氨酸	异戊醛	果香、黑麦面包香	干酪的焦香
7	异亮氨酸	2-甲基丁醛	果香、霉腐味	干酪的焦香
8	丝氨酸	2-羟基乙醛	淡槭树汁味	糖的焦香
9	苏氨酸	2-羟基丙醛	淡槭树汁味、巧克力香	焦香味
10	苯丙氨酸	α-甲基苯甲醛	花香、玫瑰香、紫罗兰香、腐败香	紫罗兰香、丁香味、焦糖香
11	酪氨酸		焦糖味	焦糖味
12	蛋氨酸	甲硫基丙醛	土豆味、卷心菜味	土豆味、卷心菜味
13	半胱氨酸		肉香、臭蛋味、煨鸡味	
14	丝氨酸		肉香、煨鸡味	
15	脯氨酸		谷香	烘烤香
16	羟基脯氨酸		土豆味	
17	组氨酸		面包香、黄油味	面包香、谷香
18	精氨酸		面包香、黄油味、爆玉米花味、烘烤土豆味	糖的焦香
19	赖氨酸		面包香、炸土豆焦香	
20	天冬氨酸		硬糖味	焦糖味
21	天冬酰胺			糖的焦香
22	谷氨酸		焦香味、旧的木香	糖的焦香、鸡香
23	谷氨酰胺		巧克力香	咸味奶油硬糖味
24	色氨酸		巧克力香	糖的焦香

食品在加热过程中发生的美拉德反应会产生某些特有的食品风味,也会使食品的营养价值降低甚至会产生毒性物质。反应物中的氨基酸、多肽、蛋白质和还原糖类是食品香气产生的主要来源;食品蒸煮、焙烤及油炸过程中产生的香气,即食品经过热分解、氧化、重排或降解形成香味前体;在反应中生成香味物质的重要前驱物,如呋喃衍生物、酮类、醛类、丁二酮、吡嗪类化合物等,形成特殊的食品风味。食品的呈香就是美拉德反应产物的积累,如爆米花、烤面包、烤肉、酱香型白酒等食品所形成的香气。有些焦糖化产物除了具有特殊颜色外,也具有独特的风味,麦芽酚(3-羟基-2-甲基吡喃-4-酮)具有面包风味,4-羟基-5-甲基-3(2H)呋喃酮是各种风味与甜味的增强剂。

烹饪食品香气的来源主要有三个方面:一是食品本身固有的香气,如葱、蒜、芫荽本身就有一种特有的香气;二是食品原料在加工过程中由于酶促反应形成的风味;三是食品在蒸煮、焙烤及油炸过程中产生的食品香气,即食品经过热分解、氧化、重排或降解形成香味前体,然后形成特殊的食品风味。

烹饪过程中美拉德反应产生的香味物质与加热温度、加热时间等条件有关。产生的香味物质主要有含氧化合物、含氮化合物、含硫杂环化合物,包括含氧杂环的呋喃类、含氮杂环的吡嗪类、含硫杂环的噻吩和噻唑类,同时还包括硫化氢和胺类物质。通过选择氨基酸和糖类,我们可以有目的地合成含有吡嗪类、吡咯类和呋喃类的不同香型香精。

（五）调香作用

所谓调香作用就是在食品烹饪过程中将芳香物质与食材搭配在一起,由于各呈香物质的挥发性不同而呈阶段性挥发,香气类型不断变换,有次序地刺激嗅觉神经,使其处于兴奋状态,避免产生嗅觉疲劳,让人们长久地感受到香气美妙之所在。在食品加工、熟制过程中,重要的呈香物质有水果类香气、牛乳香气、奶油香气、芝麻香气、面包香气等的香味成分。食品中的香气大多是由食品中的香味化合物相互作用产生的,香味化合物是低相对分子质量的有机物,其蒸气压在大气压和室温下足够高,故它们在气体环境中部分处于蒸气状态,当它们与嗅黏膜接触时可以刺激机体产生嗅觉。

通常,食品风味由具有不同理化性质的挥发性物质的混合物产生。因此,可使其中一些化合物保留在特定食物中,进而改变特定食品的感官品质。香味化合物在食品基质中的保留涉及其几种理化特性,包括分子大小、化学功能,香味化合物的极性、疏水性、挥发性和扩散性。生香物质在食品调香过程中起着重要的调香作用,具体的调香作用如下。

辅助作用:某些原来具有较好香气的制品,由于香气浓度不足,要通过选用香气与之对应的香精和香料来衬托其香气。

赋香作用:某些产品本身并无香气,通过加香赋予其特定的香型。

补充作用:补充因加工原因而损失大部分香气的产品,使其达到应有的香气程度。

稳定作用:天然产品的香气受地理、环境、气候等因素的影响,香气难以达到一致,加香操作可以对天然产品的香气起到基本统一和稳定的作用。

替代作用:由于各方面原因,某些天然物质不能直接使用,可用香精、香料代替部分或全部天然物质。

矫味作用:某些产品在生产过程中,生成令人不愉快的气味时,可通过加香来掩盖。

食品的香气是构成食品特征风味的关键,是必不可少的。食品的香味成分一部分来自自身生命活动合成,一部分是在加工或者储存中由控制或自发的酶促反应产生,还有一部分是来自添加的食用香料。其中添加香料是食品加工制造中重要的技术,也是保证食品质量的重要手段。食品的调香不仅要有效、适当地运用食用香料的添加技术,更要掌握食品加工制造和烹调生香的技术。食用香料的使用要点如下。

❶ **要明确使用香料的目的** 使用香料的目的是再现和强化食品的香气、协调风味,突出食品的特性、特征,这样才能为选择香料奠定基础。

❷ **香料的用量要适当** 香料是通过口腔、鼻腔等多个器官接受刺激产生嗅感,所以人们对食用香料比较敏感,因此,食用香料的用量要适当,否则会恶化食品的风味。

❸ **食品的香气和味感要协调一致** 有香气无味感显得空洞,有味感而少香气显得单薄。味在食品中是香气发挥作用的基础,香气是风味的增效剂和显效剂。在使用中要注意香料对食品风味可能产生的不利影响,注意香与味的和谐,不过分突出某一味,食用香料产生的香气必须与食品味感协调一致。

❹ **要注意香料对食品色泽产生的影响** 食品有特征风味,也有特征色泽,一般的香料产品多带有相当量的色素成分,不要因食用香料的不当使用而对食品的色、香、味的统一和完整性产生破坏,不要因视觉错误引起质的错觉,导致使用效果的降低等。

❺ **香料的香气不能过于新异** 人们对食品风味的要求有求新求变的一面,但是对没有体验过的新异气味有本能的警惕,在使用时要注意香料香气特征变换与现实基础的协调,在现实的香气特征基础上,做适度的、可接受的变换,一般能为人们所接受和喜爱。

→ 相关知识

嗅觉有记忆吗

嗅觉刺激可以作为回忆或识别最近或很久以前遇到的信息的有效背景线索。虽然现有证据很少,但总体结果表明,恢复学习阶段存在的嗅觉背景信息会影响原始信息的提取。已在多种不同的学习范例中观察到基于气味的背景效应,包括回忆、识别和再学习能力。

嗅觉信息很可能成为与特定事件相关联的记忆表征的一部分。这意味着与事件一致的气味暴露可能触发所有或部分记忆片段。事实上,现有证据表明,气味可能让人想起过往经历。这一点在探索气味诱发的自传体记忆性质的研究和对照试验范例中被证实,其中,气味被嵌入学习环境中,并在之后的检索中恢复,通常可以观察到重拾更多关于目标信息的记忆。这些观察结果表明,气味记忆会保留很长时间,气味可为最近和很久以前的事件提供重要提示。在学习背景中嵌入嗅觉刺激并在随后的检索中重新恢复,通常会增加关于目标信息的记忆。同样,如果在成年期和老年期接触与事件一致的嗅觉信息,就能够回忆起在十岁之前经历的个人事件。

项目小结

通过本项目的学习,学生可掌握风味的概念与特征,食品滋味的形成过程,味与味之间的相互作用,香气产生的机制及形成途径,为后续菜品的制作、品鉴、产品研发打下坚实基础。

思考题

1. 试说明风味物质有哪些特征。
2. 食品滋味是如何产生的?
3. 影响味觉的因素有哪些?
4. 呈味物质相互作用有哪些现象?试举例说明。
5. 油炸类菜肴的香气形成途径有哪些?
6. 如何评价一道菜肴的香味特征?
7. 嗅觉的产生有哪两个系统参与?
8. 香气感知有哪两种路径?
9. 常见的烹饪香气形成途径有哪五种?
10. 香味化合物在食物基质中的保留涉及哪几种理化特性?

在线答题

项目十

探究烹饪化学实验

扫码看课件

项目描述

　　烹饪化学是用化学理论和方法研究烹饪产品（菜肴、面点）本质的科学，它构成了烹饪科学的基础。烹饪化学实验课程是烹饪化学课程的实验部分，通过实验，可以使学生从直观上进一步理解和掌握烹饪化学的有关理论。通过直接评价、分析、研究一些烹饪成分的物理性质、化学性质和重要的反应，加深学生对课堂讲授的相关理论知识的掌握，提高学生的实验操作技能、动手能力，培养科学思维。通过实验报告的撰写、问题的讨论，学生可以熟悉完整的科研工作过程，包括实验设计、实验过程、实验结果报告等完整的工作程序。

项目目标

　　（1）了解烹饪原料中的相关成分可能发生的化学变化。
　　（2）熟悉烹饪过程中原料品质控制的基本方法。
　　（3）掌握基本的实验方法和操作技能
　　（4）熟悉对实验结果的处理和分析。

任务一　测定水分含量（重量法）

【实验原理】

　　常用的果蔬新鲜原料水分含量的测定方法是将称重后的果蔬置于烘箱中烘去水分，其失重为水分质量。在烘干过程中，果蔬中的结合水在 100 ℃ 以下不易去除，若在 105 ℃ 以上，样品中一些有机物质（如脂肪）易氧化使干重增加，而果蔬中的糖分在 100 ℃ 左右易分解，也可使测定产生误差，故烘干温度先为 60～70 ℃，至接近全干时再改为 100～105 ℃。

【实验目标】

（1）了解常见的实验仪器及使用方法。
（2）掌握常压干燥法的原理、操作、使用范围及注意事项。

【实验内容】

一、材料、仪器与试剂

（1）材料：苹果、梨、黄瓜、番茄等。
（2）仪器：烘箱或真空干燥箱、分析天平、称量瓶、干燥器等。
（3）试剂：氯化钙、变色硅胶等。

二、实验步骤

（1）取分析样品,果实可除去果核,蔬菜可除去非食用部分,洗净切碎,待用。

（2）把称量瓶放入烘箱中在 $100\sim105$ ℃烘干(至恒重),置干燥器中冷却,然后精确称重,记为 M_0。

（3）取分析样品 $5\sim10$ g 放入称量瓶中精确称重,记为 M_1,然后将称量瓶(含样品)放入烘箱中,先在 $60\sim70$ ℃烘 $2\sim3$ h 至样品变脆,再在 $100\sim105$ ℃烘 2 h。

（4）取出后,置于有吸湿剂变色硅胶或干燥氯化钙的干燥器中,冷却后称重,再继续烘 $0.5\sim1$ h。冷却后称重,记录质量,记为 M_2,直至两次质量差不超过 0.3 mg。

（5）计算:

$$X=\frac{M_1-M_2}{M_1-M_0}\times100\%$$

式中:X 为水分含量,％;M_0 为称量瓶质量,g;M_1 为干燥前样品质量＋称量瓶质量,g;M_2 为干燥后样品质量＋称量瓶质量,g。

（6）结果记录:每种材料测 3 个样品,计算结果后取平均值。实验结果可记录到表 10-1 中。

表 10-1　果蔬水分含量测定结果记录表

样品	M_0	M_1	M_2	M_1-M_2	M_1-M_0	X	$\overline{X}$
样品 1							
样品 2							
样品 3							

【注意事项】

（1）水果、蔬菜样品,应先洗去泥沙,再用蒸馏水冲洗一次,然后用洁净纱布吸干表面的水分。

（2）在测定过程中,称量瓶从烘箱中取出后,应迅速放入干燥器中进行冷却,否则,不易达到恒重。

（3）干燥器内一般用硅胶作干燥剂,硅胶吸湿后效能会减低,故当硅胶蓝色减退或变红时,需及时换出,置 135 ℃左右烘 $2\sim3$ h 使其再生后再用。硅胶若吸附油脂等,吸湿能力也会大大减低。

（4）含有较多氨基酸、蛋白质及羰基化合物的样品,长时间加热会发生美拉德反应析出水分而导致误差,故此类样品宜用其他方法测定水分含量。

（5）在测定干燥、黏度大、水分含量高、不容易干燥的样品,如乳制品、含糖量高的糕点、肉与肉制品等时,可将其放在内含 $10\sim20$ g 海沙和一根玻璃棒的已至恒重的蒸发皿中,在沙浴上不断搅拌,使之干燥,然后放入 $100\sim105$ ℃烘箱中,烘至恒重。

思考题

1. 在下列情况下,水分含量测定的结果是偏高还是偏低? 为什么?

（1）样品粉碎不充分。

（2）样品中含较多挥发性成分。

（3）脂肪氧化。

（4）样品吸湿性较强。

（5）样品表面结了硬皮。

（6）装有样品的干燥器未密封好。

实验中常
用耗材

（7）干燥器中硅胶已受潮（由蓝色变为粉红色）。

2．干燥器有什么作用？

3．为什么经加热干燥的称量瓶要迅速放到干燥器内冷却后再称重？

任务二　制备粉丝和粉条及其感官评价

【实验原理】

粉条（或粉丝）是以红薯淀粉、马铃薯淀粉或豆类淀粉为主要原料，经和浆（打糊）、成型（漏粉）、冷却、干燥或不干燥（冷藏或冷冻）等工序制成的条状或丝状非即食性食品。粉条的生产主要是利用淀粉老化的特性，即在淀粉中加入适量水，加热搅拌糊化成淀粉糊，冷却或冷冻后，淀粉糊变得不透明甚至凝结而沉淀，这种现象称为淀粉的老化。

【实验目标】

（1）掌握淀粉老化的概念。

（2）了解粉丝和粉条的制作工艺。

（3）熟悉粉丝和粉条的感官评价标准。

【实验内容】

一、材料、仪器与试剂

（1）材料：绿豆淀粉、马铃薯淀粉、红薯淀粉等。

（2）仪器：5～10 mm孔径的多孔容器或分析筛、烘箱、搪瓷盘、水浴锅、冰箱等。

（3）试剂：水等。

二、实验步骤

❶ **粉丝的制备**　向10 g绿豆淀粉中加入适量开水使其糊化，然后加90 g绿豆淀粉，搅拌均匀至无块，不黏手，再用底部有5～10 mm孔径的多孔容器或分析筛将淀粉糊状物漏入沸水锅中，煮沸3 min使其糊化，捞出，立即放入冷水中，水冷10 min（或捞出置于－20 ℃冰箱中冷冻处理），再捞出置于盘中，随后放入烘箱，在50 ℃下干燥90 min，即成粉丝。

❷ **粉条的制备**

（1）配料和面：称取水分含量为35％以下的马铃薯淀粉300 g，加水150 g配料。先取15 g淀粉放入盆内，再加入10 g温水调成稀浆，然后将剩余温水和马铃薯淀粉依次加入，搅拌均匀，使和好的面水分含量为48％～50％，面温保持在40 ℃左右。

（2）沸水漏条：先在锅内加水至九成满，煮沸，再把和好的面装入孔径为10 mm的多孔容器或分析筛上试漏，当漏出的粉条直径达到6～8 mm时，为定距高度，然后往沸水锅里漏，边漏边往外捞，锅内水量始终保持在第一次出条时的水位，锅内水控制在微开程度。

（3）冷浴干燥：将漏入沸水锅里的粉条，捞出放入冷水槽内（或捞出置于－20 ℃冰箱中冷冻处理）搭在架上，再放入15 ℃水中5～10 min，取出后架在3～10 ℃空间内阴晾1～2 h，以增强其韧性，然后在50 ℃烘箱内干燥60 min，即成粉条。

❸ **粉丝或粉条感官评价**　从实验制得的粉丝或粉条中，任意选出5个产品，编号为样品1、样品2、样品3、样品4、样品5，用加权平均法对5个产品进行感官评价。评分记录到表10-2中。具体感官评分参考细则见表10-3。

表 10-2　粉丝(粉条)感官评价表

样品	组织形态	色泽	气味和滋味	杂质	总分	平均分
样品 1						
样品 2						
样品 3						
样品 4						
样品 5						

表 10-3　粉丝(粉条)感官评分参考细则

项目	打分标准	分值/分
组织形态	粗细均匀(宽粉条厚薄均匀),无并条,无碎条,手感柔韧,有弹性	20~25
	粗细不均,有并条及碎条,柔韧性及弹性均差	12~19
	粗细不均,有大量并条和碎条	0~11
色泽	色泽纯净,带有光泽,透明度好	20~25
	色泽不纯净,颜色不均匀,微有光泽,透明度不好	12~19
	表面粗糙,无光泽,不透明	0~11
气味和滋味	气味和滋味均正常,无任何异味,口感细腻滑润,软硬适中,嚼劲足	20~25
	气味和滋味均正常,口感较滑润,软硬适中,嚼劲较大	14~19
	平淡无味或微有异味,有些许粗涩感,质地软,嚼劲一般	8~13
	有霉味、苦涩味或其他外来滋味,口感有沙土存在,质地软,嚼劲差	0~7
杂质	无肉眼可见外来杂质,通体洁净	20~25
	有少许肉眼可见外来杂质	12~19
	有大量杂质或有恶性杂质	0~11

注:进行粉条色泽的感官评价时,将产品在亮光下直接观察。进行粉条组织形态的感官评价时,先进行直接观察,然后用手弯、折,以感知其韧性和弹性。进行粉条气味和滋味的感官评价时,可取样品直接嗅闻,然后将粉条用沸水浸泡片刻再嗅其气味;将泡软的粉条放在口中细细咀嚼,品尝其滋味。

【注意事项】

(1)粉条制作过程中对淀粉的搅拌应顺着同一方向进行。

(2)制作的粉糊,要让其能够自然延伸垂落,若不断,说明稀稠适度,可开始漏丝。

→ 思考题

1. 通过本实验,你认为可以采取哪些措施提高粉丝的质量?(从嚼劲、耐煮性、透明度三个方面加以分析)

2. 影响淀粉老化的因素有哪些?

3. 淀粉老化对食品加工和食品品质有什么影响?

任务三　提取果胶及制备果酱

【实验原理】

果胶广泛存在于水果和蔬菜中,原果胶不溶于水,但在酸性条件下可被水解成水溶性果胶,水溶

实验中常用仪器

性果胶可用醇析的方法进行沉淀分离,最后经干燥即得商用果胶。在食品工业中,常利用果胶来制作果酱、果冻和糖果,在汁液类食品中,果胶常用作增稠剂、乳化剂等。

【实验目标】

(1) 了解柑橘果皮中的天然产物组分。

(2) 了解果胶的性质和提取原理。

(3) 掌握果胶的提取工艺。

(4) 熟悉果酱的制备方法。

【实验内容】

一、 材料、仪器与试剂

(1) 材料:柑橘皮(新鲜)、活性炭、硅藻土、尼龙布或纱布等。

(2) 仪器:烧杯、水浴锅、分析天平、真空抽滤机等。

(3) 试剂:0.25%盐酸、1 mol/L NaOH 溶液、95%乙醇溶液、蔗糖(食品级)、柠檬酸(食品级)、柠檬酸钠(食品级)等。

二、实验步骤

❶ 柑橘皮果胶的提取

(1) 原料预处理:称取新鲜柑橘皮 20 g(干品为 8 g),用清水洗净后,放入 250 mL 烧杯中加 120 mL 水,加热至 90 ℃保持 5~10 min,使酶失活。用水冲洗后切成 3~5 mm 大小的颗粒,用 50 ℃左右的热水漂洗,直至水为无色、果皮无异味。每次漂洗必须用尼龙布将果皮挤干,再进行下一次漂洗。

(2) 酸水解萃取:将预处理过的果皮颗粒放入烧杯中,加 0.25%的盐酸 60 mL,以浸没果皮为度,pH 调节至 2.0~2.5,加热至 90 ℃煮 45 min,趁热用尼龙布(100 目)或四层纱布过滤。

(3) 脱色:在滤液中加入 0.5%~1%的活性炭于 80 ℃加热 20 min 进行脱色和除异味,趁热过滤,如抽滤困难,可加入 2%~4%的硅藻土作助滤剂。如果柑橘皮漂洗干净,萃取液清澈透明,则不用脱色。

(4) 沉淀:待萃取液冷却后,用 1 mol/L NaOH 溶液调节至 pH 为 3~4,在不断搅拌下加入 95%乙醇溶液,加入乙醇溶液的量约为原体积的 1.3 倍,使乙醇浓度达 50%~60%,静置 10 min。

(5) 过滤、洗涤、烘干:用尼龙布过滤,果胶用 95%乙醇溶液洗涤两次,在 60~70 ℃烘干。将烘干的果胶粉碎、过筛、包装即为产品。

❷ 柠檬味果酱的制取

(1) 将果胶 0.2 g(干品)浸泡于 20 mL 水中,软化后,在搅拌下慢慢加热至果胶全部软化。

(2) 加入柠檬酸 0.1 g、柠檬酸钠 0.1 g 和蔗糖 20 g,在搅拌下加热至沸,继续熬煮 5 min,冷却后即成果酱。

【注意事项】

(1) 要用新鲜果皮提取果胶,此时的果胶色泽浅,胶凝度亦比用干果皮提取的果胶高。

(2) 水解加热期间要不停地搅拌,以防受热不均。

(3) 漂洗的目的是去除色素,以免影响果胶的色泽和质量。

(4) 要控制好 pH,pH 不能太低,否则会影响产率。

思考题

1. 从柑橘皮中提取果胶时,为什么要加热使酶失活?

2. 沉淀果胶除用乙醇外，还可用什么试剂？

3. 在工业上，可用什么果蔬原料提取果胶？

任务四 制作蛋黄酱——卵磷脂的乳化性

【实验原理】

蛋黄酱是以食用植物油、蛋黄或全蛋，醋或橘子果汁为主要原料，并辅以食盐、糖、香辛料、调味品及酸味料等，经调制乳化混合制成的水包油型半固体食品。

蛋黄中含有 30%～33% 的脂肪，其中磷脂占 32.8%，而磷脂中 73% 为卵磷脂。蛋黄酱正是利用卵磷脂的乳化性能制成的。卵磷脂化学名称为 L-α-磷脂酰胆碱，卵磷脂带有亲油基团和亲水基团等，它与油和醋（含水分）这两个不相溶的物质在机械搅动、转动、切割作用下，亲油、亲水基团将油、水通过乳化作用形成水包油型乳浊液。亲油基团的尾端被吸附在油微粒的表面，形成了坚固的吸附膜，使油滴带上负电荷，与水相中的阳离子平衡，油滴之间由于静电作用，相互碰撞机会减少，从而形成稳定的蛋黄酱。

【实验目标】

(1) 熟悉卵磷脂乳化的原理。

(2) 掌握蛋黄酱的制作方法。

【实验内容】

一、材料、仪器与试剂

(1) 材料：鸡蛋、植物油、白醋、砂糖、香辛料等。

(2) 仪器：烧杯、打蛋器、玻璃棒、水浴锅、灭菌锅、玻璃瓶等。

(3) 试剂：水等。

二、实验步骤

(1) 分离蛋黄：选择新鲜鸡蛋，先将鸡蛋清洗干净，打蛋后分离出蛋黄。

(2) 灭菌：将蛋黄用 100 mL 烧杯装好，放在 60 ℃左右的热水中水浴保温 3～5 min 进行巴氏杀菌，以杀灭鸡蛋内的沙门菌等。

(3) 乳化。

①先将 1.5 g 食盐加入 14 g 蛋黄中搅拌 1 min 左右，再加入 1.5 g 砂糖，搅拌至食盐和砂糖溶解。

②将 1.5 g 香辛料（味精、花椒油、胡椒粉等）全部加入其中，搅拌 1 min 左右。

③顺着一个方向搅拌蛋黄，边搅拌边加植物油，非常慢地，几乎是一滴一滴地开始加植物油，当乳化剂开始形成以后，可稍快加植物油，当蛋黄酱变得黏稠时，加入白醋使它稀释，植物油和白醋交替加入，直至产生均匀细腻而稳定的蛋黄酱。植物油共加 70 g，白醋共加 11 g。

(4) 装瓶：倒出蛋黄酱分装于已清洗过的玻璃瓶中，封盖。

(5) 杀菌：将已分装好的蛋黄酱放入灭菌锅中，进行灭菌处理（121 ℃，灭菌 15 min），冷却，低温保存。

(6) 结果评分：对实验制得的蛋黄酱，进行感官评价。评分记录到表 10-4 中。具体感官评分参考标准见表 10-5。

表 10-4　蛋黄酱感官评价表

评价指标	色泽	气味	风味	质构	总分
样品					

表 10-5　蛋黄酱感官评分参考标准

评价指标及权重	评分参考标准			
	优（90～100分）	良（80～89分）	中（70～79分）	差（60～69分）
色泽(0.2)	颜色为乳黄色	颜色较黄	颜色略黄	颜色偏白
气味(0.2)	蛋香味、气味适中	蛋香味一般，醇正	略有蛋香味，稍有异味	无蛋香味，有异味
风味(0.3)	口味鲜香，酸甜适中	口味较鲜香，口感略酸或略甜	口味一般，口感偏酸或偏甜	口味差，口感不协调，有异味
质构(0.3)	酱体均匀,奶油状,浓稠适中,无异物,口感平滑	酱体分布较均匀,较浓稠,稍有颗粒感	酱体分布不均匀,较稀或较稠,有颗粒感	酱体分布不均匀,很稀或很稠,有颗粒感

【注意事项】

（1）蛋黄酱制作用油应选用脱色、无异味的色拉油或橄榄油等优质油。

（2）蛋黄要选用新鲜的鸡蛋黄。

（3）加油时,特别是一开始要逐滴加入。

（4）朝一个方向搅拌。

（5）醋要选择白醋,不能用有颜色的醋。

（6）蛋黄酱应存放于 5～10 ℃的环境或者 0 ℃以上的冷藏柜中保存。

> **思考题**

1. 各组分在蛋黄酱中的作用是什么?

2. 乳化的操作条件对产品的质量有何影响?

3. 蛋黄酱依靠什么防止微生物引起的腐败,保持产品的稳定性?

任务五　测定蛋白质的功能性质

【实验原理】

各种蛋白质具有不同的功能性质,如牛乳中的酪蛋白具有凝乳性,在酸、热、酶(凝乳酶)的作用下会沉淀,可用来制造奶酪。酪蛋白还能加强冷冻烹饪的稳定性,使冷冻烹饪产品在低温下不会变得酥脆。面粉中的面筋蛋白具有黏弹性,在面包、蛋糕发酵过程中,蛋白质形成立体的网状结构,能保住气体,使体积膨胀,在烘烤过程中蛋白质凝固是面包成型的因素之一。肌肉蛋白的持水性与味道、嫩度及颜色有密切的关系。鲜肉糜的重要功能特性是持水性、脂肪黏着性和乳化性。在烹饪加工中,选择哪一种蛋白质,原则上要考虑它们的功能性质。

【实验目标】

（1）了解蛋白质在等电点时的现象。

（2）掌握影响面筋蛋白形成的因素。

（3）熟悉焦磷酸钠在烹饪中的作用。

【实验内容】

一、材料、仪器与试剂

（1）材料：牛乳、面粉、瘦猪肉等。
（2）仪器：绞肉机、pH 试纸等。
（3）试剂：食醋、焦磷酸钠等。

二、实验步骤

❶ **酪蛋白的凝乳性**　在 50 mL 烧杯中加入 15 mL 牛乳，再加入 10 mL 水后摇晃均匀，然后逐滴滴加食醋，观察酪蛋白沉淀的形成，直到牛乳溶液达到 pH 为 4.6（酪蛋白的等电点），观察酪蛋白沉淀的量是否增多。

❷ **面粉中面筋蛋白的黏弹性**　分别将 20 g 高筋面粉和低筋面粉加 9 mL 水揉成面团，将面团不断在水中洗揉，直至没有淀粉洗出，观察面筋的黏弹性，并分别称重，比较高筋面粉和低筋面粉中湿面筋的含量。具体实验结果可记录到表 10-6 中。

表 10-6　高筋面粉和低筋面粉品质评价

样品	面筋性质	湿面筋质量/g
高筋面粉		
低筋面粉		

❸ **肌肉蛋白的持水性**　将新鲜瘦猪肉在绞肉机中绞成肉糜，取三份肉糜，各 10 g，分别加入 2 mL 水、4 mL 水以及 4 mL 含有 20 mg 焦磷酸钠（或三聚磷酸钠）的水溶液，顺一个方向搅拌 2 min，放置 30 min 以上，观察三份肉糜的持水性、黏着性。蒸熟后再观察其胶凝性。实验结果记录于表 10-7 中。

表 10-7　不同条件下肉糜的状态

样品	放置 30 min 后现象	蒸熟后现象
肉糜 1		
肉糜 2		
肉糜 3		

【注意事项】
（1）食醋添加速度要慢，逐滴加入。
（2）在揉制高筋面粉和低筋面粉面团时要采取相同的时间和力度。
（3）搅拌肉糜时要顺着同一方向。

→ 思考题

1.牛乳酸败为何会出现沉淀？沉淀是什么？
2.在面制品的加工中如何选择使用高筋面粉和低筋面粉？
3.为什么加入焦磷酸钠会增高肉的持水性？

陕西凉皮的制作工艺（视频）

任务六　测定维生素 C 的含量

【实验原理】

维生素 C 是人体内重要的维生素之一,缺少它时会发生坏血病,因此维生素 C 又称抗坏血酸。它对物质代谢的调节具有重要的作用。

维生素 C 属于水溶性维生素,分布很广,植物的绿色部分及许多水果(如橘、苹果、草莓、山楂)、蔬菜(黄瓜、甘蓝、番茄等)中其含量尤为丰富。维生素 C 具有很强的还原性。它可分为还原型和脱氢型(氧化型)两种。根据它具有的还原性质可测定其含量。

还原型维生素 C 能还原染料 2,6-二氯酚靛酚,本身则氧化成脱氢型。在酸性溶液中,2,6-二氯酚靛酚呈红色,还原后变为无色,因此,当用 2,6-二氯酚靛酚滴定含有维生素 C 的酸性溶液时,在维生素 C 被全部氧化前,滴下的染料立即被还原成为无色。一旦溶液中的维生素 C 刚好全部被氧化,则滴下的染料立即使溶液变成微红色。所以,当溶液从无色转变成微红色时即表示溶液中的维生素 C 刚好被全部氧化,此时即为滴定终点。根据滴定时 2,6-二氯酚靛酚标准溶液的消耗量,可以计算出被检物质中维生素 C 的含量。

【实验目标】

(1) 熟悉定量测定维生素 C 的原理和方法。

(2) 掌握滴定法的基本操作技术。

(3) 了解水果及蔬菜中维生素 C 的含量。

【实验内容】

一、材料、仪器与试剂

(1) 材料:水果或蔬菜等。

(2) 仪器:三角瓶、研钵、移液管、漏斗、滤纸、容量瓶、滴定管、分析天平、离心机等。

(3) 试剂。

①标准维生素 C 溶液:精确称取维生素 C 100 mg,用适量 2% 草酸溶液溶解后移入 500 mL 容量瓶中,并以 2% 草酸溶液定容,振摇混匀,1 mL 此溶液含 0.2 mg 维生素 C。

②0.02% 2,6-二氯酚靛酚溶液:称取 2,6-二氯酚靛酚钠盐 50 mg 溶于 200 mL 含 52 mg 碳酸氢钠的热水中。冷后加水稀释至 250 mL,过滤后装入棕色瓶于冰箱中保存,不得超过 3 天。临用前按下法标定:取 5 mL 标准维生素 C 溶液、5 mL 2% 草酸溶液于 50 mL 锥形瓶中,取配制好的 2,6-二氯酚靛酚溶液,用微量滴定管滴定至微红色,15 s 不褪色即为终点,计算出与 1 mL 2,6-二氯酚靛酚溶液相当的维生素 C 质量(mg)。

二、实验步骤

(1) 称取捣碎的果蔬样品 20 g,放在研钵中,加 2% 草酸溶液少许,研磨,再转入 200 mL 容量瓶中,加 2% 草酸溶液稀释至刻度,过滤备用。如果滤液有颜色,可用白陶土脱色。

(2) 吸取样品滤液 20 mL 于烧杯中,用已标定的 2,6-二氯酚靛酚溶液滴定至出现微红色,且15 s 不褪色为止,记下 2,6-二氯酚靛酚溶液用量。同时,以 20 mL 2% 草酸溶液作为空白,按上法进行滴定,平行测定 3 次。

（3）计算：

$$还原型维生素 C 含量(mg/100\ g) = \frac{T \times (V-V_0) \times V_a}{V_S \times m} \times 100$$

式中：T 为与 1 mL 2,6-二氯酚靛酚溶液相当的维生素 C 的质量，mg；V 为样品滴定消耗的 2,6-二氯酚靛酚溶液体积，mL；V_0 为空白滴定消耗的 2,6-二氯酚靛酚溶液体积，mL；V_S 为滴定时吸取的样品溶液体积（20 mL）；V_a 为配制试样提取液的总体积（200 mL）；m 为样品的质量，g。

【注意事项】

（1）标准维生素 C 溶液应临用前配制。

（2）2,6-二氯酚靛酚溶液不稳定，每周重新配制，临用前标定。

（3）维生素 C 溶液很不稳定，易氧化，故操作过程要迅速，夏季应置于冰浴中研磨。

思考题

1. 对含有大量色素的样品，如何测定其中维生素 C 的含量？

2. 为了测得准确的维生素 C 含量，实验过程中应注意哪些操作步骤？为什么？

3. 试简述维生素 C 的生理意义。

任务七　防止果蔬的酶促褐变

【实验原理】

　　酶促褐变是发生在水果、蔬菜等植物性食物中的由酚酶催化酚类物质形成醌及其聚合物的反应过程。果蔬发生酶促褐变后，颜色发暗。为保护果蔬原有色泽，往往先在弱碱性条件下进行短时间的使酶钝化的热烫过程，从而达到护色的目的。除热烫外，也可通过控制酸度、隔绝氧气、添加抗氧化剂（如异抗坏血酸钠）、添加亚硫酸盐类物质（如二氧化硫、焦亚硫酸钠）来抑制酶活性，从而防止和抑制酶促褐变。

【实验目标】

（1）熟悉果蔬酶促褐变的原理。

（2）掌握果蔬加工中常用的护色方法。

【实验内容】

一、材料、仪器与试剂

（1）材料：苹果、马铃薯等。

（2）仪器：不锈钢刀等。

（3）试剂：焦亚硫酸钠、异抗坏血酸钠、柠檬酸等。

二、实验步骤

　　❶ 温度对果蔬酶促褐变的作用　用不锈钢刀切取苹果、马铃薯各 4 小片，各分成 2 份，一份放在室温下，另一份切好后立即投入沸水中，热处理 5～10 min，取出后置于室温下，每隔 20 min 观察 1 次，共观察 4 次，记录切片颜色的变化。实验结果可记录到表 10-8 中。

表 10-8　温度对酶促褐变的影响结果记录

样品		20 min	40 min	60 min	80 min
热处理	苹果				
	马铃薯				
非热处理	苹果				
	马铃薯				

❷ **护色剂对果蔬加工制品颜色的影响**

（1）按下列各编号所列试剂的比例配制护色剂。

编号 1：0.2 g 柠檬酸溶于 50 mL 水中。

编号 2：0.2 g 焦亚硫酸钠溶于 50 mL 水中。

编号 3：0.2 g 异抗坏血酸钠溶于 50 mL 水中。

编号 4：0.2 g 柠檬酸、0.2 g 焦亚硫酸钠溶于 50 mL 水中。

编号 5：0.2 g 柠檬酸、0.2 g 异抗坏血酸钠溶于 50 mL 水中。

编号 6：0.2 g 柠檬酸、0.2 g 焦亚硫酸钠、0.2 g 异抗坏血酸钠溶于 50 mL 水中。

编号 7：50 mL 水作对照用。

（2）用不锈钢刀切取苹果、马铃薯各 14 小片，每一编号溶液放苹果、马铃薯各 2 小片，注意让溶液淹没切片。处理 20 min 后，取出置于室温下，每隔 15 min 观察 1 次，共观察 4 次，记录切片颜色的变化（表 10-9）。

表 10-9　不同护色剂对酶促褐变的影响结果记录

样品		15 min	30 min	45 min	60 min
编号 1	苹果				
	马铃薯				
编号 2	苹果				
	马铃薯				
编号 3	苹果				
	马铃薯				
编号 4	苹果				
	马铃薯				
编号 5	苹果				
	马铃薯				
编号 6	苹果				
	马铃薯				
编号 7	苹果				
	马铃薯				

❸ **隔氧实验**　用不锈钢刀切取苹果、马铃薯各 6 小片，4 片浸入一杯清水中，2 片置于空气中，10 min 后，观察并记录现象。然后从杯中分别取出 2 片苹果、马铃薯置于空气中，其余样品仍以原样放置，10 min 后再观察比较。实验结果记录到表 10-10 中。

表 10-10　不同氧气条件对酶促褐变的影响结果记录

样品	10 min		20 min		
	清水	空气	清水	空气	从水中取出
苹果					
马铃薯					

【注意事项】

（1）马铃薯和苹果去皮时要注意安全，同时速度要快，时间久了会发生褐变。

（2）马铃薯和苹果切片时要尽量厚薄一致，单片应厚薄均匀。

（3）热烫时水沸后再将马铃薯片和苹果片投入，再次沸腾时准确计时。

（4）各类护色剂要做对比观察，分析护色效果和原理的差异。

思考题

1. 热烫的护色原理是什么？有哪些相关酶发生钝化？

2. 苹果、马铃薯的变色原因是什么？

3. 对于变色的苹果、马铃薯，如何进行护色处理？

任务八　探究 pH 对花青素色泽的影响

【实验原理】

花青素是一种水溶性色素，属于黄酮类化合物，是构成花瓣和果实颜色的主要色素之一。存在于花、果实的组织中及茎叶的表皮细胞与下表皮层。花青素可以随环境 pH 的变化而呈现不同的色泽。环境呈酸性时，花青素色泽偏红；环境呈碱性时，花青素色泽偏蓝。

【实验目标】

（1）了解紫甘蓝中花青素的提取方法。

（2）了解花青素的变色 pH 范围及作为酸碱指示剂的适用条件。

【实验内容】

一、材料、仪器与试剂

（1）材料：新鲜紫甘蓝。

（2）仪器：剪刀、酒精灯、玻璃棒、量筒、烧杯、三脚架、石棉网、普通漏斗、坩埚钳、试管、pH 试纸等。

（3）试剂：蒸馏水、1 mol/L 盐酸、1 mol/L NaOH 溶液。

二、实验步骤

1 花青素的提取

（1）用剪刀将紫甘蓝剪成平均面积约为 1 cm² 的小片。

（2）点燃酒精灯，用烧杯接约 100 mL 蒸馏水（水中含有少量 1 mol/L 盐酸）置于放有石棉网的三脚架上，待酒精灯将蒸馏水煮沸后，将紫甘蓝小片置于沸水中，并不断搅拌。

（3）待溶液变深紫色后对混合物进行过滤，继续加热滤液，浓缩溶液至约 70 mL。

（4）熄灭酒精灯，用坩埚钳将酒精灯移开，等待溶液冷却即可得提取液。

❷ 不同 pH 下花青素颜色的变化

（1）用 1 mol/L 盐酸、1 mol/L NaOH 溶液配制 pH 为 1～13 的溶液备用。

（2）各取 5 mL 紫甘蓝溶液置于 13 支洁净试管中,向各试管分别加 5 mL 不同 pH 的溶液,振荡均匀,观察颜色变化,将观察到的结果记录到表 10-11 中。

表 10-11　不同 pH 下花青素颜色的变化

pH	1	2	3	4	5	6	7	8	9	10	11	12	13
花青素颜色													

【注意事项】

（1）在搅拌过程中,适当碾压紫甘蓝使其中的物质溶解于蒸馏水中。

（2）为防止暴沸,可添加沸石。

在线答题

思考题

1. 影响食品色素坚牢度与稳定性的因素有哪些?

2. 提取花青素还可以采取哪些方法?

项目小结

　　本项目共设计 8 个实验,内容包括食品营养素测定实验,如水分含量测定、维生素 C 含量测定等;食品制作工艺实验,如粉条和粉丝、蛋黄酱的制作等;食品原料中的功能组分提取实验,如果胶、花青素等的提取实验。上述实验可以使学生对相关理论知识有更加深刻的理解和感悟,同时了解食品烹饪加工过程中的一些基本操作单元,提高学生的实验操作技能和动手能力。

Note

主要参考文献

［1］ 陈福玉,叶永铭,王桂桢.食品化学［M］.2版.北京:中国质检出版社,2017.

［2］ 陈佳奇,刘天毅,贾逾泽,等.水煮鱼微波烹饪过程中鱼肉水分及组织变化对嫩度的影响［J］.食品与机械,2020,36(4):51-55.

［3］ 程云燕,麻文胜.食品化学［M］.北京:化学工业出版社,2008.

［4］ 董红兵.烹饪化学［M］.汕头:汕头大学出版社,2018.

［5］ 冯风琴.食品化学［M］.2版.北京:化学工业出版社,2020.

［6］ 黄刚平.烹饪化学［M］.上海:复旦大学出版社,2011.

［7］ 阚建全.食品化学［M］.4版.北京:中国农业大学出版社,2021.

［8］ 李春美,何慧.食品化学［M］.北京:化学工业出版社,2021.

［9］ 李红,张华.食品化学［M］.2版.北京:中国纺织出版社,2022.

［10］ 马梦恬,王明辉,张桂香,等.中国传统烹饪方式对食物营养品质的影响研究［J］.食品工业,2023,44(2):208-213.

［11］ 毛羽扬.烹饪化学［M］.3版.北京:中国轻工业出版社,2021.

［12］ Song Y, Huang F, Li X, et al. Water status evolution of pork blocks at different cooking procedures: a two-dimensional LF-NMR T_1-T_2 relaxation study［J］. Food Res Int, 2021, 148:110614.

［13］ 孙庆杰,李琳.食品化学［M］.武汉:华中科技大学出版社,2013.

［14］ 王桂桢,陈福玉,魏沛.食品化学与营养［M］.北京:中国质检出版社,2017.

［15］ 王黎明.烹饪化学［M］.2版.北京:中国轻工业出版社,2022.

［16］ 魏跃胜.烹饪化学［M］.武汉:华中科技大学出版社,2018.

［17］ 杨铭铎.烹饪教育研究新论［M］.武汉:华中科技大学出版社,2020.

［18］ 杨玉红.食品化学［M］.2版.北京:中国轻工业出版社,2017.

［19］ Zhou H L, Jin Y M, Hong T T, et al. Effect of static magnetic field on the quality of frozen bread dough［J］. LWT, 2022, 154:112670.

［20］ 曾洁.烹饪化学［M］.2版.北京:化学工业出版社,2019.